21 世纪全国高职高专电子信息系列技能型规划教材

数字电子技术与应用

主　编　宋雪臣　单振清
副主编　侯秀丽　鲁冠华
参　编　郭　娜　赵思成　曹　立
主　审　杜晓通

内 容 简 介

为了更好地适应 21 世纪创新型人才的培养需求，本书在内容上进行了精心的选择和编排，进一步减少了小规模数字集成电路的内容，突出了中大规模数字集成电路的特性和应用，在重点介绍数字电路的基本理论和经典内容的基础上，加强了对数字电路实际应用的介绍，能够运用所学知识，灵活地解决数字电路的一些实际问题。

本书共分 8 个课题，分别是：逻辑代数基础；集成逻辑门电路及其应用；组合逻辑电路分析、设计及其应用；集成触发器及其应用；时序逻辑电路分析、设计及其应用；脉冲波形发生器及其应用；数/模、模/数转换及其应用；半导体存储器、可编程逻辑器件及其应用。课题配有大量应用例题和思考与练习题，以便读者复习巩固。

本书在结构上以课题的形式为主线逐步展开介绍。在每个课题之前都提出了明确的知识目标和技能目标，明确了每个课题的理论知识和实践技能，使每个课题具有一定的独立性、实用性，又有前后课题内容的逻辑连续性。

本书选材新颖，时代感强，逻辑性好，适应面广，可作为电子工程、通信工程、信息工程、雷达工程、计算机科学和技术、电力系统及自动化等电类专业和机电一体化等非电类专业的专业基础课教材，也可作为相关专业工程技术人员的学习与参考用书。

图书在版编目(CIP)数据

数字电子技术与应用/宋雪臣，单振清主编．—北京：北京大学出版社，2011.9
(21 世纪全国高职高专电子信息系列技能型规划教材)
ISBN 978-7-301-19153-8

Ⅰ.①数… Ⅱ.①宋…②单… Ⅲ.①数字电路—电子技术—高等职业教育—教材 Ⅳ.①TN79

中国版本图书馆 CIP 数据核字(2011)第 122071 号

书　　　名：	数字电子技术与应用
著作责任者：	宋雪臣　单振清　主编
策 划 编 辑：	赖　青　张永见
责 任 编 辑：	李娉婷
标 准 书 号：	ISBN 978-7-301-19153-8/TN・0071
出　版　者：	北京大学出版社
地　　　址：	北京市海淀区成府路 205 号　100871
网　　　址：	http://www.pup.cn　　http://www.pup6.cn
电　　　话：	邮购部 62752015　发行部 62750672　编辑部 62750667　出版部 62754962
电 子 邮 箱：	pup_6@163.com
印　刷　者：	河北滦县鑫华书刊印刷厂
发　行　者：	北京大学出版社
经　销　者：	新华书店
	787 毫米×1092 毫米　16 开本　17.5 印张　405 千字
	2011 年 9 月第 1 版　2011 年 9 月第 1 次印刷
定　　　价：	33.00 元

未经许可，不得以任何方式复制或抄袭本书之部分或全部内容。
版权所有，侵权必究　　举报电话：010-62752024
　　　　　　　　　　　电子邮箱：fd@pup.pku.edu.cn

前 言

本书是根据教育部组织制定的"高职高专数字电子技术基础课程教学基本要求",在"必需、够用"的原则下编写的。

本书以能力培养为主线,以应用为目的,突出思路与方法的阐述,力求使读者通过学习,获得从事电子技术相关工作的中高等专门人才必须具有的基本理论、基本知识、基本技能,并为学习有关后续课程打下一定基础。结合职业教育的特点,本书编写力求面向发展,更新教学观念和内容,在保证基本概念、基本原理和基本分析及设计方法的前提下,简化集成电路的结构和工作原理的讲述,减少小规模集成电路的内容,尽可能多地介绍新型中大规模集成电路及其应用。

本书的主要特点如下:

(1) 独立性和应用性。本书在结构上以课题的形式为主线,逐步展开介绍。注重每个课题内容的独立性和实用性,在每个课题之前都提出了明确的知识目标和技能目标,注重理论知识和实践技能的应用。简化分析和理论推导,注重较实用的工程分析和设计方法;对于各种数字集成电路,着重介绍其性能特点和实际应用电路。

(2) 实践性。增加实训环节,注重培养学生分析和调试数字电路的能力。

(3) 通读性。本书中大部分内容都是取自教学实践中的工作总结,指导性强、通俗易懂,便于读者阅读。

本书建议总课时 74 个学时,具体见下表。

序 号	课时内容	理论课时	实训课时
1	课题 1 逻辑代数基础	8	
2	课题 2 集成逻辑门电路及其应用	8	2
3	课题 3 组合逻辑电路分析、设计及其应用	8	6
4	课题 4 集成触发器及其应用	8	2
5	课题 5 时序逻辑电路分析、设计及其应用	8	4
6	课题 6 脉冲波形发生器及其应用	6	2
7	课题 7 数/模、模/数转换及其应用	6	2
8	课题 8 半导体存储器、可编程逻辑器件及其应用	4	
	合 计		74

本书由山东水利职业学院宋雪臣、单振清任主编,安徽商贸职业技术学院侯秀丽、山东水利职业学院鲁冠华任副主编。其中,鲁冠华编写课题 1,哈尔滨职业技术学院郭娜编写课题 2,单振清编写课题 3,宋雪臣、山东师范大学附属中学曹立共同编写课题 4,宋雪臣编写课题 5,侯秀丽编写课题 6、7,哈尔滨职业技术学院赵思成编写课题 8。山东大学控制学院杜晓通教授任主审,并提出宝贵意见。

由于编者水平有限,书中难免有不足之处,恳请读者批评指正。

编 者
2011 年 6 月

目 录

课题1 逻辑代数基础 ·········· 1
  1.1 数字信号与数字电路 ·········· 2
    1.1.1 数字信号和模拟信号 ·········· 2
    1.1.2 数字电路的特点 ·········· 2
    1.1.3 数字电路的分类 ·········· 3
  1.2 常用的数制、编码及相互转换 ·········· 3
    1.2.1 常用的数制 ·········· 3
    1.2.2 不同进制间的转换 ·········· 5
    1.2.3 常用的编码 ·········· 6
  1.3 逻辑代数基础 ·········· 8
    1.3.1 3种基本逻辑关系 ·········· 8
    1.3.2 复合逻辑关系 ·········· 10
    1.3.3 逻辑代数基本公式 ·········· 12
    1.3.4 逻辑代数基本规则 ·········· 13
    1.3.5 其他常用公式 ·········· 13
  1.4 逻辑函数 ·········· 14
    1.4.1 逻辑函数及其表示方法 ·········· 14
    1.4.2 几种表示方法的互相转化 ·········· 15
    1.4.3 逻辑函数的代数变换与化简 ·········· 16
  1.5 逻辑函数的图形化简法 ·········· 18
    1.5.1 逻辑函数最小项表达式 ·········· 19
    1.5.2 卡诺图 ·········· 20
  1.6 具有约束的逻辑函数的化简 ·········· 25
    1.6.1 约束、约束项、约束条件 ·········· 25
    1.6.2 具有约束的逻辑函数的化简 ·········· 26
  课题小结 ·········· 27
  思考与练习 ·········· 28

课题2 集成逻辑门电路及其应用 ·········· 32
  2.1 二极管基本门电路 ·········· 33
    2.1.1 晶体二极管的开关特性 ·········· 33
    2.1.2 二极管门电路 ·········· 35
  2.2 TTL逻辑门电路 ·········· 37
    2.2.1 晶体三极管开关特性及三极管非门 ·········· 37
    2.2.2 TTL集成逻辑门电路 ·········· 42
  2.3 CMOS逻辑门电路 ·········· 49
    2.3.1 MOS管的开关特性 ·········· 50
    2.3.2 CMOS集成逻辑门电路 ·········· 51
  2.4 集成逻辑门电路的应用 ·········· 55
    2.4.1 集成门电路的使用常识 ·········· 55
    2.4.2 集成门电路应用举例 ·········· 60
  技能实训1 TTL集成与非门参数测试 ·········· 61
  课题小结 ·········· 65
  思考与练习 ·········· 65

课题3 组合逻辑电路分析、设计及其应用 ·········· 68
  3.1 组合逻辑电路的分析和设计方法 ·········· 69
    3.1.1 组合逻辑电路的分析步骤 ·········· 69
    3.1.2 组合逻辑电路的设计步骤 ·········· 70
  3.2 组合逻辑电路中的算术运算电路 ·········· 72
    3.2.1 半加器电路 ·········· 72
    3.2.2 全加器电路 ·········· 72
    3.2.3 多位数加法器 ·········· 74
  3.3 组合逻辑电路中的信号变换电路 ·········· 75
    3.3.1 编码器 ·········· 75
    3.3.2 译码器 ·········· 79
    3.3.3 数据选择器 ·········· 87
    3.3.4 数据分配器 ·········· 91
  3.4 组合逻辑电路中的数值比较器 ·········· 93

  3.4.1 1位数值比较器 ………… 93
  3.4.2 集成数值比较器 ………… 93
 3.5 组合逻辑电路中的竞争和冒险 … 95
  3.5.1 产生竞争冒险的原因 …… 95
  3.5.2 冒险现象的识别 ………… 96
  3.5.3 冒险现象的消除方法 …… 97
 3.6 组合逻辑电路综合应用 ………… 97
 技能实训2 组合逻辑电路的功能
      分析 …………………… 102
 技能实训3 数据选择器及其应用 … 103
 技能实训4 译码器及其应用 ……… 105
 课题小结 ……………………………… 107
 思考与练习 …………………………… 108

课题4 集成触发器及其应用 ………… 114

 4.1 基本RS触发器 ………………… 115
  4.1.1 基本RS触发器的结构
     组成和工作原理 ……… 115
  4.1.2 逻辑功能的表示方法 … 116
  4.1.3 基本触发器的特点 …… 118
 4.2 同步触发器 …………………… 118
  4.2.1 同步RS触发器 ……… 118
  4.2.2 同步D触发器 ………… 120
  4.2.3 同步JK触发器 ……… 121
  4.2.4 同步T触发器 ………… 122
  4.2.5 同步触发器存在的问题
     ——空翻 ……………… 123
 4.3 主从触发器 …………………… 123
  4.3.1 主从RS触发器 ……… 124
  4.3.2 主从JK触发器 ……… 125
  4.3.3 CMOS主从D触发器 … 128
 4.4 边沿触发器 …………………… 129
  4.4.1 维持阻塞D触发器 …… 129
  4.4.2 负边沿JK触发器 …… 131
  4.4.3 边沿JK触发器的特点 … 133
 4.5 不同类型时钟触发器间的转换 … 133
 4.6 集成触发器的应用 …………… 134
 技能实训5 集成触发器及其应用 … 136
 课题小结 ……………………………… 139

 思考与练习 …………………………… 139

课题5 时序逻辑电路分析、设计及其应用 ……………………………… 143

 5.1 时序逻辑电路的一般分析方法 … 144
 5.2 计数器 ………………………… 147
  5.2.1 异步计数器 …………… 148
  5.2.2 同步计数器 …………… 152
  5.2.3 集成计数器的应用 …… 158
 5.3 寄存器和移位寄存器 ………… 163
  5.3.1 基本寄存器（数码
     寄存器） ……………… 163
  5.3.2 移位寄存器 …………… 164
  5.3.3 寄存器应用实例 ……… 167
 技能实训6 集成计数器的应用 …… 170
 技能实训7 移位寄存器及其应用 … 173
 课题小结 ……………………………… 175
 思考与练习 …………………………… 176

课题6 脉冲波形发生器及其应用 …… 179

 6.1 脉冲信号波形及其参数 ……… 180
 6.2 555定时器的结构及基本功能 … 181
  6.2.1 电路结构 ……………… 181
  6.2.2 基本功能 ……………… 182
 6.3 单稳态触发器 ………………… 183
  6.3.1 门电路构成的微分型
     单稳态触发器 ………… 184
  6.3.2 555定时器构成的单稳态
     触发器 ………………… 184
  6.3.3 集成单稳态触发器 …… 185
  6.3.4 应用举例 ……………… 188
 6.4 多谐振荡器 …………………… 188
  6.4.1 对称多谐振荡器 ……… 188
  6.4.2 石英晶体振荡器 ……… 189
  6.4.3 555定时器构成的多谐
     振荡器 ………………… 190
  6.4.4 应用举例 ……………… 192
 6.5 施密特触发器 ………………… 193
  6.5.1 用门电路组成的施密特
     触发器 ………………… 193

6.5.2 555定时器构成的施密特触发器 …… 194
6.5.3 集成施密特触发器 …… 195
6.5.4 应用举例 …… 196
技能实训8 555定时器功能测试及应用 …… 198
课题小结 …… 201
思考与练习 …… 202

课题7 数/模、模/数转换及其应用 … 204
7.1 D/A 转换器 …… 205
7.1.1 D/A 转换原理 …… 205
7.1.2 权电阻网络 DAC …… 206
7.1.3 $R-2R$ 倒 T 型电阻网络 DAC …… 208
7.1.4 权电流型 D/A 转换电路 …… 209
7.1.5 D/A 转换器的主要技术指标 …… 210
7.1.6 集成 DAC …… 212
7.2 A/D 转换器 …… 214
7.2.1 A/D 转换的一般步骤 …… 215
7.2.2 采样保持电路 …… 216
7.2.3 并联比较型 A/D 转换器 …… 217
7.2.4 逐次渐近型 A/D 转换器 …… 219
7.2.5 双积分型 A/D 转换器 … 221
7.2.6 A/D 转换器的主要技术指标 …… 225
7.2.7 集成 ADC …… 226
7.3 DAC 和 ADC 应用举例 …… 229
7.3.1 数据采集系统的技术要求 …… 229
7.3.2 系统方框图 …… 230
7.3.3 电路设计 …… 230
技能实训9 D/A、A/D 转换器 …… 233
课题小结 …… 237
思考与练习 …… 238

课题8 半导体存储器、可编程逻辑器件及其应用 …… 240
8.1 随机存取存储器 RAM …… 241
8.1.1 RAM 的基本结构及工作原理 …… 242
8.1.2 存储单元 …… 242
8.1.3 RAM 的扩展 …… 243
8.1.4 RAM 与微型计算机系统的连接 …… 245
8.2 只读存储器 ROM …… 246
8.2.1 ROM 的结构及工作原理 …… 246
8.2.2 PROM …… 247
8.2.3 EPROM …… 248
8.2.4 E^2PROM …… 249
8.2.5 FLASH …… 250
8.2.6 ROM 芯片应用举例 …… 251
8.2.7 衡量存储器性能的技术指标 …… 253
8.3 可编程逻辑器件 PLD …… 254
8.3.1 PLD 的基本结构 …… 255
8.3.2 PLD 的分类 …… 255
8.3.3 PLD 的应用 …… 257
课题小结 …… 260
思考与练习 …… 260

附录 常用数字集成电路 …… 262

参考文献 …… 270

课题 1

逻辑代数基础

知识目标	理解数字信号和数字系统的基本概念；掌握二进制数的表示方法，理解 8421 BCD 码；熟练掌握逻辑代数的基本逻辑运算和基本定律，熟练掌握代数法和卡诺图法化简逻辑函数的基本方法；熟悉几种常用的数字器件及其逻辑符号的表示方法
技能目标	能熟练应用代数法对逻辑函数化简；能熟练应用卡诺图法对逻辑函数化简

课题描述

21 世纪是信息数字化的时代，"数字电子技术"是数字技术的基础。数字电路是近代电子技术的一个重要组成部分。它包含的内容十分广泛，主要有各种基本逻辑门、编码器、译码器、显示器、算术运算器、数据选择器、数据比较器及各种触发器、计数器、存储器、数/模和模/数转换器、可编程逻辑器件等典型的数字单元电路，因此数字电子技术在数字通信、自动控制、数字电子计算机、数字测量仪表以及家用电器等各个技术领域中的应用日益广泛，如图 1.1 所示。所以要学好数字技术首先应掌握逻辑代数基础知识。

电视技术

雷达技术

航空航天

计算机、自动控制

通信技术

图 1.1　数字技术的应用

1.1　数字信号与数字电路

1.1.1　数字信号和模拟信号

工程上把电信号分为模拟信号和数字信号两大类。

模拟信号是指在时间和幅值上都连续变化的信号，从自然界感知的大部分物理量都是模拟性质的，例如温度、压力等物理量通过传感器变成的电信号，模拟语音的音频信号和模拟图像的视频信号等，如图 1.2(a)所示。对模拟信号进行传输、处理的电路称为模拟电路。

数字信号是指在时间和幅值上都不连续的离散信号，通常是由数字 0 和 1 来表示，在电路中由低电平和高电平来表示，例如计算机中各部件之间传输的信息、VCD 中的音视频信号等，如图 1.2(b)所示。对数字信号进行传输、处理的电路称为数字电路，如数字电子钟、数字万用表的电子电路都是由数字电路组成的。

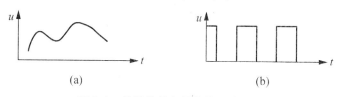

图 1.2　模拟信号和数字信号的波形
(a)模拟信号波形　(b)数字信号波形

1.1.2　数字电路的特点

与模拟电路相比，数字电路主要有如下特点：

(1) 数字电路在稳态时，电子器件(如二极管、三极管)处于开关状态，即工作在饱和区和截止区。这和二进制信号的要求是相对应的，因为饱和和截止两种状态的外部表现正是电流的有无、电压的高低，这种有和无、高和低相对应的两种状态分别用 1 和 0 两个数码来表示。

(2) 数字电路的基本单元电路比较简单，对元件的精度要求不高，允许有较大的误差。因为数字信号的 1 和 0 没有任何数量的含义，只是表示两种相反的状态，所以电路工作时只要能可靠地区分 1 和 0 两种状态就可以了。因此，数字电路便于集成化、系列化生产。它具有使用方便，可靠性高，价格低廉等优点。

(3) 在数字电路中，研究的主要内容是输入信号和输出信号之间的逻辑关系，以反映电路的逻辑功能。数字电路的研究可以分为两种：一种是对已有电路分析其逻辑功能，叫做逻辑分析；另一种是按逻辑功能要求设计出满足逻辑功能的电路，称为逻辑设计。

(4) 由于数字电路工作状态、研究内容与模拟电路不同，所以分析方法也不同。在数字电路中，表示电路功能的方法常常是用真值表、逻辑函数式、卡诺图、特性方程及状态转换图等。

(5) 数字电路能够对数字信号进行各种逻辑运算和算术运算，所以在各种数控装置、智能仪表以及计算机等中得到广泛应用。

1.1.3 数字电路的分类

(1) 按集成度分类：数字电路可分为小规模（SSI，每片数十器件）、中规模（MSI，每片数百器件）、大规模（LSI，每片数千器件）和超大规模（VLSI，每片器件数目大于 1 万）数字集成电路。

(2) 按所用器件制作工艺的不同：数字电路可分为双极型（TTL 型）和单极型（MOS 型）两类。以双极型晶体管作为基本器件的数字集成电路称为双极型数字集成电路，如 TTL、ECL 集成电路等；以单极型 MOS 管作为基本器件的数字集成电路称为单极型数字集成电路，如 NMOS、PMOS、CMOS 集成电路等。

(3) 按照电路的结构和工作原理的不同：数字电路可分为组合逻辑电路和时序逻辑电路两类。组合逻辑电路没有记忆功能，其输出信号只与当时的输入信号有关，而与电路以前的状态无关；时序逻辑电路具有记忆功能，其输出信号不仅和当时的输入信号有关，而且与电路以前的状态有关。

(4) 数字集成电路从应用的角度又可分为通用型和专用型两大类。

1.2 常用的数制、编码及相互转换

1.2.1 常用的数制

数制是计数进位制的简称。在我们日常生活中常使用的是十进制数，而在数字电路中采用的是二进制数。二进制数的优点是其运算规律简单且实现二进制数的数字装置简单。二进制数的缺点是人们对其使用时不习惯，且当二进制位数较多时，书写起来很麻烦，特别是在写错了以后不易查找错误。为此，书写时常采用八进制和十六进制数。

1. 十进制

数码为：0～9；基数是 10。

运算规律：逢十进一，如：9+1=10。

任意十进制数可表示为

$$(N)_{10} = \sum_{i=-\infty}^{\infty} K_i \times R^i = \sum_{i=-\infty}^{\infty} K_i \times 10^i \tag{1.1}$$

式中，K_i 表示第 i 个数码，R 表示基数，R^i 表示位权。

【应用实例 1.1】

$(209.04)_{10} = 2 \times 10^2 + 0 \times 10^1 + 9 \times 10^0 + 0 \times 10^{-1} + 4 \times 10^{-2}$

2. 二进制

数码为：0、1；基数是 2。

运算规律：逢二进一，如：$1+1=10$。

任意二进制数可表示为

$$(N)_2 = \sum_{i=-\infty}^{\infty} K_i \times R^i = \sum_{i=-\infty}^{\infty} K_i \times 2^i \tag{1.2}$$

【应用实例 1.2】

$(101.101)_2 = 1 \times 2^2 + 0 \times 2^1 + 1 \times 2^0 + 1 \times 2^{-1} + 0 \times 2^{-2} + 1 \times 2^{-3}$

3. 八进制

数码为：0~7；基数是 8。

运算规律：逢八进一，如：$7+1=10$。

任意八进制数可表示为

$$(N)_8 = \sum_{i=-\infty}^{\infty} K_i \times R^i = \sum_{i=-\infty}^{\infty} K_i \times 8^i \tag{1.3}$$

【应用实例 1.3】

$(207.04)_8 = 2 \times 8^2 + 0 \times 8^1 + 7 \times 8^0 + 0 \times 8^{-1} + 4 \times 8^{-2}$

4. 十六进制

数码为：0~9、A~F；基数是 16。

运算规律：逢十六进一，如：$F+1=10$。

任意十六进制数可表示为

$$(N)_{16} = \sum_{i=-\infty}^{\infty} K_i \times R^i = \sum_{i=-\infty}^{\infty} K_i \times 16^i \tag{1.4}$$

【应用实例 1.4】

$(D8.A)_{16} = 13 \times 16^1 + 8 \times 16^0 + 10 \times 16^{-1}$

这几种进制数之间的对应关系见表 1-1。

表 1-1　几种进制数之间的对应关系

十进制数	二进制数	八进制数	十六进制数
0	00000	0	0
1	00001	1	1
2	00010	2	2
3	00011	3	3
4	00100	4	4
5	00101	5	5
6	00110	6	6
7	00111	7	7
8	01000	10	8
9	01001	11	9
10	01010	12	A
11	01011	13	B
12	01100	14	C
13	01101	15	D
14	01110	16	E
15	01111	17	F

1.2.2　不同进制间的转换

1. 非十进制数转换为十进制数

若将非十进制数转换为十进制数，只要将非十进制数按位权展开，即可以转换为十进制数。

【应用实例 1.5】

$$(101101011)_2 = 1\times2^8+0\times2^7+1\times2^6+1\times2^5+0\times2^4+1\times2^3+0\times2^2+1\times2^1+1\times2^0$$
$$=256+64+32+8+2+1$$
$$=(363)_{10}$$

2. 二进制数与八进制数的相互转换

（1）二进制数转换为八进制数：将二进制数由小数点开始，整数部分向左，小数部分向右，每3位分成一组，不够3位补零，则每组二进制数便是一位八进制数。

【应用实例 1.6】

$(1101010.01)_2 = 001\ 101\ 010.010 = (152.2)_8$

（2）八进制数转换为二进制数：将每位八进制数用3位二进制数表示。

【应用实例 1.7】

$(374.26)_8 = 011\ 111\ 100.010\ 110 = (11111100.01011)_2$

3. 二进制数与十六进制数的相互转换

二进制数与十六进制数的相互转换，按照每 4 位二进制数对应于一位十六进制数进行转换。

【应用实例 1.8】

$(111010100.011)_2 = 0001\ 1101\ 0100.0110 = (1D4.6)_{16}$

【应用实例 1.9】

$(AF4.76)_{16} = 1010\ 1111\ 0100.0111\ 0110 = (101011110100.0111011)_2$

4. 十进制数转换为二进制数

采用的方法：除基数取余数法、乘基数取整数法

步骤：将整数部分和小数部分分别进行转换。整数部分采用除基数取余数法，小数部分采用乘基数取整数法，转换后再合并。

【应用实例 1.10】

将十进制数 44.375 转换成二进制数。

解：整数部分采用基数连除法，先得到的余数为低位，后得到的余数为高位。小数部分采用乘基数取整数法，先得到的整数为高位，后得到的整数为低位。

```
2 | 44          余数           低位    0.375
2 | 22  ......  0=K₀  ↑                × 2           整数      高位
2 | 11  ......  0=K₁  |                0.750  ...... 0=K₋₁     ↓
2 |  5  ......  1=K₂  |                0.750
2 |  2  ......  1=K₃  |                × 2
2 |  1  ......  0=K₄  |                1.500  ...... 1=K₋₂
      0  ......  1=K₅  高位             0.500
                                       × 2
                                       1.000  ...... 1=K₋₃     低位
```

所以：$(44.375)_{10} = (101100.011)_2$

采用除基数取余数法、乘基数取整数法可将十进制数转换为任意的 N 进制数。

1.2.3 常用的编码

编码是对特定事物给予特定的代码。用二进制数对特定事物编码所得二进制代码称为二进制码。编码所得二进制码称为原码，将其各位取反（0 变 1，1 变 0）所得二进制码称为该原码的反码。在反码基础上加 "1" 所得二进制码称为该原码的补码。这些表示特定信息的二进制数码称为二进制码。寄信时收发信人的邮政编码、因特网上计算机主机的 IP 地址等，就是生活中常见的编码实例。

二进制码很多，下面介绍几种常见的二进制码。

1. 二-十进制码（BCD 码）

用四位二进制数码来表示一位十进制数的编码方法称为二-十进制码，亦称 BCD 码

(Binary-Coded-Decimal)。BCD 码分为有权码和无权码,有权码是指二进制的每一位都有固定的权值,所代表的十进制数为每位二进制数乘权之和,而无权码无需乘权。无论是有权码还是无权码,四位二进制数码共有 16 种组合,而十进制数码仅有 0～9 共 10 个,因此,BCD 码是利用四位二进制数码编出 10 个代码,见表 1-2。

表 1-2 常用二-十进制编码表

十进制数	有 权 码				无 权 码	
	8412 码	5421 码	2421A 码	2421B 码	余 3 码	格雷码
0	0000	0000	0000	0000	0011	0000
1	0001	0001	0001	0001	0100	0001
2	0010	0010	0010	0010	0101	0011
3	0011	0011	0011	0011	0110	0010
4	0100	0100	0100	0100	0111	0110
5	0101	1000	0101	1011	1000	0111
6	0110	1001	0110	1100	1001	0101
7	0111	1010	0111	1101	1010	0100
8	1000	1011	1110	1110	1011	1100
9	1001	1100	1111	1111	1100	1101

1) 8421 码

这是使用最多的有权 BCD 码,因为它的四位二进制数对应的权为 8、4、2、1,故称为 8421 BCD 码。它是取自然二进制数的前十个数码来对应十进制的 0～9,即 0000(0)～1001(9)。如果要求 8421 BCD 码的数值,只需将每位二进制数乘权求和即可,如:

$$(0101)_{8421\ BCD} = 0 \times 8 + 1 \times 4 + 0 \times 2 + 1 \times 1 = 5$$

2) 5421 码和 2421 码

这也是有权码,其名称即为二进制的权。其中 2421 码的编码顺序有两种:2421A 码和 2421B 码。2421B 码具有互补性,即 0 和 9、1 和 8、2 和 7、3 和 6、4 和 5 互为反码。例如,$\overline{1011} = 0100$。

3) 余 3 码

这是一种无权码,它是由 8421 码加 0011 得来的,即用 0011～1100 来表示十进制 0～9 这 10 个数。它比对应的 8421 码都多 3,所以称为余 3 码。这种代码也具有互补性,很适用于加法运算。

4) 格雷码

这种码也是无权码,又称循环码。它的特点是两组相邻数码之间只有一位代码取值不同,利用这个特性,可避免计数过程中出现瞬态模糊状态,常用于高分辨率设备中。

2. ASCII 码

ASCII 码是美国信息交换标准代码(American Standard Code for Information Interchange)的简称,是目前国际上最通用的一种字符码。计算机输出到打印机的字符码就采用 ASCII 码。

3. 奇偶校验码

奇偶校验码是最简单的检错码，它能够检测出传输码组中的奇数个码元错误。

奇偶校验码的编码方法：在信息码组中增加 1 位奇偶校验位，使得增加校验位后的整个码组具有奇数个 1 或偶数个 1 的特点。如果每个码组中 1 的个数为奇数，则称为奇校验码；如果每个码组中 1 的个数为偶数，则称为偶校验码。

例如，十进制数 5 的 8421 BCD 码 0101 增加校验位后，奇校验码是 10101，偶校验码是 00101，其中最高位分别为奇校验位 1 和偶校验位 0。ASCII 码也可以通过增加 1 位校验位的办法方便地扩展为 8 位，8 位在计算机中称为 1 个字节，这也是 ASCII 码采用 7 位编码的一个重要原因。

1.3　逻辑代数基础

在数字电路中，我们研究电路的输入和输出之间的逻辑关系，所以数字电路又称逻辑电路，相应的研究工具就是逻辑代数。

逻辑代数也称布尔代数，是 19 世纪英国数学家乔治·布尔首先提出的。所谓逻辑是指事物因果之间所遵循的规律。为了避免用冗繁的文字来描述逻辑问题，逻辑代数采用逻辑变量和一套运算符组成逻辑函数表达式来描述事物的因果关系。它是用代数的方法来研究、证明、推理逻辑问题的一种数学工具。和普通代数一样，逻辑代数也可用 A、B 等字母表示变量及函数，所不同的是，在普通代数中，变量的取值可以是任意实数，而在逻辑代数中，每一个变量只有 0、1 两种取值，因而逻辑函数值也只能是 0 或 1。逻辑值 0 和 1 不再具有数量的概念，仅是代表两种对立逻辑状态的符号。逻辑函数与普通代数中的函数相似，是随自变量的变化而变化的因变量。因此，如果用自变量和因变量分别表示某一事件发生的条件和结果，那么该事件的因果关系就可以用逻辑函数来描述。

任何事物的因果关系均可用逻辑代数中的逻辑关系表示，基本的逻辑关系有与逻辑、或逻辑和非逻辑 3 种，与之对应的逻辑运算分别叫与运算、或运算和非运算。

1.3.1　3 种基本逻辑关系

1. 与逻辑

当决定某一事件发生的所有条件都具备时，该事件才会发生，这种因果关系称为"与逻辑"。

例如在表 1-3 所示的串联开关电路中，只有在开关 A 和 B 都闭合的条件下，灯 Y 才亮，这种灯亮与开关闭合的关系就称为与逻辑关系。如果设开关 A、B 闭合为 1，断开为 0，设灯 Y 亮为 1，灭为 0，则 Y 与 A、B 的逻辑关系可以用表 1-3 所列的真值表、逻辑表达式和逻辑符号来描述。

这种把所有可能的条件组合及其对应结果一一列出来的表格叫做真值表。

表 1-3 与逻辑

与逻辑电路实例	真 值 表			逻辑表达式	逻辑符号
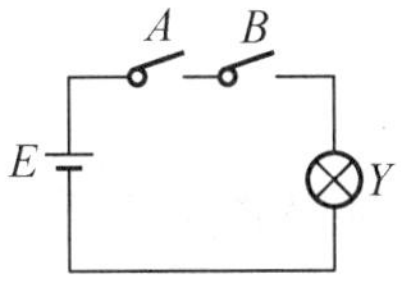	A	B	Y	$Y=A \cdot B$ 其中,"·"为逻辑乘符号,也可省略。在有些文献中也采用 ∧、∩ 及 & 等符号来表示逻辑乘	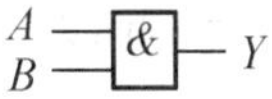 若输入变量有 N 个,与门逻辑符号的左端应画 N 个输入端
	0	0	0		
	0	1	0		
	1	0	0		
	1	1	1		

2. 或逻辑

当决定某一事件发生的所有条件具备一个或一个以上时,该事件就会发生,这种因果关系称为"或逻辑"。

例如在表 1-4 所示的并联开关电路中,在开关 A 或 B 其中之一闭合的条件下,灯 Y 就会亮,这种灯亮与开关闭合的关系就称为或逻辑关系。如果设开关 A、B 闭合为 1,断开为 0,设灯 Y 亮为 1,灭为 0,则 Y 与 A、B 的逻辑关系可以用表 1-4 所列的真值表、逻辑表达式和逻辑符号来描述。

表 1-4 或逻辑

或逻辑电路实例	真 值 表			逻辑表达式	逻辑符号
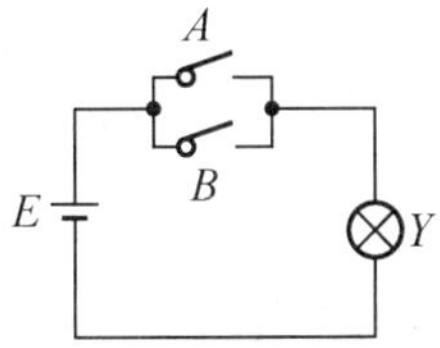	A	B	Y	$Y=A+B$ 其中"+"号为逻辑加符号。有些文献中也采用 ∨、∪ 等符号来表示逻辑加	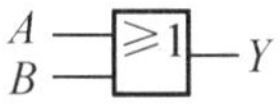 若输入变量有 N 个,或门逻辑符号的左端应画 N 个输入端
	0	0	0		
	0	1	1		
	1	0	1		
	1	1	1		

3. 非逻辑

当条件具备时,事件不会发生;而条件不具备时,事件一定会发生。这种因果关系称为"非逻辑"。非逻辑是逻辑的否定或取反。

例如在表 1-5 所列灯的控制电路中,图中开关 A 与灯 Y 状态是相反的,开关闭合灯就灭,如果想要灯亮,则开关必须断开。Y 与 A 的逻辑关系可以用表 1-5 所列的真值表、逻辑表达式和逻辑符号来描述。

表 1-5 非逻辑

非逻辑电路实例	真 值 表		逻辑表达式	逻辑符号
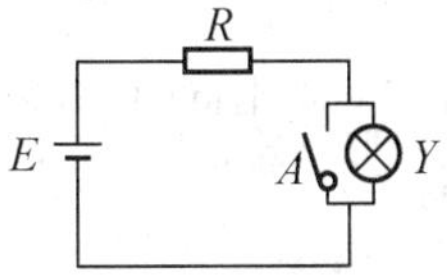	A	Y	$Y=\overline{A}$	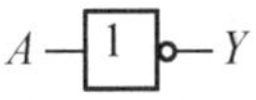 非门的输入变量只有一个,所以非门逻辑符号的左端只画一个输入端
	0	1		
	1	0		

1.3.2 复合逻辑关系

在研究实际问题时,事物的各个因素间的逻辑关系往往要比单一的与、或、非复杂得多。不过它们都可以用逻辑与、或、非的组合来实现。

1. 与非逻辑

由逻辑与和逻辑非可以实现与非逻辑关系。例如,$Y=\overline{AB}$。实现与非逻辑关系的电路叫与非门。两输入端与非门的真值表、逻辑符号见表1-6。

表1-6 与非逻辑

逻辑表达式	真值表			逻辑符号
	A	B	Y	
$Y=\overline{AB}$	0	0	1	
	0	1	1	
	1	0	1	
	1	1	0	

2. 或非逻辑

由逻辑或和逻辑非可以实现或非逻辑关系。例如,$F=\overline{A+B}$。实现或非逻辑关系的电路叫或非门。两输入端或非门的真值表、逻辑符号见表1-7。

表1-7 或非逻辑

逻辑表达式	真值表			逻辑符号
	A	B	Y	
$Y=\overline{A+B}$	0	0	1	
	0	1	0	
	1	0	0	
	1	1	0	

3. 与或非逻辑

由逻辑与、逻辑或和逻辑非可以实现与或非逻辑关系。例如,$Y=\overline{AB+CD}$。实现与或非逻辑关系的电路叫与或非门。4输入端与或非门的真值表、逻辑符号见表1-8。

4. 异或逻辑

由逻辑非、逻辑与和逻辑或可以实现异或逻辑关系。例如,$Y=A\overline{B}+\overline{A}B=A\oplus B$。式中"⊕"为异或逻辑运算符号,读为"异或"。实现异或逻辑关系的电路叫异或门。异或门的真值表、逻辑符号见表1-9。

二输入异或逻辑的运算规则是:若两个输入变量的逻辑值相同,则它们的异或值为"0";若两个输入变量的逻辑值不相同,则它们的异或值为"1"。简言之,"相同则0,相异则1"。

表 1-8　与或非

逻辑表达式	真值表					逻辑符号
	A	B	C	D	Y	
$Y=\overline{AB+CD}$	0	0	0	0	1	
	0	0	0	1	1	
	0	0	1	0	1	
	0	0	1	1	0	
	0	1	0	0	1	
	0	1	0	1	1	
	0	1	1	0	1	
	0	1	1	1	0	
	1	0	0	0	1	
	1	0	0	1	1	
	1	0	1	0	1	
	1	0	1	1	0	
	1	1	0	0	0	
	1	1	0	1	0	
	1	1	1	0	0	
	1	1	1	1	0	

表 1-9　异或逻辑

逻辑表达式	真值表			逻辑符号
	A	B	Y	
$Y = A\overline{B}+\overline{A}B$ $= A \oplus B$	0	0	0	
	0	1	1	
	1	0	1	
	1	1	0	

5. 同或逻辑

由逻辑非、异或逻辑可以实现同或逻辑关系。即 $Y=AB+\overline{A}\overline{B}=\overline{A \oplus B}=A \odot B$。式中"$\odot$"为同或逻辑运算符号，读为"同或"。实现同或逻辑关系的电路叫同或门。同或门的真值表、逻辑符号见表 1-10。

二输入同或逻辑的运算规则是：若两个输入变量的逻辑值相同，则它们的同或值为"1"；若两个输入变量的逻辑值不相同，则它们的同或值为"0"。简言之，"相同则 1，相异则 0"。

表 1-10　同或逻辑

逻辑表达式	真值表			逻辑符号
	A	B	Y	
$Y = AB+\overline{A}\,\overline{B}$ $= A \odot B$	0	0	1	
	0	1	0	
	1	0	0	
	1	1	1	

1.3.3 逻辑代数基本公式

根据3种基本逻辑运算，可推导出一些基本公式和定律，从而形成一些运算规则，熟悉、掌握并且会运用这些规则，对于掌握数字电子技术十分重要。

逻辑代数的基本公式和定律见表1-11。

表1-11 逻辑代数的基本公式和定律

名 称	公 式 1	公 式 2
0—1律	$0 \cdot 0 = 0$ $1 \cdot 0 = 0$ $1 \cdot 1 = 1$ $A \cdot 1 = A$ $A \cdot 0 = 0$ $\overline{0} = 1$	$0 + 0 = 0$ $0 + 1 = 1$ $1 + 1 = 1$ $A + 1 = 1$ $A + 0 = A$ $\overline{1} = 0$
互补律	$A\overline{A} = 0$	$A + \overline{A} = 1$
重叠律	$AA = A$	$A + A = A$
交换律	$AB = BA$	$A + B = B + A$
结合律	$A(BC) = (AB)C$	$A + (B + C) = (A + B) + C$
分配律	$A(B + C) = AB + AC$	$A + BC = (A + B)(A + C)$
反演律 （德·摩根定理）	$\overline{AB} = \overline{A} + \overline{B}$	$\overline{A + B} = \overline{A}\,\overline{B}$
吸收律	$A(A + B) = A$	$A + AB = A$
还原律	$\overline{\overline{A}} = A$	

证明上述各定律可用列真值表的方法，即分别列出等式两边逻辑表达式的真值表，若两个真值表完全一致，则表明两个表达式相等，定律得证。当然，也可以利用基本关系式进行代数证明。

【应用实例1.11】

证明反演律 $\overline{A + B} = \overline{A} \cdot \overline{B}$

解：利用真值表证明。将等式两端列出真值表见表1-12，由表可知，在逻辑变量 A、B 所有的可能取值中，$\overline{A + B}$ 和 $\overline{A} \cdot \overline{B}$ 的函数值均相等，所以等式成立。

表1-12 $\overline{A + B}$ 和 $\overline{A} \cdot \overline{B}$ 真值表

A	B	$\overline{A + B}$	$\overline{A} \cdot \overline{B}$
0	0	1	1
0	1	0	0
1	0	0	0
1	1	0	0

1.3.4 逻辑代数基本规则

逻辑代数中有3个重要的基本规则,即代入规则、反演规则和对偶规则,利用这3个规则可以得到更多的公式,也可扩充公式的应用范围。

1. 代入规则

将逻辑等式两边出现的同一变量都代之以一个相同的逻辑函数F,逻辑等式仍然成立,这个规则称为代入规则。

利用代入规则可以在等式变换中导出新公式。例如在等式$\overline{A+B}=\overline{A}\,\overline{B}$中,所有变量$B$都用$(B+C)$代入,则可得到$\overline{A+B+C}=\overline{A}\cdot\overline{(B+C)}=\overline{A}\,\overline{B}\,\overline{C}$。据此可以证明$N$个变量的德·摩根定理成立。

2. 反演规则

对于任何一个逻辑函数表达式Y,将逻辑函数Y的表达式中所有的算符"·"变成"+","+"变成"·";常量"0"变成"1","1"变成"0",所有"原变量"变成"反变量","反变量"变成"原变量",则变换后所得的函数式就是原函数Y的反函数$\overline{Y}$。这个规则称为反演规则。

利用反演规则可以容易地求出一个函数的反函数。

【应用实例 1.12】

求函数$Y=\overline{A+\overline{B}+CD}$的反函数。

解:根据反演规则,$\overline{Y}=\overline{\overline{A}\cdot B\cdot \overline{C}+D}$。

使用反演规则时应注意保持原函数中的运算顺序,即先算括号里的,然后按先与后或的顺序运算,同时应该注意不属于单变量上的非号应保留不变。

3. 对偶规则

将逻辑函数Y表达式中所有的算符"·"变成"+","+"变成"·";常量"0"变成"1","1"变成"0",则变换后得到一个新的逻辑函数Y',Y'称为Y的对偶式。

对偶规则的意义在于:如果两个函数相等,则它们的对偶函数也相等。利用对偶规则可知,若一个等式成立,则它们的对偶式也必定成立,可以使所需证明和记忆的等式减少一半。

例如:若等式$A(A+B)=A$成立,则其对偶式$A+AB=A$也是成立的。

使用对偶规则时也应注意保持原函数中的运算顺序不变。

前面讨论的逻辑代数基本公式中的公式2均为公式1的对偶式。例如分配律$A(B+C)=AB+AC$,则其对偶式$A+BC=(A+B)(A+C)$也必定成立。

1.3.5 其他常用公式

以表1-11所列的基本公式为基础,又可以推出一些常用公式。这些公式的使用频率非常高,直接运用这些常用公式可以给逻辑函数化简带来很大方便。

1.
$$A+\overline{A}B=A+B \tag{1.5}$$

两个乘积项相加时,若一项取反后是另一项的因子,则此因子是多余的。

证明:左式 $=A+\overline{A}B=(A+\overline{A})(A+B)=1\cdot(A+B)=A+B=$ 右式

所以等式成立。

2.
$$A\overline{B}+AB=A \tag{1.6}$$

两个乘积项相加时,若两项中除去一个变量相反外,其余变量都相同,则可用相同的变量代替这两项。

证明:左式 $=A\overline{B}+AB=A(\overline{B}+B)=A\cdot 1=A=$ 右式

所以等式成立。

3.
$$AB+\overline{A}C+BC=AB+\overline{A}C \tag{1.7}$$

若两个乘积项中分别包含了 A、$\overline{A}$ 两个因子,而这两项的其余因子组成第三个乘积项时,则第三个乘积项是多余的,可以去掉。该等式又叫冗余项定理。

证明:左式 $=AB+\overline{A}C+BC=AB+\overline{A}C+BC(A+\overline{A})=AB+\overline{A}C+ABC+\overline{A}BC$
$\qquad\quad =AB(1+C)+\overline{A}C(1+B)=AB+\overline{A}C=$ 右式

所以等式成立。

推论:$AB+\overline{A}C+BCDE\cdots=AB+\overline{A}C$

读者可根据式(1.7)的证明方法自行证明。

1.4 逻辑函数

1.4.1 逻辑函数及其表示方法

数字电路主要研究的是输出变量与输入变量之间的逻辑关系。与普通代数中函数的定义类似,在数字电路中,若输入变量 A、B、$C\cdots$ 的取值确定后,输出变量 Y 的值也就被唯一地确定了。这样,我们就称 Y 是 A、B、$C\cdots$ 的逻辑函数。它的一般表达式可写作

$$Y=f(A,B,C,\cdots) \tag{1.8}$$

式中,f 为某种固定的函数关系。

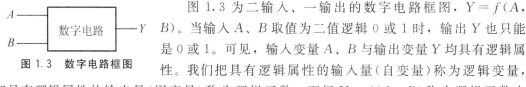

图 1.3 数字电路框图

图 1.3 为二输入、一输出的数字电路框图,$Y=f(A,B)$。当输入 A、B 取值为二值逻辑 0 或 1 时,输出 Y 也只能是 0 或 1。可见,输入变量 A、B 与输出变量 Y 均具有逻辑属性。我们把具有逻辑属性的输入量(自变量)称为逻辑变量,把具有逻辑属性的输出量(因变量)称为逻辑函数,而把 $Y=f(A,B)$ 称为逻辑函数表达式。

需要特别注意的是:二值逻辑的取值 0 和 1 只表示任何事物的两种相反的状态,而不表示数量的大小,即没有数量上的含义。例如:1 表示开关接通,0 表示开关断开。

表示一个逻辑函数有多种方法,常用的有真值表、逻辑函数式、逻辑图和卡诺图等。它们各有特点,又相互联系,还可以相互转换。现介绍真值表、逻辑表达式和逻辑图,其他方法在后面介绍。

1. 真值表

真值表是由变量的所有可能取值组合及其对应的函数值所构成的表格。例如函数 $Y=$

$AB+BC$ 的真值表见表 1-13。

表 1-13 函数真值表

A	B	C	Y
0	0	0	0
0	0	1	0
0	1	0	0
0	1	1	1
1	0	0	0
1	0	1	0
1	1	0	1
1	1	1	1

当逻辑函数有 N 个变量时，共有 2^N 个不同的变量取值组合。在列真值表时，为避免遗漏，变量取值的组合一般按 N 位二进制数递增的顺序列出。

用真值表表示逻辑函数的优点是直观、明了，可直接看出逻辑函数和变量取值之间的关系。

2. 逻辑表达式

逻辑表达式是用与、或、非等基本逻辑运算来表示输入变量和输出函数因果关系的逻辑代数式，例如：$Y=AB+BC$。

用表达式表示逻辑函数非常方便、简洁，便于利用前面所学的公式、定理等对表达式进行变换、化简。

3. 逻辑图

逻辑图是由表示逻辑运算的逻辑符号所构成的图形。例如 $Y=AB+BC$ 的逻辑图如图 1.4 所示。

用逻辑图表示逻辑函数比较接近工程实际。我们设计的数字电路一般均以逻辑图的形式给出。

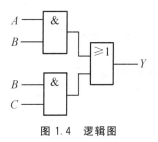

图 1.4 逻辑图

1.4.2 几种表示方法的互相转化

1. 真值表与逻辑表达式的互相转化

(1) 由真值表写逻辑表达式：将真值表中每一组使输出函数为 1 的输入变量都写成一个乘积项。在这些乘积项中，取值为 1 的变量写成原变量，取值为 0 的变量写成反变量，将这些乘积项相加，就得到函数表达式。

【应用实例 1.13】

已知真值表见表 1-13，写出该函数的表达式。

解：使函数 Y 为 1 的变量取值组合是：$ABC=011$、110、111。按照取值为 1 的写成原变量，取值为 0 的写成反变量原则，得到 3 个乘积项：$\overline{A}BC$、$AB\overline{C}$ 和 ABC。将这 3 个乘积项相加，得到函数表达式：$Y=\overline{A}BC+AB\overline{C}+ABC$

(2) 由逻辑表达式画真值表：将输入变量的各组取值代入函数式，算出函数值，并对应填入表格。

【应用实例 1.14】

已知函数 $Y=AB+BC$，画出该函数的真值表。

解：根据由逻辑表达式画真值表的方法可得到真值表见表 1-13。

2. 逻辑表达式与逻辑图的互相转化

(1) 由逻辑图写逻辑表达式：将逻辑图中每个逻辑符号所表示的逻辑运算依次写出来，即可得到函数表达式。

【应用实例 1.15】

已知逻辑图如图 1.4 所示，写出其函数表达式。

解：根据由逻辑图写逻辑表达式的方法，可得到表达式为：$Y=AB+BC$。

(2) 由逻辑表达式画逻辑图：按照逻辑表达式先与后或的运算顺序，用逻辑符号表示变量之间的逻辑关系并用连线正确连接起来，就得到函数的逻辑图。

【应用实例 1.16】

画出逻辑函数 $Y=AB+BC$ 的逻辑图。

解：根据由逻辑表达式画逻辑图的方法可画出其逻辑图，如图 1.4 所示。

1.4.3 逻辑函数的代数变换与化简

1. 逻辑表达式的 5 种形式

一个逻辑函数可以有不同的表达式，基本形式有与或、或与两种。此外还有与非-与非、或非-或非、与或非这 3 种形式。

例如：
$$Y=A\overline{B}+BC \qquad \text{（与或式——积之和）} \tag{1.9}$$
$$=(A+B)(\overline{B}+C) \qquad \text{（或与式——和之积）} \tag{1.10}$$
$$=\overline{\overline{A\overline{B}} \cdot \overline{BC}} \qquad \text{（与非-与非式）} \tag{1.11}$$
$$=\overline{\overline{A+B}+\overline{\overline{B}+C}} \qquad \text{（或非-或非式）} \tag{1.12}$$
$$=\overline{A\overline{B}+B\overline{C}} \qquad \text{（与或非式）} \tag{1.13}$$

采用不同的表达式，可以用不同的逻辑门来实现。在实际电路中，除基本与门、或门、非门外，还经常使用与非门、或非门、与或非门和异或门等复合门作为基本单元来实现各种逻辑电路。因此，可以根据实际情况，把一个已知的逻辑函数的表达式根据需要进行转换，从而就可以用不同的逻辑门来实现电路。

2. 最简与或表达式

逻辑函数写成与或表达式（简称与或式）后，根据逻辑相等和有关公式、定理进行变化，其结果并不是唯一的。以 $Y=A\overline{B}+BC$ 式为例：

$$\text{函数 } Y = A\overline{B} + BC \qquad (1.14)$$
$$= A\overline{B} + BC + AC \qquad (\text{配上冗余项 } AC) \qquad (1.15)$$
$$= A\overline{B}C + A\overline{B}\,\overline{C} + ABC + \overline{A}BC \qquad (\text{原式配项}) \qquad (1.16)$$
$$= \cdots$$

可以证明：以上 3 个式子逻辑上是相等的，它们都可以实现同一个逻辑问题（功能）。但是哪一个式子最简单呢？显然式（1.14）最简单，用它实现逻辑电路最经济。

在理论分析上，与或式最常用，也容易转换成其他类型的表达式。因此，下面着重研究最简与或式。

对于一个与或式，在不改变其逻辑功能的情况下，如果满足：

(1) 表达式所含的乘积项个数最少。

(2) 表达式中每个乘积项所含的变量个数最少。

则这个与或式就叫做最简与或式。那么，如何才能得到一个逻辑函数的最简与或式呢？这就需要对逻辑函数进行化简。

3. 代数化简法

代数法化简就是利用学过的公式和定理消除与或式中的多余项和多余因子，常见的方法如下。

1）并项法

利用公式 $AB + A\overline{B} = A$，将两乘积项合并为一项，并消去一个互补（相反）的变量。

【应用实例 1.17】

化简函数 $Y = AB\overline{C} + \overline{A}B\overline{C}$

解：$Y = AB\overline{C} + \overline{A}B\overline{C} = (A + \overline{A})B\overline{C} = B\overline{C}$

【应用实例 1.18】

化简函数 $Y = ABC + AB\overline{C} + A\overline{B}$

解：$Y = ABC + AB\overline{C} + A\overline{B} = AB(C + \overline{C}) + A\overline{B} = A$

2）吸收法

利用公式 $A + AB = A$ 吸收多余的乘积项。

【应用实例 1.19】

化简函数 $Y = \overline{A}B + \overline{A}BC$

解：$Y = \overline{A}B + \overline{A}BC = \overline{A}B$

3）消去法

利用公式 $A + \overline{A}B = A + B$ 消去多余因子 $\overline{A}$；利用公式 $AB + \overline{A}C + BC = AB + \overline{A}C$（冗余定理）消去多余项 BC。

【应用实例 1.20】

化简函数 $Y=\overline{A}+AC+B\overline{C}D$

解：$Y=\overline{A}+AC+B\overline{C}D=\overline{A}+C+B\overline{C}D=\overline{A}+C+BD$

【应用实例 1.21】

化简函数 $Y=AD+\overline{A}EG+DEG$

解：式中 DEG 是多余项，可以消去，则 $Y=AD+\overline{A}EG$

4) 配项法

利用公式 $A+A=A$，$A+\overline{A}=1$ 及 $AB+\overline{A}C+BC=AB+\overline{A}C$ 等，给某函数配上适当的项，进而可以消去原函数式中的某些项。

【应用实例 1.22】

化简函数 $Y=A\overline{B}+B\overline{C}+BC+\overline{A}B$

表面看来似乎无从下手，好像 Y 式不能化简，已是最简式。但如果采用配项法，则可以消去一项。

解法1：$Y=A\overline{B}+B\overline{C}+(A+\overline{A})BC+\overline{A}B(C+\overline{C})$

$\qquad =A\overline{B}+B\overline{C}+ABC+\overline{A}BC+\overline{A}BC+\overline{A}B\overline{C}$

$\qquad =A\overline{B}+B\overline{C}+\overline{A}C$

解法2：若前两项配项，后两项不动，则

$\qquad Y=A\overline{B}(C+\overline{C})+(A+\overline{A})B\overline{C}+BC+\overline{A}B$

$\qquad =\overline{A}B+BC+A\overline{C}$（请同学们自行分析）

由本例可见，公式法化简的结果并不是唯一的。如果两个结果形式（项数、每项中变量数）相同，则两者均正确，可以验证两者逻辑相等。

【应用实例 1.23】

化简函数 $Y=A\overline{B}+BD+\overline{A}D$

解：配上前两项的冗余项 AD，对原函数并无影响。

$\qquad Y=A\overline{B}+BD+AD+\overline{A}D$

$\qquad =A\overline{B}+BD+D$

$\qquad =A\overline{B}+D$

公式法化简要求必须熟练应用基本公式和常用公式，而且有时需要一定的经验与技巧，尤其是所得到的结果是否最简往往难以判断，这就给初学者应用公式进行化简带来一定的困难。为了解决这一问题，可采用卡诺图化简法。

1.5 逻辑函数的图形化简法

逻辑函数的图形化简法是将逻辑函数用卡诺图来表示，利用卡诺图来化简逻辑函数。用卡诺图化简逻辑函数，直观灵活，且能确定是否已得到最简结果。在学习卡诺图之前，首先要学习逻辑函数的最小项,最小项是一个非常重要的概念。

1.5.1 逻辑函数最小项表达式

1. 最小项的定义

在具有 N 个变量的逻辑函数表达式中,如果某一乘积项包含了全部变量,并且每个变量在该乘积项中以原变量或以反变量的形式出现一次且仅出现一次,则该乘积项就定义为逻辑函数的一个最小项。N 个变量的全部最小项共有 2^N 个。

为了表述方便,用 m_i 表示最小项,其下标为最小项的编号。编号的方法是:最小项中的原变量取为 1,反变量取为 0,则最小项取值为一组二进制数,其对应的十进制数便为该最小项的编号。例如:三变量 A、B、C 共有 $2^3(8)$ 个最小项,$AB\overline{C}$ 是其中一个最小项,按编号方法,对应的变量取值为 110,与之对应的十进制数是 6,因此,$AB\overline{C}$ 的最小项编号为 m_6。三变量的全体最小项及其编号见表 1-14。

表 1-14 三变量的最小项及其编号

序 号	A	B	C	最 小 项	编 号
0	0	0	0	$\overline{A}\,\overline{B}\,\overline{C}$	m_0
1	0	0	1	$\overline{A}\,\overline{B}C$	m_1
2	0	1	0	$\overline{A}B\,\overline{C}$	m_2
3	0	1	1	$\overline{A}BC$	m_3
4	1	0	0	$A\,\overline{B}\,\overline{C}$	m_4
5	1	0	1	$A\,\overline{B}C$	m_5
6	1	1	0	$AB\,\overline{C}$	m_6
7	1	1	1	ABC	m_7

2. 最小项的性质

(1) 对于任意一个最小项,只有一组变量取值使它的值为 1,而其他各种变量取值均使它的值为 0。

(2) 对于变量的任一组取值,任意两个最小项的乘积为 0。

(3) 对于变量的任一组取值,全体最小项的和为 1。

3. 最小项的逻辑相邻性

如果两个最小项中只有一个变量互为反变量,其余变量均相同,则这样的两个最小项具有逻辑相邻关系,并称它们为相邻最小项,简称相邻项。例如:三变量最小项 ABC 和 $AB\overline{C}$,其中 C 与 $\overline{C}$ 互为反变量,其余变量(AB)都相同,所以它们是相邻最小项。最小项的逻辑相邻性在化简中有重要作用,当两个相邻项相加时可以消去互反变量,合并为一项,例如:

$$ABC + AB\overline{C} = AB(C + \overline{C}) = AB$$

4. 逻辑函数的标准与或式——最小项表达式

所谓标准与或式就是由若干个最小项逻辑相加构成的表达式,亦称最小项表达式。任何一个函数表达式都可以利用基本定律和配项法写成标准与或式,并且标准与或式是唯一的。

如:
$$Y(A,B,C) = \overline{A}B + AC \quad \text{(一般与或式)} \quad (1.17)$$
$$= \overline{A}B(\overline{C}+C) + AC(\overline{B}+B) \quad \text{(配项法)} \quad (1.18)$$
$$= \overline{A}B\overline{C} + \overline{A}BC + A\overline{B}C + ABC \quad \text{(标准与或式)} \quad (1.19)$$
$$= m_2 + m_3 + m_5 + m_7 \quad (1.20)$$
$$= \sum m(2,3,5,7) \quad \text{(简化标准与或式——求和形式)} \quad (1.21)$$

我们称 m_2、m_3、m_5、m_7 这4个最小项为函数 Y 的最小项,不同的三变量函数 Y 将拥有 $m_0 \sim m_7$ 中不同的若干个最小项。

1.5.2 卡诺图

最小项卡诺图又称为最小项方格图。用 2^N 个小方格表示 N 个变量的 2^N 个最小项,并且使逻辑相邻的最小项在几何位置上也相邻,按这样的相邻要求排列起来的方格图叫做 N 变量最小项卡诺图,它是化简逻辑函数式的专用工具图。

1. 变量的卡诺图

N 个变量卡诺图,共能分割出 2^N 个小方格,每个小方格代表一个最小项。

1) 三变量卡诺图

矩形(二行、四列),共分割出 2^3(8)个小方格,如图1.5所示。

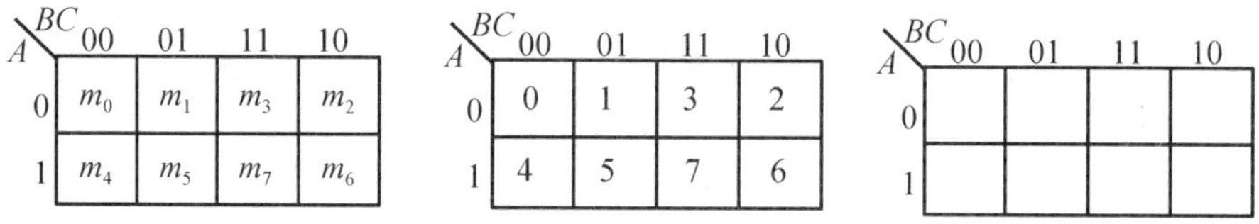

图 1.5 三变量卡诺图

图1.5(a)中用 m_i 注明每个小方格对应的最小项。图1.5(b)省去了 m,只标出了编号。通常,变量卡诺图中,编号也省去,如图1.5(c)所示,但要求我们把小方格编号默记在心。

卡诺图中左上角斜线下面的变量 A 称为行变量,斜线上面的变量 BC 称为列变量。

应当注意:图中两个列变量 BC 的排列顺序不是按自然二进制码(00,01,10,11)由小到大排列,而是按循环码(00,01,11,10)的顺序排列的,这样才能保证卡诺图中最小项的相邻性。下面介绍的四变量卡诺图行、列排列顺序与此相同(即按循环码的顺序排列)。

2) 四变量卡诺图

正方形(四行、四列),分割出 2^4(16)个小方格,如图1.6所示。

一般说来,三、四变量卡诺图是较常用的。当 $N>4$,即超过四变量时,卡诺图太大,使用起来就不方便了。

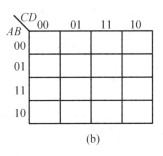

图 1.6 四变量卡诺图

3) 关于卡诺图的相邻性

卡诺图的最大优点就是形象地表达了各最小项之间的相邻性,相邻性包括几何相邻性和逻辑相邻性。

(1) 几何相邻。最小项在卡诺图几何图形位置上的相邻关系主要包括三种情况:一是相挨(任意挨在一起的两个小方格);二是相对(任意一行或一列的两端);三是相重(对折起来位置重合)。

(2) 逻辑相邻。任意两个最小项中只有一个变量不同(互反),那么,称这两个最小项在逻辑上具有相邻性。如在图 1.5(a)中,$m_0=\overline{A}\,\overline{B}\,\overline{C}$ 和 $m_1=\overline{A}\,\overline{B}C$,二者只有 C 变量不同,故 m_0 与 m_1 逻辑相邻。同理,m_0 还与 m_2、m_4 逻辑相邻。

结论:

(1) 在卡诺图中,凡是几何相邻的最小项必定逻辑相邻。如图 1.5(a)所示,m_0 与 m_1、m_2、m_4 分别为几何相邻;同时前面已验证 m_0 与 m_1、m_2、m_4 又为逻辑相邻,可见,上面的结论是正确的。卡诺图的这一结论是很重要的,它体现了卡诺图作为化简工具的实质。同时说明行列变量只有按循环码顺序标注,才能满足卡诺图的这个重要结论。

(2) 相邻的最小项合并时,可以消去有关变量,从而达到化简的目的。如:$m_0=\overline{A}\,\overline{B}\,\overline{C}$ 和 $m_1=\overline{A}\,\overline{B}C$,因二者相邻,则 $m_0+m_1=\overline{A}\,\overline{B}\,\overline{C}+\overline{A}\,\overline{B}C=\overline{A}\,\overline{B}$,消去了 C 变量;同理,$m_0+m_2=\overline{A}\,\overline{C}$,消去了 B;$m_0+m_4=\overline{B}\,\overline{C}$,消去了 A,可见消去的是互反的变量。

4) 卡诺图的性质

卡诺图具有如下性质:

(1) 卡诺图上任何两个(2^1)标 1 的相邻最小项可以合并为一项,并消去一个变量,如图 1.7 所示。

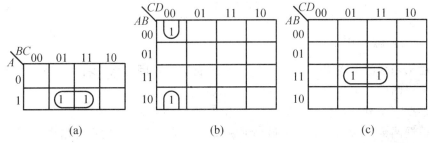

图 1.7 两个相邻最小项合并规律

(a) $m_5+m_7=AC$ (b) $m_0+m_8=\overline{B}\,\overline{C}\,\overline{D}$ (c) $m_{13}+m_{15}=ABD$

(2) 卡诺图上任何 4 个(2^2 个)标 1 的相邻最小项可以合并为一项,并消去两个变量,如图 1.8 所示。

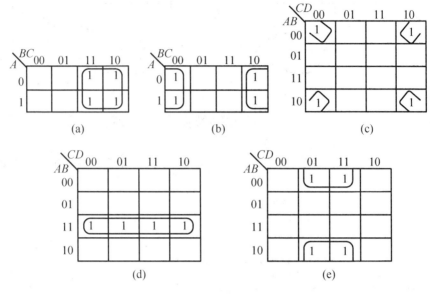

图 1.8　4 个相邻最小项合并规律

(a)$m_2+m_3+m_5+m_7=B$　(b)$m_0+m_2+m_4+m_6=\overline{C}$　(c)$m_0+m_2+m_8+m_{10}=\overline{B}\overline{D}$
(d)$m_{12}+m_{13}+m_{14}+m_{15}=AB$　(e)$m_1+m_3+m_9+m_{11}=\overline{B}D$

(3) 卡诺图上任何 8 个(2^3 个)标 1 的相邻最小项可以合并为一项,并消去 3 个变量,如图 1.9 所示。

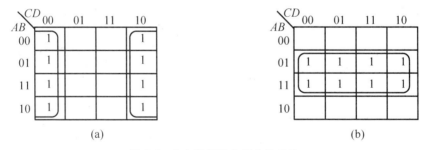

图 1.9　8 个相邻最小项合并规律

(a)$m_0+m_2+m_4+m_6+m_8+m_{10}+m_{12}+m_{14}=\overline{D}$
(b)$m_4+m_5+m_6+m_7+m_{12}+m_{13}+m_{14}+m_{15}=B$

2. 逻辑函数的卡诺图

所谓逻辑函数的卡诺图,就是已知函数 Y 表达式,用卡诺图将 Y 表示出来,即把函数填入到卡诺图中。步骤如下。

(1) 根据 Y 表达式的变量个数 N,画出 N 变量卡诺图。

(2) 根据函数 Y 拥有的若干个最小项的编号,在相应编号的小方格中填 1,其余小方格中填 0(或不填)。

【应用实例1.24】

已知函数标准与或式 $Y(A,B,C)=\overline{A}\,\overline{B}\,\overline{C}+\overline{A}BC+A\,\overline{B}\,\overline{C}+ABC$,试画出函数 Y 的卡诺图。

解：这是一个三变量函数，$N=3$，先画出三变量卡诺图。由于已知 Y 为标准与或式，则

$$Y(A,B,C)=m_2+m_3+m_5+m_7=\sum m(2,3,5,7)$$

故对应卡诺图中 2、3、5、7 号小方格中填 1，其余小方格不填，即画出了 Y 的卡诺图，如图 1.10 所示。

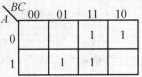

图 1.10 应用实例 1.24 卡诺图

【应用实例1.25】

已知 $Y(A,B,C,D)=(\overline{A}B+AB)\overline{C}+\overline{B}CD+\overline{B}C\,\overline{D}+A\,\overline{B}\,\overline{C}D$,试画出 Y 的卡诺图。

解：由于已知 Y 不是与或式，先将其变成一般与或式，而后有两种方法：

其一，将 Y 式配项变成标准与或式，再画出卡诺图，但这样做较麻烦，一般不采用；

其二，利用变量在卡诺图中的分布规律直接将一般与或式填入卡诺图，这种方法较快捷方便。

三变量和四变量卡诺图变量分布规律如图 1.11 所示。中括号内所指所有最小项均包含该变量的原变量，中括号外的所有最小项均包含该变量的反变量。

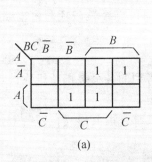
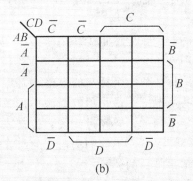

(a)   (b)

图 1.11 变量在卡诺图中的分布规律

(a)三变量卡诺图变量分布规律　(b)四变量卡诺图变量分布规律

首先把已知 Y 式展开成一般与或式，即 $Y(A,B,C,D)=\overline{A}B\,\overline{C}+AB\,\overline{C}+\overline{B}CD+\overline{B}C\,\overline{D}+A\,\overline{B}\,\overline{C}D$，然后画出四变量卡诺图。对于乘积项 $\overline{A}B\,\overline{C}$，包含变量 $\overline{A}$、B、$\overline{C}$ 的最小项有 m_4、m_5；对于乘积项 $AB\,\overline{C}$，包含变量 A、B、$\overline{C}$ 的最小项有 m_{12}、m_{13}；对于乘积项 $\overline{B}CD$，包含变量 $\overline{B}$、C、D 的最小项有 m_3、m_{11}；对于乘积项 $\overline{B}C\,\overline{D}$，包含变量 $\overline{B}$、C、$\overline{D}$ 的最小项有 m_2、m_{10}；$A\,\overline{B}\,\overline{C}D$ 对应的最小项为 m_9。最后将上式中的所有乘积项包含的最小项直接填入卡诺图，便得到该函数的卡诺图，如图 1.12 所示。

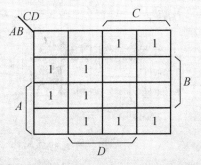

图 1.12 应用实例 1.25 卡诺图

正确填写函数的卡诺图是利用卡诺图进行化简的基础。只有正确画出了函数的卡诺图，才能保证化简的正确性。

3. 用卡诺图化简逻辑函数

1）卡诺图化简法（圈1法）化简逻辑函数的步骤

化简逻辑函数过程可分为以下4步：

（1）首先将逻辑函数变换为与或表达式。

（2）画出逻辑函数的卡诺图。

（3）合并相邻的最小项。把卡诺图中2^N个为1的相邻方格用包围圈圈起来进行合并，每个包围圈对应写成一个乘积项，直到圈完所有的标1的方格为止。

（4）将整理后的各个乘积项加起来，就是所求的化简结果——最简与或式。

2）用包围圈合并相邻最小项的几个原则

在化简逻辑函数的步骤中，其中最关键的一步就是第（3）步，即用包围圈合并相邻的最小项，虽然这一步没有固定步骤，但在化简过程中应遵循以下几个原则：

（1）包围圈越大越好。但每个包围圈中标1的方格数目必须为2^N个，$N=0，1，2，3，4\cdots$。

（2）每个包围圈应至少含有一个新的最小项。标1的方格可以被不同的包围圈多次圈用，但每个圈里至少有1个标1方格未被其他包围圈所圈过，这个未被其他包围圈圈过的方格所对应的最小项称为新的最小项。否则，这个包围圈为多余包围圈（对应的乘积项就是多余项）。

（3）包围圈的个数应尽量少。由于一个包围圈对应一个乘积项，包围圈的个数越少，化简后的乘积项就越少。

（4）不能漏掉任何一个标1的方格。

（5）在有些情况下，最小项的圈法不止一种，得到的各个乘积项组成的与或表达式各不相同，哪个是最简的，要经过比较、检查才能确定。

（6）在有些情况下，不同圈法得到的与或表达式都是最简形式，即一个函数的最简与或表达式不一定是唯一的。

【应用实例1.26】

用卡诺图化简函数$Y(A,B,C,D)=\sum m(2,3,4,5,8,10,11,12,13)$。

解：（1）由于函数Y为标准与或式，可直接画出函数Y的卡诺图，如图1.13所示。

（2）画包围圈，合并相邻最小项。

① 先圈仅两个相邻的标1方格（a圈）。

② 再圈4个相邻的标1方格（b、c圈），注意c圈为上下两两相邻。

③ 提取每个包围圈中最小项的公因子构成乘积项，然后将这些乘积项加起来，就得到最简与或式。

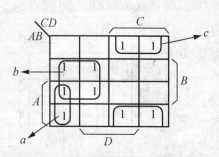

图1.13 应用实例1.26卡诺图

一个包围圈对应一个乘积项,在写乘积项时,如果包围圈在变量内部时,该变量以原变量形式作为因子在乘积项中出现;包围圈在变量外部时,该变量以反变量形式作为因子在乘积项中出现;若包围圈一半在变量内部,一半在变量外部时,该变量不写(即消掉该变量)。所以,a 圈对应的乘积项为 $A\overline{C}\overline{D}$,$b$ 圈对应的乘积项为 $B\overline{C}$,c 圈对应的乘积项为 $\overline{B}C$,即该函数最简与或式为 $Y = A\overline{C}\overline{D} + B\overline{C} + \overline{B}C$。

当熟练掌握卡诺图法化简后,可不用分这 3 步进行,而直接画出卡诺图用"圈 1 法"合并写出结果。

【应用实例 1.27】

用卡诺图化简 $Y = A\overline{B}CD + \overline{A}B\overline{C}\overline{D} + B\overline{C}D + ABC + BCD + \overline{A}\overline{B}CD$。

解:(1)函数 Y 为一般与或式,可直接填出函数 Y 的卡诺图。

(2)画包围圈,如图 1.14 所示。

(3)写最简与或表达式。由最小项 m_5、m_7、m_{13}、m_{15} 构成的包围圈因无新最小项,该包围圈为无效包围圈,其所对应的乘积项为无效项。所以最简与或表达式为

$$Y = \overline{A}\overline{B}\overline{C} + A\overline{C}D + \overline{A}CD + ABC$$

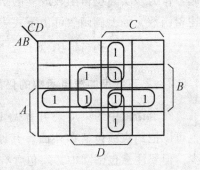

图 1.14 应用实例 1.27 卡诺图

1.6 具有约束的逻辑函数的化简

1.6.1 约束、约束项、约束条件

对于十字路口的交通信号灯,设红、绿、黄灯分别用 A、B、C 来表示;灯亮用 1 表示,灯灭用 0 表示;停车时 $Y=1$,通车时 $Y=0$。在实际工作中,一次只允许一个灯亮,不允许有两个或两个以上的灯同时亮。如果在灯全灭时,允许车辆感到安全时可以通行,所以任何两个变量都不会同时取值为 1(同时有效),即 A、B、C 3 个变量的取值只能出现 000、001、010、100,而不会出现 011、101、110、111 这 4 种情况。

1. 约束的概念

由上例可见,3 个变量 A、B、C 之间存在着相互制约的关系,这种关系即为约束。实际逻辑问题往往具有约束,约束是一个非常重要的概念。

2. 约束项

由上例,011、101、110、111 这 4 种组合不会出现,由它们对应写出的最小项 $\overline{A}BC$、$A\overline{B}C$、$AB\overline{C}$、ABC 叫约束项(或叫无关项、任意项),在逻辑函数中用字母 d 和相应的编号表示,在真值表、卡诺图中用"×"表示。

3. 约束条件

由于约束项不会出现，也就是说约束项的值不会为 1，其值恒为 0。将约束项加起来恒为 0 的等式叫约束条件表达式。

如上例：$\overline{A}\overline{B}C + A\overline{B}C + AB\overline{C} + ABC = 0$

$\sum d(3,5,6,7) = 0$ } 约束条件

或 $AB + AC + BC = 0$（最简与或式）

值得说明的是，约束条件表达式不能单独存在（无意义），必须和逻辑函数表达式在一起，作为该实际逻辑函数成立的条件。我们把有约束条件限制的逻辑函数叫做具有约束的逻辑函数。如上例函数可由下式表示

$$Y(A, B, C) = \sum m(0, 1, 2, 4) + \sum d(3, 5, 6, 7)$$

1.6.2 具有约束的逻辑函数的化简

在卡诺图中约束项既可看做 1，也可看做 0。画包围圈时可以把约束项包括在里面，也可以把约束项包括在外面。其原则仍然是相邻最小项构成包围圈最大、包围圈数目最少。但要注意包围圈中必须包含有效最小项，不能全是约束项，而且只要按此原则把 1 圈完，则有些约束项不是非利用不可。

【应用实例 1.28】

表 1-15 是 8421 BCD 码表示的十进制数 0～9，其中 1010～1111 这 6 个状态不会出现，为约束项。要求当十进制数为奇数时，输出 $Y=1$，求 Y 的最简与或式。

解：画出函数 Y 对应的卡诺图，如图 1.15 所示。

（1）若不考虑约束项，化简可得

$$Y = \overline{A}D + \overline{B}CD（自行推导）$$

（2）若考虑约束项，并利用约束项"×"进行化简，如图 1.15 所示，其结果为

$$Y = D$$

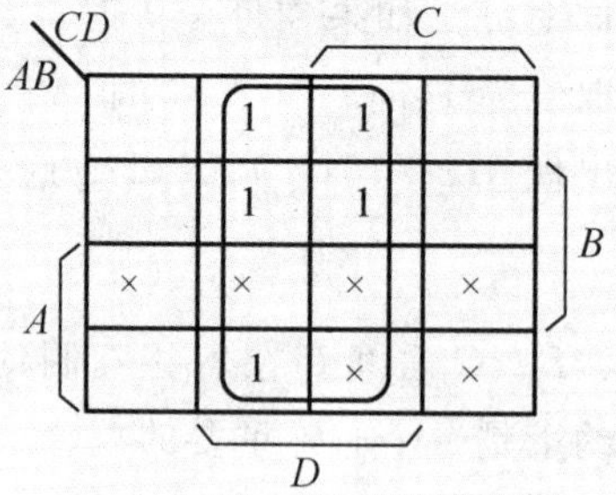

图 1.15 应用实例 1.28 卡诺图

可见，利用约束项可使结果大大简化，同时说明该逻辑问题的实质简化为"$D=1$ 时，$Y=1$，即当 $D=1$ 时，十进制数为奇数"。

表 1-15　应用实例 1.28 真值表

十进制数	输入变量 ABCD	输出变量 Y
0	0000	0
1	0001	1
2	0010	0
3	0011	1
4	0100	0
5	0101	1
6	0110	0
7	0111	1
8	1000	0
9	1001	1
不会出现	1010	×
不会出现	1011	×
不会出现	1100	×
不会出现	1101	×
不会出现	1110	×
不会出现	1111	×

课 题 小 结

(1) 数字信号的数值相对于时间的变化过程是跳变的、间断的。对数字信号进行传输、处理的电路称为数字电路。模拟信号通过模/数转换后变成数字信号，即可用数字电路进行传输、处理。

(2) 日常生活中使用十进制，但在计算机中基本上使用二进制，有时也使用八进制或十六进制。利用公式可将任意进制数转换为十进制数。将十进制数转换为其他进制数时，整数部分采用基数除法，小数部分采用基数乘法。1 位八进制数由 3 位二进制数构成，1 位十六进制数由 4 位二进制数构成，可以实现二进制数与八进制数以及二进制数与十六进制数之间的相互转换。

二进制代码不仅可以表示数值，而且可以表示符号及文字，使信息交换灵活方便。BCD 码是用 4 位二进制代码代表。1 位十进制数的编码有多种 BCD 码形式，最常用的是 8421 BCD 码。

(3) 逻辑代数是分析和设计数字电路的重要工具。利用逻辑代数可以把实际逻辑问题抽象为逻辑函数来描述，并且可以用逻辑运算的方法解决逻辑电路的分析和设计问题。

与、或、非是3种基本逻辑关系，也是3种基本逻辑运算。与非、或非、与或非、异或则是由与、或、非3种基本逻辑运算复合而成的4种常用逻辑运算。逻辑代数的公式和定理是推演、变换及化简逻辑函数的依据。

（4）逻辑函数的化简法有代数法和卡诺图法。代数法是利用逻辑代数的公式、定理和规则来对逻辑函数化简，这种方法适用于各种复杂的逻辑函数，但需要熟练地运用公式和定理，且具有一定的运算技巧。卡诺图法就是利用函数的卡诺图来对逻辑函数化简，这种方法简单直观，容易掌握，但变量太多时卡诺图太复杂，图形法也不适用。在对逻辑函数化简时，充分利用约束项可以得到十分简单的结果。

思考与练习

1.1 将下列二进制数转换成十进制数。
(1) $(1011)_2$　　(2) $(11011)_2$　　(3) $(100110.011)_2$　　(4) $(110011.01101)_2$

1.2 将下列十进制数转换成二进制数。
(1) $(36)_{10}$　　(2) $(96)_{10}$　　(3) $(125)_{10}$　　(4) $(13.25)_{10}$

1.3 将下列十六进制数转换成二进制数。
(1) $(36)_{16}$　　(2) $(5A3C)_{16}$　　(3) $(ABCD.C8)_{16}$　　(4) $(F1FF.ED)_{16}$

1.4 将下列二进制数转换成十六进制数。
(1) $(110011)_2$　　(2) $(1101011010011)_2$　　(3) $(100110.011)_2$　　(4) $(1100011.0001101)_2$

1.5 将下列5个数按数值大小排列。
$(11111010)_2$　　$(001001000111)_{8421\ BCD}$　　$(370)_8$　　$(246)_{10}$　　$(F9)_{16}$

1.6 将下列二进制数转换成8421 BCD码。
(1) $(1001)_2$　　(2) $(10011)_2$　　(3) $(100110.011)_2$　　(4) $(110011.01101)_2$

1.7 将下列8421 BCD码转换成二进制数。
(1) $(00011000)_{8421\ BCD}$　　　　　　(2) $(01001001)_{8421\ BCD}$
(3) $(00110111.0101)_{8421\ BCD}$　　(4) $(011.001)_{8421\ BCD}$

1.8 下列逻辑函数当$A=0$、$B=1$时，求Y的值。
(1) $Y=\overline{A}B+A\overline{B}$
(2) $Y=AB+(\overline{A+B})(\overline{A}+\overline{B})$
(3) $Y=(\overline{\overline{A}+B}+\overline{A+\overline{B}})(\overline{AB}+\overline{A}\overline{B})$

1.9 在下列逻辑函数式中，变量A、B、C为哪些取值组合时，函数Y值为1？
(1) $Y=AB+BC+\overline{A}C$
(2) $Y=\overline{A}\overline{B}+\overline{B}\overline{C}+\overline{A}\overline{C}$
(3) $Y=A\overline{B}+\overline{A}\overline{B}C+\overline{A}B+AB\overline{C}$
(4) $Y=\overline{AB+B\overline{C}}(A+B)$

1.10 用基本定律证明下列等式。

(1) $AB+\overline{A}C+\overline{B}C=AB+C$

(2) $BC+D+\overline{D}(\overline{B}+\overline{C})(AD+B)=B+D$

(3) $\overline{A+BC+D}=\overline{A}\,\overline{B}\,\overline{D}+\overline{A}\,\overline{C}\,\overline{D}$

(4) $A+\overline{A}\,\overline{B}+C=A+\overline{B}\,\overline{C}$

1.11 写出下列各式的对偶式。

(1) $Y=A+\overline{B}C+\overline{C}D$

(2) $Y=ABC+ABD+ACD$

(3) $Y=(A\overline{B}+BD+CDE)+\overline{A}D$

(4) $Y=\overline{ABC}(B+\overline{C})$

1.12 用反演规则求下列逻辑函数的反函数。

(1) $Y=A+\overline{B}(CD+E)$

(2) $Y=A+B(\overline{C}+D\overline{E})$

(3) $Y=AB+(\overline{A}+B)(C+D+E)$

(4) $Y=A\overline{C}(\overline{B}+D)+A\overline{C}$

1.13 试根据逻辑函数 Y 的真值表（表1-16），写出它的标准与或表达式，并化简为最简与或式。

表 1-16 逻辑函数 Y 的真值表

A	B	C	Y
0	0	0	1
0	0	1	1
0	1	0	0
0	1	1	1
1	0	0	1
1	0	1	0
1	1	0	1
1	1	1	0

1.14 写出如图1.16所示逻辑图的输出函数表达式，并列出它们的真值表。

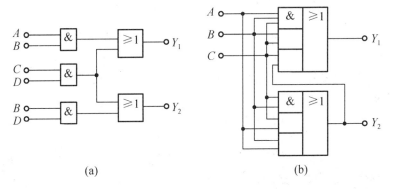

图 1.16 题 1.14 电路图

1.15 用公式法化简下列函数为最简与或式。

(1) $Y = \overline{A}\overline{B} + (A\overline{B} + \overline{A}B + AB)D$

(2) $Y = AB + A\overline{C} + \overline{B}C + B\overline{C} + \overline{B}D + ADEF$

(3) $Y = (A+B)(A+\overline{B})(\overline{A}+B)$

(4) $Y = A\overline{B} + C + \overline{A}CD + B\overline{C}D$

1.16 什么叫卡诺图的相邻性？包括几种情况？它们之间有什么关系？

1.17 分别写出如图 1.17 所示各逻辑函数的最简与或式。

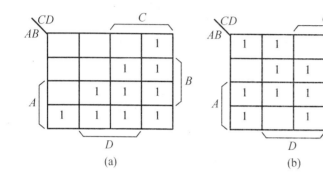
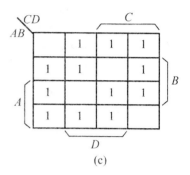

图 1.17 题 1.17 卡诺图

1.18 用卡诺图法把下列逻辑函数化简为最简与或式。

(1) $Y = AB + \overline{A}BC + \overline{A}B\overline{C}$

(2) $Y = \overline{A}CD + \overline{A}B\overline{D} + ABD + A\overline{C}D$

(3) $Y = A\overline{B} + B\overline{C}\overline{D} + ABD + \overline{A}B\overline{C}D$

(4) $Y = \overline{A}\overline{B}C + AD + B\overline{D} + C\overline{D} + A\overline{C} + \overline{A}D$

1.19 用卡诺图法化简下列逻辑函数为最简与或式。

(1) $Y(A,B,C) = \sum m(3,5,6,7)$

(2) $Y(A,B,C,D) = \sum m(4,5,6,7,8,9,10,11,12,13)$

(3) $Y(A,B,C,D) = \sum m(2,3,6,7,10,11,12,15)$

(4) $Y(A,B,C,D) = \sum m(0,4,6,8,10,12,14)$

(5) $Y(A,B,C,D) = \sum m(1,3,4,6,7,9,11,12,14,15)$

(6) $Y(A,B,C,D) = \sum m(0,1,2,3,4,9,10,11,12,13,14,15)$

1.20 什么叫约束、约束项、约束条件？如何利用约束项化简函数？

1.21 用卡诺图法化简下列具有约束条件为 $AB + AC = 0$ 的逻辑函数。

(1) $Y = \overline{A}C + \overline{A}B$

(2) $Y = \overline{A}\overline{B}C + \overline{A}BD + \overline{A}B\overline{D} + A\overline{B}\overline{C}D$

(3) $Y(A,B,C,D) = \sum m(0,2,4,5,7,8)$

(4) $Y(A,B,C,D) = \sum m(0,1,3,5,8,9)$

1.22 用卡诺图法化简下列具有约束条件 $\sum d$ 逻辑函数。

(1) $Y(A,B,C,D) = \sum m(3,5,6,7) + \sum d(2,4)$

(2) $Y(A,B,C,D) = \sum m(2,3,4,7,12,13,14) + \sum d(5,6,8,9,10,11)$

(3) $Y(A,B,C,D) = \sum m(1,3,5,9) + \sum d(10,11,12,13,14,15)$

(4) $Y(A,B,C,D) = \sum m(0,4,6,8,13) + \sum d(1,2,3,9,10,11)$

(5) $Y(A,B,C,D) = \sum m(0,1,8,10) + \sum d(2,3,4,5,11)$

(6) $Y(A,B,C,D) = \sum m(0,2,6,8,10,14) + \sum d(5,7,13,15)$

课题 2

集成逻辑门电路及其应用

知识目标	了解晶体管开关特性及 TTL 逻辑门的基本工作原理；了解 MOS 管开关特性及 CMOS 逻辑门的基本工作原理；熟悉各类门电路的外部电气特性、电压传输特性、输入/输出特性、抗干扰特性、电源特性等
技能目标	掌握 TTL 和 CMOS 门的逻辑功能、外部特性、主要参数和正确使用方法；掌握门电路标准推拉输出、开路输出、三态输出的特点和应用。能正确处理多余输入端，能正确解决不同类型电路间的接口问题及抗干扰问题

课题描述

随着微电子技术的发展，人们把实现各种基本逻辑功能的元器件及其连线都集中制造在同一块半导体材料小片上，并封装在一个壳体中，通过引线与外界联系，我们把这种用来实现基本逻辑运算和复合逻辑运算的单元电路称为门电路，常用的门电路有与门、或门、非门、与非门、或非门、与或非门、异或门等。它们是构成数字集成电路(Integrated Circuit，IC)的基本单元。

课题2　集成逻辑门电路及其应用

作为信息产业的基础，数字集成电路已经成为国家基础性战略性产业，它不仅在工民用电子设备中得到广泛的应用，同时在军事、通信、遥控等方面也得到广泛的应用。用数字集成电路来装配电子设备，其装配密度比晶体管可提高几十倍至几千倍，设备的稳定工作时间也可大大提高，如图2.1所示。

图2.1　常见的集成电路板

数字集成电路的类型较多，根据所采用的半导体器件进行分类，分为双极型集成电路、单极型集成电路和混合型集成电路。双极型集成电路的制作工艺复杂，功耗较大，包括TTL(晶体管—晶体管逻辑电路)、ECL(射极耦合逻辑)电路和I^2L(集成注入逻辑)电路等几种类型，单极型集成电路的制作工艺简单，功耗也较低，易于制成大规模集成电路，代表集成电路有CMOS、NMOS、PMOS等类型，混合型集成电路是前二者的组合(BiC-MOS)门电路；按集成度高低不同可分为小规模集成电路、中规模集成电路、大规模集成电路和超大规模集成电路。小规模集成电路(SSI)仅包含10个以内的门电路。中规模集成电路(MSI)包含10～100个门电路。大规模集成电路(LSI)包含1 000～10 000个门电路。超大规模集成电路(VLSI)包含10 000以上的门电路。

数字集成电路具有体积小，重量轻，引出线和焊接点少，寿命长，可靠性高，性能好等优点，同时成本低，便于大规模生产。

2.1　二极管基本门电路

2.1.1　晶体二极管的开关特性

数字电路中的晶体二极管、三极管和MOS管等器件一般是以开关方式工作的，其工作状态相当于开关的"接通"与"断开"。

由于数字系统中的半导体器件运用在开关频率十分高的电路中(通常开关状态变化的速度可高达每秒百万次数量级甚至千万次数量级)，因此，研究这些器件的开关特性时，不仅要研究它们在导通与截止两种状态下的静止特性，而且还要分析它们在导通和截止状态之间的转变过程，即动态特性。

1. 静态特性

静态特性是指二极管在导通和截止两种稳定状态下的特性。典型二极管的静态特性曲线(又称伏安特性曲线)如图2.2所示。

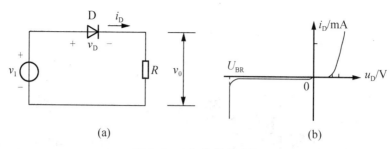

图 2.2 二极管静态特性

(a)电路图　　(b)伏安特性曲线

1) 正向特性

门槛电压(U_{TH})：使二极管开始导通的正向电压，有时又称为导通电压(一般锗管约0.1V，硅管约0.5V)。正向电压$U_F \leqslant U_{TH}$时，管子截止、电阻很大、正向电流I_F接近于0，二极管类似于开关的断开状态；正向电压$U_F = U_{TH}$时，管子开始导通，正向电流I_F开始上升；正向电压$U_F > U_{TH}$(一般锗管为0.3V，硅管为0.7V)时管子充分导通，电阻很小，正向电流I_F急剧增加，二极管类似于开关的接通状态。

2) 反向特性

二极管在反向电压U_R作用下，处于截止状态，反向电阻很大，反向电流I_R很小(将其称为反向饱和电流，用I_S表示，通常可忽略不计)，二极管的状态类似于开关断开。而且反向电压在一定范围内变化基本不引起反向电流的变化。

 特别提示

使用注意事项如下：

(1) 正向导通时可能因电流过大而导致二极管烧坏。组成实际电路时通常要串接一只电阻R，以限制二极管的正向电流。

(2) 反向电压超过某个极限值时，将使反向电流I_R突然猛增，致使二极管被击穿(通常将该反向电压极限值称为反向击穿电压U_{BR})，一般不允许反向电压超过此值。

由于二极管的单向导电性，所以在数字电路中经常把它当作开关使用。实际的二极管不是理想开关，且电压和电流之间是非线性关系。

2. 动态特性

因为半导体二极管具有单向导电性，即外加正向电压时导通，外加反向电压时截止，所以它相当于一个受外加电压极性控制的开关。晶体二极管在外加大信号电压时，将由导通转向截止或由截止转向导通，如图2.3所示。

1) 由导通转向截止

i_D由$I_R = -V_R/R$降至$0.9I_R$所需驱散存储电荷的时间，称为存储时间t_s。i_D由$0.9I_R$逐渐下降至$0.1I_R$所需驱散存储电荷的时间，称为下降时间t_f。$t_{rr} = t_s + t_f$时间称为反向恢复时间。

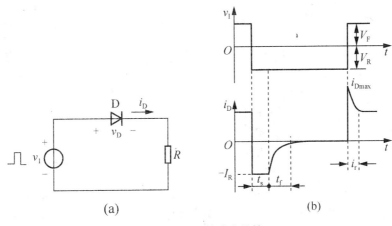

图 2.3 二极管动态特性
(a)电路图　(b)过渡过程工作波形

2) 由截止转向导通

$i_{Dmax}=(V_R+V_F)/R$ 下降至 $i_D=V_F/R$ 所需的时间,称为二极管正向恢复时间 t_r。一般 $t_r \ll t_{rr}$,所以可以忽略不计。

上升时间、恢复时间都很小,基本上由二极管的制作工艺决定,存储时间与正向电流、反向电压有关。当 v_i 为一矩形电压时,二极管电流的变化过程不够陡峭(不理想),这就限制了二极管的最高工作频率。

2.1.2　二极管门电路

我们已经知道基本逻辑关系有与、或、非 3 种,能实现其逻辑功能的电路称为基本逻辑门电路。

在数字电路中,用高低电平来表示二值逻辑的 1 和 0 两种逻辑状态。若用高电平表示逻辑 1,低电平表示逻辑 0,则称这种表示方法为正逻辑;反之,若用高电平表示 0,低电平表示 1,则称这种表示方法为负逻辑。若无特别说明,本书中将采用正逻辑。

由于在实际工作时只要能区分出来高低电平就可以知道它所表示的逻辑状态了,所以高低电平都有一个允许的范围,如图 2.4 所示。

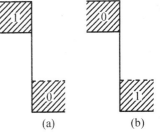

图 2.4　高低电平范围
(a)正逻辑　(b)负逻辑

正因如此,在数字电路中无论是对元器件参数精度的要求还是对供电电源稳定度的要求,都比模拟电路要低一些。

1. 二极管与门电路

能实现与逻辑功能的电路称为与门电路。

二极管与门电路如图 2.5 所示。其中 A、B 代表与门输入,Y 代表输出。若二极管的正向压降 $V_D=0.7V$,输入端对地的高电平、低电平分别为 $V_{IH}=+3V$、$V_{IL}=0V$,则可得到图 2.5 所示电路的输入和输出的电平关系,见表 2-1。

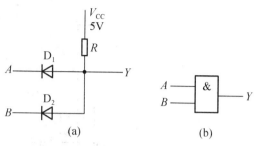

图 2.5　二极管与门电路
(a) 与门电路　　(b) 与门逻辑符号

若按正逻辑进行赋值，即高电平用"1"表示，低电平用"0"表示，则可将表 2-1 变为表 2-2 的与逻辑真值表。由真值表可知该电路实现了逻辑与的功能，即：$Y=AB$。

表 2-1　二极管与门电路的电平关系

输入		输出
V_A/V	V_B/V	V_Y/V
0	0	0.7
0	3	0.7
3	0	0.7
3	3	3.7

表 2-2　与逻辑的真值表

输入		输出
A	B	Y
0	0	0
0	1	0
1	0	0
1	1	1

2. 二极管或门电路

能实现或逻辑功能的电路称为或门电路。

二极管或门电路如图 2.6 所示，其输入 A、B 和输出 Y 的电平关系及逻辑真值表见表 2-3、表 2-4。

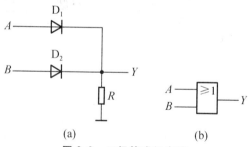

图 2.6　二极管或门电路
(a) 或门电路　　(b) 或门逻辑符号

表 2-3　二极管或门电路的电平关系

输入		输出
V_A/V	V_B/V	V_Y/V
0	0	0
0	3	2.3
3	0	2.3
3	3	2.3

表 2-4　或逻辑真值表

输入		输出
A	B	Y
0	0	0
0	1	1
1	0	1
1	1	1

由真值表得到或门输出逻辑表达式为：$Y=A+B$。

二极管门电路虽然很简单，但存在着严重的缺点：①输出电平都比输入电平高出 0.7V 电平偏离，如果将 3 个这种门级联（前级的输出作为后级的输入），则最后一级的输出低电平偏离到 2.1V，已接近规定的输入高电平，会造成逻辑混乱；②当输出端对地接上负载电阻（常称为下拉负载）时，会使输出高电平降低，即带负载能力差，严重时会造成逻辑混乱。如图 2.5 所示的二极管与门电路，输出端对地也接阻值为 R 的电阻，输出高电平则为 2.5V。

2.2　TTL 逻辑门电路

2.2.1　晶体三极管开关特性及三极管非门

1. 晶体三极管工作状态

NPN 型晶体三极管开关电路如图 2.7 所示。NPN 型晶体三极管截止、放大、饱和工作状态的特点见表 2-5。

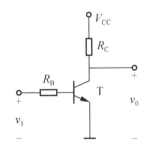

图 2.7　NPN 型晶体三极管开关电路

表 2-5　NPN 型晶体三极管工作状态的特点

工作状态	截　止	放　大	饱　和
条件	$i_B=0$	$0<i_B<\dfrac{I_{CS}}{\beta}$	$i_B>\dfrac{I_{ES}}{\beta}$
偏置	发射结反偏 集电结反偏	发射结正偏 集电结反偏	发射结正偏 集电结正偏
集电极 电流	$i_C\approx 0$	$i_C=\beta i_B$	$i_C=I_{CS}=\dfrac{V_{CC}}{R_C}$ 且为随 i_B 增加而增加
管压降	$v_O=v_{CE}=V_{CC}$	$v_O\approx v_{CE}=V_{CC}-i_C R_C$	$v_O=v_{CES}\approx 0.2\sim 0.3\text{V}$
c、e 间 等效电阻	约为数千欧， 相当于开关断开	可变	很小，约为数百欧， 相当于开关闭合

晶体三极管作为开关，稳态时主要工作在截止状态，称为稳态断开状态。此时 $i_C\approx 0$，$v_O\approx V_{CC}$。工作在饱和状态时称为稳态闭合状态，此时 $i_B>i_{BS}$，$v_O=V_{CE(set)}\approx 0.3\text{V}\approx 0\text{V}$。

2. 晶体三极管的瞬态开关特性

晶体三极管开关稳态是处于截止或饱和态，在外加信号作用下，晶体三极管由截止转向饱和或由饱和转向截止的过渡过程为瞬态开关特性，如图2.8所示。在过渡过程中，晶体三极管处于放大状态。

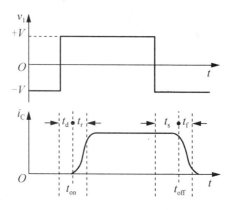

图 2.8 三极管开关特性

1) 三极管由截止转向饱和的过程

当 v_I 由 $-V$ 跳至 $+V$ 时，形成集电极电流 i_C，i_C 上升至 $0.1I_{CS}$ 的过程所需时间 t_d 称为延迟时间。i_C 由 $0.1I_{CS}$ 上升至 $0.9I_{CS}$ 的过程所需时间 t_r 称为上升时间。三极管由截止到饱和所经历的时间，称为开启时间 t_{on}，其大小为：$t_{on}=t_d+t_r$。

2) 三极管由饱和状态转向截止状态的过程

当 v_I 由 $+V$ 下跳至 $-V$ 时，三极管集电极电流由 I_{CS} 下降至 $0.9I_{CS}$ 所需的时间称为存储时间 t_s。三极管集电极电流由 $0.9I_{CS}$ 下降至 $0.1I_{CS}$ 所需的时间称为下降时间 t_f。三极管由饱和状态转向截止状态所经历的时间称为关断时间 t_{off}，其大小为 $t_{off}=t_s+t_f$。

当基极施加一矩形电压 v_I 时，i_C、v_O 波形不够陡峭，i_C、v_O 滞后于 v，即三极管在截止与饱和状态转换需要一定的时间。这是由三极管的结电容引起的，内部载流子的运动过程比较复杂。

3. 三极管非门电路

由三极管开关电路组成的最简单的门电路就是非门电路（反相器）。电路及其逻辑符号如图2.9所示。其输入 A 和输出 Y 的电平关系及逻辑真值表见表 2-6、表 2-7。

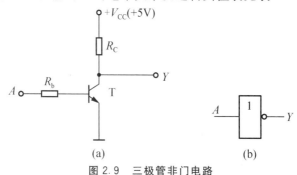

图 2.9 三极管非门电路

(a)非门电路　　(b)非门逻辑符号

表2-6 三极管非门电路电平关系

输 入	输 出
V_A/V	V_Y/V
0	5
5	0

表2-7 非逻辑真值表

输 入	输 出
A	Y
0	1
1	0

当输入 A 为低电平时，三极管截止，输出 Y 为高电平，输入 A 为高电平时，三极管饱和，输出 Y 为低电平。逻辑表达式 $Y=\overline{A}$。

4. 二极管—三极管门电路

将3种基本逻辑门进行适当的组合，就可以构成组合逻辑门，完成复合逻辑运算，常用的复合逻辑门有与非门、或非门、与或非门、异或门等。下面简要介绍它们的逻辑符号、逻辑功能、逻辑表达式及常用的集成电路芯片。

1) 与非门

把一个与门和非门组合在一起，做在一块芯片上就构成了与非门，从而完成与非逻辑运算，二输入与非门如图2.10所示，表2-8为与非门真值表。其逻辑表达式为：$Y=\overline{AB}$。

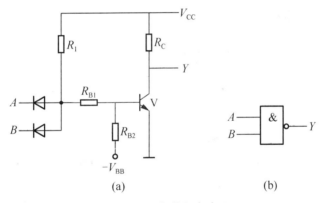

图2.10 与非门电路
(a)与非门电路 (b)与非门逻辑符号

表2-8 与非门真值表

A	B	Y
0	0	1
0	1	1
1	0	1
1	1	0

常用的74系列与非门产品有：74LS00(2输入4"与非"门)芯片、74LS30(8输入"与非"门)芯片，外引线如图2.11、图2.12所示。

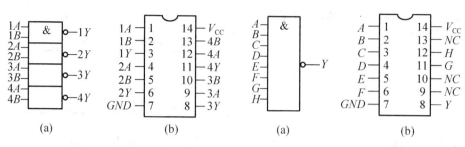

图 2.11　74LS00 逻辑符号与外引线图　　　图 2.12　74LS30 逻辑符号与外引线图
(a)逻辑符号　　(b)外引线图　　　　　　　(a)逻辑符号　　(b)外引线图

2) 或非门

把一个或门和一个非门组合在一起，做在一块芯片上就构成了或非门，可以实现或非逻辑运算。二输入或非门如图 2.13 所示，表 2-9 为或非门真值表。其逻辑表达式为：$Y=\overline{A+B}$。

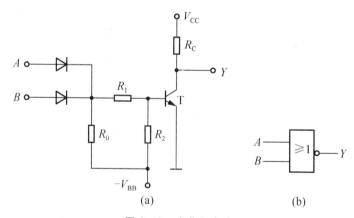

图 2.13　或非门电路
(a)或非门电路　　(b)或非门逻辑符号

表 2-9　或非门真值表

A	B	Y
0	0	1
0	1	0
1	0	0
1	1	0

常见的 74 系列的或非门的产品有：74LS02(2 输入 4"或非"门)芯片，74LS27(3 输入 3"或非"门)芯片等，外引线如图 2.14、图 2.15 所示。

3) 与或非门

把两个与门、一个或门和一个非门组合在一个芯片上，就构成了一个基本的与或非门，可实现简单的与或非逻辑运算，其逻辑符号如图 2.16 所示，逻辑表达式为：$Y=\overline{AB+CD}$。

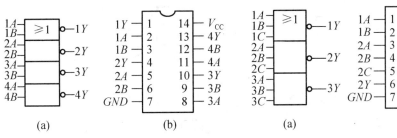

图 2.14 74LS02 逻辑符号与外引线图   图 2.15 74LS27 逻辑符号与外引线图
(a)逻辑符号　(b)外引线图　　　　　(a)逻辑符号　(b)外引线图

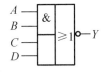

图 2.16 与或非门逻辑符号

常见的 74 系列的与或非门产品有：74LS54 和 74LS55，如图 2.17、图 2.18 所示。

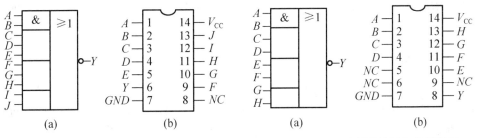

图 2.17 74LS54 逻辑符号与外引线图   图 2.18 74LS55 逻辑符号与外引线图
(a)逻辑符号　(b)外引线图　　　　　(a)逻辑符号　(b)外引线图

4）异或门

异或门也是一种常用的复合逻辑门，其逻辑关系见表 2-10。异或运算的逻辑关系为：$Y=\overline{A}B+A\overline{B}=A\oplus B$。

表 2-10 异或门真值表

A	B	Y
0	0	0
0	1	1
1	0	1
1	1	0

其逻辑符号如图 2.19（a）所示，图 2.19（b）为同时给出的同或门逻辑符号。其常用的集成电路芯片为 74LS86，这是 2 输入 4 "异或" 门，其逻辑符号和外引线如图 2.20 所示。

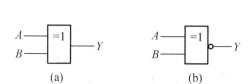

图 2.19 逻辑符号

(a)异或门逻辑符号　　(b)同或门逻辑符号

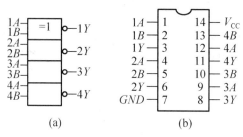

图 2.20　74LS86 逻辑符号和外引线图

(a)逻辑符号　　(b)外引线图

另外，由于同或函数和异或函数在逻辑上互为反函数，即 $A \odot B = AB + \overline{A}\overline{B} = \overline{A \oplus B}$，因此，实际集成电路并没有专门的同或门芯片，需要时可在异或门后面加上一个非门来实现。

2.2.2　TTL 集成逻辑门电路

TTL(transistor - transistor - logic)是指晶体管-晶体管逻辑门电路，它的输入端和输出端都是由晶体管组成。对于集成逻辑门电路的学习，主要应了解它的逻辑功能、外部特性和主要参数。

TTL 集成电路经过近半个世纪的发展，生产工艺不断完善成熟，它具有体积小、重量轻、功耗低、负载能力强、抗干扰能力好等优点，同时产品性能稳定，工作可靠，开关速度高，因此得到了广泛的应用。国产的 TTL 产品有 4 个主要系列，它们分别是 CT54/74、CT54H/74H、CT54S/74S、CT54LS/74LS（通常 CT 省略不写）。它们和国际上 SN54/74 通用系列、SN54H/74H 高速系列、SN54S/74S 肖特基系列、SN54LS/74LS 低功耗肖特基系列产品一一对应。还有一种 CT54ALS/74ALS 先进低功耗肖特基系列产品，它是目前最常用的 CT54LS/74LS 系列的后继产品，速度更快、功耗更低。另外，CT54 系列和 CT74 系列仅仅是使用温度和工作电压不同而已，其电路结构和电气性能参数完全相同。54 系列的使用温度为(-55～+125)℃，工作电压为 5±10%V，常用于军品；74 系列的使用温度为(0～70)℃，工作电压为 5±5%V，常用于民品。

目前常用的数字集成电路多采用双列直插式封装，其引脚数有 14、16、18、20 等多种。其引脚排列编号的判断方法是将半圆形凹口（或标志线、标志圆点等）朝左，字面向上，按逆时针方向从左下角开始顺序读出。在标准形 TTL 集成电路中，电源端 V_{CC} 一般排在左上端，接地端 GND 一般排在右下端。如 74LS00 为 14 脚芯片，14 脚为 V_{CC}，7 脚为 GND。若集成芯片引脚上的功能标号为 NC，则表示该引脚为空脚，与内部电路不连接，如图 2.21 所示。

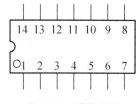

图 2.21　引脚排列

下面以通用标准型 TTL 与非门的内部电路为例分析 TTL 与非门的工作原理，估算电路中有关各点的对地电压，以得到输入和输出电平的定量概念。在此基础上，介绍集电极开路门和三态门的相关知识及应用。

1. TTL 与非门

1）电路组成

图 2.22 是国产 74 系列与非门的典型电路。它主要由输入级、中间倒相级、输出级 3 个部分组成。

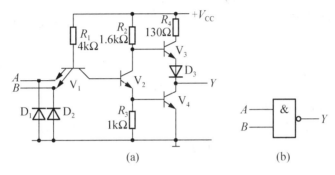

图 2.22　与非门电路
(a)与非门内部电路　　(b)与非门逻辑符号

V_1 为多发射极晶体三极管，它和 R_1 构成输入级，实现与逻辑功能。D_1、D_2 为输入端钳位二极管，抑制输入端出现的负电压干扰。当输入端负电压干扰大于钳位二极管的正向导通电压时，二极管导通，使输入端的负电压被钳位在 $-0.7V$ 上，因而保护了三极管。V_2、R_2、R_3 组成中间倒相级，从 V_2 的集电极和发射极输出两个相位相反的信号，分别驱动 V_3、V_4。V_3、V_4、D_3、R_4 组成输出级。

2）工作原理

当输入端 A、B 至少有一个是低电平，即 $V_{IL}=0.3V$ 时，电源 V_{CC} 经 R_1 向 V_1 提供基极电流，使输入端接低电平的发射结导通，V_1 的基极电压 $V_{B1}=V_{BE1}+V_{IL}=0.7V+0.3V=1V$，而要使 V_1 集电结、V_2 和 V_4 的发射结导通，V_{B1} 至少应为 $2.1V$。因此，V_2 和 V_4 截止，V_2 的集电极电压 V_{C2} 为高电平，即 $V_{C2}=V_{CC}-I_{B3}R_2 \approx V_{CC}=5V$，使 V_3、D_3 导通，输出电压 u_O 为高电平 V_{OH}，其值为 $V_{OH}=V_{C2}-(0.7+0.7)=3.6V$，由于 V_2 截止，使 V_1 集电极等效电阻非常大，因此，使 V_1 工作在深度饱和状态，此时 $V_{CE1}=V_{CE1}(sat) \approx 0.1V$，$V_{B2}=V_{C1}=0.4V$。

当输入端 A、B 都是高电平，即 $V_{IH}=3.6V$ 时，则可能使 $V_{B1}=V_{IH}+0.7V=4.3V$，但是这个电压必然会使 V_1 的集电结和 V_2、V_4 的发射结同时导通，这个结果又会使 V_{B1} 被钳位在 $2.1V$ 上，因此，V_1 的发射结反偏，集电结正偏，它处于倒置工作状态，此时的 β 很小。由于 V_2、V_4 工作在饱和状态，所以 $V_{C2}=V_{CE2(sat)}+V_{BE4(sat)}=1V$，因此，$V_3$、$D_3$ 截止，V_4 的集电极等效电阻很大，V_4 处于深度饱和状态，输出端电压 u_O 为低电平 V_{OL}，其值比 $V_{CE(sat)} \approx 0.3V$ 更低。综上所述，可以得出此电路完成了与非的逻辑关系。

7400 是一种典型的 TTL 与非门器件，内部含有 4 个 2 输入端与非门，共有 14 个引脚。引脚排列图如图 2.23 所示。

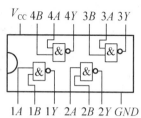

图 2.23　7400 引脚排列图

TTL 门电路与 CMOS 门电路是数字集成电路中两类不同产品的典型代表，而 TTL 与非门和 CMOS 反相器又是构成其他门电路的基本结构。本节将着重讨论 TTL 与非门的电路特性及其主要参数，以便正确分析使用器件。

3）TTL 与非门电压传输特性

TTL 与非门的电压传输特性是指在空载条件下，输出电压 u_O 随输入电压 u_I 变化的特性。如图 2.24 所示为电压传输特性曲线。该曲线可分为 4 个区段来进行分析。

(1) 截止区 (AB 段)。当 $0V \leqslant u_I < 0.6V$ 时，V_1 深度饱和，$V_{CE1} = 0.1V$，$V_{B1} < 1.3V$，V_2 与 V_4 截止，V_3 与 D_3 导通，输出高电平，$u_O = V_{OH} \approx 3.6V$，与非门工作在截止区。

(2) 线性区 (BC 段)。当 $0.6V < u_I < 1.3V$ 时，$V_{B2} > 0.7V$，V_2 管开始导通，并处于放大状态，集电极电压 V_{C2} 随 u_I 的增加而线性地下降，但 $u_I < 1.3V$，故 V_4 仍截止，$u_O = V_{C2} - 1.4V$，随 V_{C2} 而下降。B 点的特征为 V_2 开始导通。

(3) 转折区 (CD 段)。当 $1.3V < u_I < 1.4V$ 时，$V_{B2} = 1.4V$，$V_{B4} = 0.7V$，V_2 管进入饱和状态，V_4 由截止进入饱和状态，V_3 由放大进入截止状态，输出电压 u_O 急剧下降为低电平，$u_O = V_{OL} = 0.3V$。D 点的特征为 V_4 开始饱和。

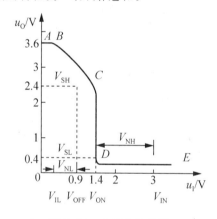

图 2.24　电压传输特性

(4) 饱和区 (DE 段)。当 $u_I > 1.4V$ 以后，V_{B1} 被钳位在 2.1V。继续增加 u_I 只能加深 V_4 管的饱和深度，u_O 不再发生太大变化。

4）主要参数

在电压传输特性曲线上，不仅可以知道 TTL 与非门的开关特性，还可以得到阈值电压、开门电平、关门电平、噪声容限等参数。

(1) 阈值电压 V_{TH}。又称门槛电压，它是指工作在电压传输特性曲线转折区中点对应的输入电压，一般取 $V_{TH} \approx 1.4V$。在近似分析中，可以认为：当 $u_I < V_{TH}$ 时，与非门工作在关闭状态，输出高电平 V_{OH}，当 $u_I > V_{TH}$ 时，与非门工作在导通状态，输出低电平 V_{OL}。

(2) 关门电平 V_{OFF}。在保证输出为标准高电平 V_{SH} 的条件下所允许输入的最大低电平值，称为关门电平 V_{OFF}，若 $V_{SH} = 2.4V$，由图 2.24 可得关门电平 $V_{OFF} = 0.9V$。

(3) 开门电平 V_{ON}。在保证输出为标准低电平 V_{SL} 的条件下所允许输入的最小高电平值称为开门电平 V_{ON}，若 $V_{SL} = 0.4V$，由图 2.22 得 $V_{ON} = 1.4V$。

从上述结论可以看出,当 $u_I<V_{OFF}$ 时与非门关闭,输出高电平;当 $u_I>V_{ON}$ 时与非门才导通,输出为低电平。

(4) 噪声容限。TTL 与非门在使用时,输入端有时会有干扰信号叠加在输入信号上,干扰信号用噪声电压来描述。把不会影响输出端正常逻辑功能所允许的噪声电压的幅度称为噪声容限。

低电平噪声容限 V_{NL}:为保证输出为高电平在输入低电平时所允许叠加的最大正向干扰电压,$V_{NL}=V_{OFF}-V_{IL}$。

高电平噪声容限 V_{NH}:为保证输出为低电平在输入高电平时所允许叠加的最大负向干扰电压,$V_{NH}=V_{IH}-V_{ON}$。

噪声容限越大,电路抗干扰能力越强。

5) TTL 与非门的输入特性

(1) 输入伏安特性。TTL 与非门的输入电流与输入电压之间的关系称为 TTL 与非门的输入伏安特性。图 2.25 为测试电路和特性曲线。从图中可以了解两个参数:输入短路电流 I_{IS} 和输入漏电流 I_{IH}。

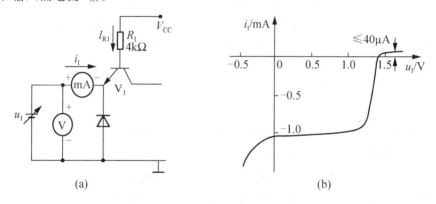

图 2.25 TTL 与非门的输入特性
(a)测试电路   (b)输入特性曲线

若 u_I 和 i_I 的参考方向如图所示,当 $u_I<V_{TH}$ 时,$i_I<0$,把 $u_I=0V$ 时的输入电流称为输入短路电流 I_{IS},其值可由下式求解 $I_{IS}=(V_{CC}-V_{BE1})/R_1$。当 $u_I>V_{TH}$ 时,$i_I>0$,把 $u_I=V_{TH}$ 对应的输入电流称为输入高电平电流 I_{IH},也称为输入漏电流。在实际多级电路连接时,I_{IS} 就是在前级与非门输出低电平时,灌入前级输出管的负载电流(也称为前级的灌电流负载),如图 2.26(a)所示,因此它的大小直接影响前级带同类与非门的能力。一般地,产品规范值为 $I_{IS}\leq 1.6mA$。而 I_{IH} 就是在前级与非门输出高电平时从前级与非门流出的电流(或称后级门从前级门拉来的电流),若 I_{IH} 太大将会使前级门输出的高电平下降,一般地,$I_{IH}\leq 40\mu A$。

(2) 输入端负载特性。如果在 TTL 与非门的输入端与地之间串接一个电阻 R_P,则会在该电阻上产生一个输入电压 u_I。把输入电压 u_I 随输入端对地电阻 R_P 变化的关系称为输入端的负载特性,如图 2.26(b)所示。

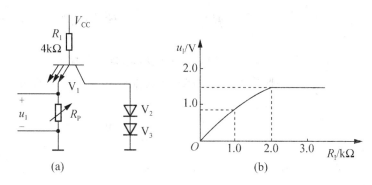

图 2.26 TTL 与非门输入端负载特性
(a)测试图　　(b)特性曲线

从图中可以看出,只要 $u_I<V_{TH}$,u_I 就随 R_P 增加而升高。但当 $u_I=V_{TH}=1.4V$ 后,V_1 的基极电压 V_{B1} 被钳位在 2.1V,继续增加 R_P 的值,$u_I=V_{B1}-V_{BE1}=1.4V$ 不再增加。因此,改变 R_P 的大小,就可以实现控制 TTL 与非门的开通与关断。

把维持输出为高电平的输入端对地电阻 R_P 的最大值称为关门电阻 R_{OFF},只要 $R_P<R_{OFF}$,$u_O=V_{OH}$ 与非门关断。把维持输出为低电平的输入端对地电阻 R_I 的最小值称为开门电阻 R_{ON},只要 $R_P>R_{ON}$,$u_O=V_{OL}$ 与非门开通。产品系列不同,R_{ON}、R_{OFF} 也不同,详细数值请查阅手册,对于 54、74 系列产品 $R_{OFF}=0.9k\Omega$,$R_{ON}=1.9k\Omega$,在计算 R_{ON}、R_{OFF} 时要留一定的裕量。

6) TTL 与非门的输出特性

与非门输出电压 u_O 随负载电流 i_L 变化的特性称为输出特性。

(1) 输出高电平,带拉电流负载的特性。图 2.27 为与非门输出高电平时,带拉电流负载时的工作情况。根据与非门的工作原理,当输入低电平时,V_4 截止,V_3 和 D_3 导通,输出高电平 V_{OH},输出端工作在射极跟随状态。当拉出的电流较小时,V_3 仍工作在射极跟随状态,输出高电平 V_{OH} 基本不随 i_L 变化;当负载电流较大时,R_4 上的电压降也随之增大,此时 V_3 进入深度饱和,$V_{CE(sat)}=0.1V$,V_{OH} 随 i_L 的增加而快速下降。

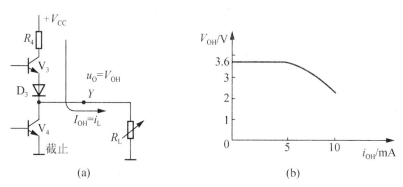

图 2.27 与非门输出高电平时输出特性
(a)等效电路　　(b)输出特性曲线

(2) 输出低电平,带灌电流负载的特性。图 2.28 为与非门在输出低电平时带灌电流负载的工作情况。根据与非门的工作原理,当输入全为高电平时,V_4 饱和导通,V_3 截止,

输出低电平 V_{OL}。此时负载电流的实际方向是流进该级输出管 V_4，因此称之为灌电流。因 V_4 饱和导通，电阻较小，当灌电流增大时输出低电平上升不快，这也表明与非门输出端带灌电流负载的能力较强。

研究输出特性的目的是为了搞清楚 TTL 与非门在级联使用时带负载的能力，门电路的带负载能力用扇出系数 N_O 来表示，它代表门电路驱动同类门电路的最大数目。如前所述若输出低电平时的最大电流为 $I_{OL(max)}$，每个同类门的输入低电平电流为 I_{IL}，则输出低电平扇出系数 $N_{OL}=I_{OL(max)}/I_{IL}$，如果输出高电平时的最大电流为 $I_{OL(max)}$，每个同类门的输入高电平电流为 I_{IH}，则 $N_{OH}=I_{OL(max)}/I_{IH}$，$N_{OL}$、$N_{OH}$ 的具体数值需根据手册提供数据来确定。

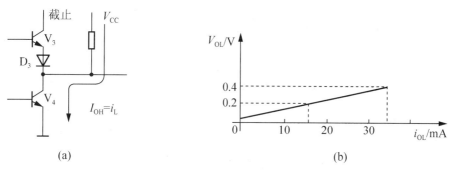

图 2.28 与非门输出低电平时输出特性

(a)等效电路　　(b)输出特性曲线

7) TTL 与非门的传输延迟时间

与非门的输出电压 u_O 的波形滞后于输入电压 u_I 波形的时间称为传输延迟时间，如图 2.29 所示。产生传输延迟时间的原因有以下一些因素：二极管、三极管由截止变为导通或由导通变为截止，需要一定的过渡时间；电路内部元器件及布线间存在寄生电容，不仅产生了延迟时间，而且使输出波形变坏。实际上，把从输入电压 u_I 波形上升沿 $0.5V_{Imax}$ 到输出电压 u_O 波形下降沿 $0.5V_{Omax}$ 之间的时间 t_{PHL} 称做导通延迟时间；把从输入电压 u_I 波形下降沿 $0.5V_{Imax}$ 到输出电压 u_O 波形上升沿 $0.5V_{Omax}$ 之间的时间 t_{PLH} 称做截止延迟时间。一般地 $t_{PLH}>P_{PHL}$，器件手册上给出的是平均传输延迟时间 $t_{pd}=(t_{PHL}+t_{PLH})/2$，其大小决定了门电路的开关速度。

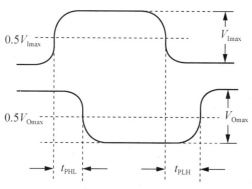

图 2.29 传输延迟时间

2. 集电极开路与非门

集电极开路与非门又称为 OC 门（Open Collector）。其内部电路结构及逻辑符号如图 2.30 所示。

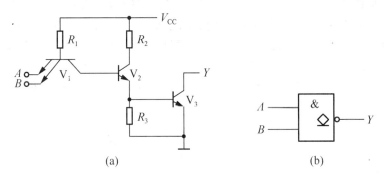

图 2.30　OC 与非门电路
(a)OC 与非门内部电路　　(b)OC 与非门逻辑符号

OC 门仍然能够实现与非的逻辑功能，但它工作时需要外接一个负载电阻 R_L（上拉电阻）和电源。工作过程如下：当 A、B 全为高电平时，三极管 V_2 和 V_3 饱和导通，输出低电平；当 A、B 有低电平时，三极管 V_2 和 V_3 截止，输出高电平，逻辑表达式为 $Y=\overline{AB}$。

OC 门常有以下两种应用：

(1) 实现线与。所谓线与是指门电路的输出端并联使用以实现与的逻辑功能。一般的 TTL 门电路的输出端不允许并联使用，否则可能因电流过大而烧坏器件。OC 门工作时是采用外接上拉电阻和电源的方式，因此多个 OC 门的输出端可以直接并联使用，实现线与的逻辑功能，如图 2.31 所示。图中小方框为表示线与逻辑功能的图形符号，输出端的逻辑表达式可以写成 $Y=\overline{AB}\,\overline{CD}$。

(2) 驱动显示器及实现电平转换。由于 OC 门输出管的耐压一般较大，同时存在着上拉电阻，因此，外加电源的工作范围较宽，可驱动高电压、大电流负载，或者用于电平转换接口等电路。如图 2.32、图 2.33 所示。

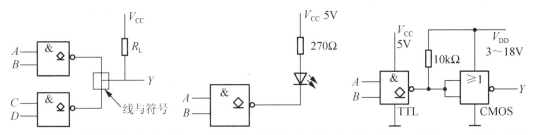

图 2.31　OC 门的并联使用电路　　图 2.32　OC 门驱动发光二极管电路　　图 2.33　OC 门与 CMOS 门接口电路

3. 三态输出门（TSL 门）

三态输出门电路（三态门），就是在基本 TTL 与非门电路基础上，在输入端增加一个控制端，构成 3 种输出状态的门电路，这 3 种输出状态是输出高电平（H 态）、低电平（L 态）以及输出高阻状态（禁止状态－Z 态）。三态与非门电路及其逻辑符号如图 2.34 所示。

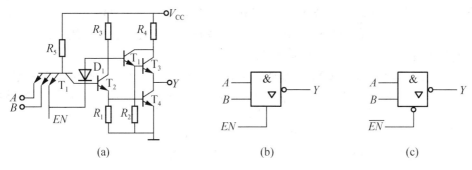

图 2.34 三态门的逻辑符号

(a)电路结构　(b)高电平有效的逻辑符号　(c)低电平有效的逻辑符号

EN、$\overline{EN}$ 为控制端,又称为使能端。对图 2.34(a),使能端 EN 表示高电平有效,即 $EN=1$ 时三态门工作,$Y=\overline{AB}$;$EN=0$ 时,三态门输出呈现高阻状态。对图 2.34(c),使能端 $\overline{EN}$ 表示低电平有效,即 $\overline{EN}=0$ 时,三态门工作,$Y=\overline{AB}$;$\overline{EN}=1$ 时,三态门输出呈高阻状态。

三态门主要应用于以下两个方面。

(1) 用三态门构成单向总线。在图 2.35 中,EN_1、EN_2、EN_3 轮流为高电平 1,且在任何时刻只能有一个三态门工作,其他的三态门由于 $EN=0$ 而处于高阻状态,从而实现输入信号 A_1B_1、A_2B_2、A_3B_3 轮流以与非形式分时传送到总线上。

(2) 用三态门实现数据的双向传输。在图 2.36 中,当 $EN=1$ 时,G_1 工作,G_2 禁止,数据 D_0 经 G_1 反相后传送到总线上,即把 $\overline{D_0}$ 传送到总线上;当 $EN=0$ 时,G_1 禁止,G_2 工作,总线上数据 D_1 经反相后从总线传送出来,从而构成双向传输功能。

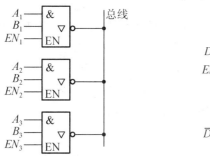
图 2.35　用三态门构成单向总线

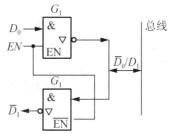
图 2.36　用三态门实现数据的双向传输

4. 其他 TTL 门电路

TTL 门电路除了以上介绍的,还有或非门、与或非门、异或门以及带有施密特触发功能的门电路等,在实际工作中可通过查阅器件手册合理搭配使用。

双极型数字集成电路除了 TTL 门电路外,还有 HTL、ECL、I_2L 等多种。详细内容请查阅相关资料。

2.3　CMOS 逻辑门电路

MOS 集成逻辑门是采用 MOS 管作为开关元件的数字集成电路。它具有工艺简单、集成度高、抗干扰能力强、功耗低等优点，MOS 门有 PMOS、NMOS 和 CMOS 3 种类型，CMOS 电路又称互补 MOS 电路，它突出的优点是静态功耗低、抗干扰能力强、工作稳定性好、开关速度高，是性能较好且应用较广泛的一种电路。

与 TTL 集成电路相比，CMOS 电路具有如下特点：制造工艺较简单，集成度和成品率较高，功耗低，电源电压范围宽，输入阻抗高，扇出系数大，抗干扰能力强，当配备适当的缓冲器后，能与现有的大多数逻辑电路兼容。

2.3.1 MOS 管的开关特性

1. 静态特性

MOS 管作为开关元件，同样是工作在截止或导通两种状态。由于 MOS 管是电压控制元件，所以主要由栅源电压 u_{GS} 决定其工作状态。图 2.37(a)为由 NMOS 增强型管构成的开关电路。

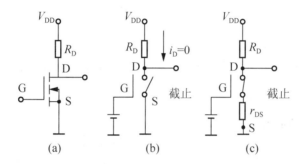

图 2.37 NMOS 管构成的开关电路及其等效电路

工作特性如下：$u_{GS}<$开启电压 U_T 时，MOS 管工作在截止区，漏源电流 i_{DS} 基本为 0，输出电压 $u_{DS}\approx V_{DD}$，MOS 管处于"断开"状态，其等效电路如图 2.37(b)所示。$u_{GS}>$开启电压 U_T 时，MOS 管工作在导通区，漏源电流 $i_{DS}=V_{DD}/(R_D+r_{DS})$。其中，$r_{DS}$ 为 MOS 管导通时的漏源电阻。输出电压 $U_{DS}=V_{DD}\cdot r_{DS}/(R_D+r_{DS})$，如果 $r_{DS}\ll R_D$，则 $u_{DS}\approx 0V$，MOS 管处于"接通"状态，其等效电路如图 2.37(c)所示。

2. 动态特性

MOS 管在导通与截止两种状态发生转换时同样存在过渡过程，但其动态特性主要取决于与电路有关的杂散电容充放电所需的时间，而管子本身导通和截止时电荷积累和消散的时间是很小的。图 2.38(a)和(b)分别给出了一个 NMOS 管组成的电路及其动态特性示意图。

当输入电压 u_i 由高变低，MOS 管由导通状态转换为截止状态时，电源 V_{DD} 通过 R_D 向杂散电容 C_L 充电，充电时间常数 $\tau_1=R_DC_L$。所以，输出电压 u_o 要通过一定延时才由低电平变为高电平；当输入电压 u_i 由低变高，MOS 管由截止状态转换为导通状态时，杂散电容 C_L 上的电荷通过 r_{DS} 进行放电，其放电时间常数 $\tau_2\approx r_{DS}C_L$。可见，输出电压 u_o 也要经过一定延时才能转变成低电平。但因为 r_{DS} 比 R_D 小得多，所以，由截止到导通的转换时间比由导通到截止的转换时间要短。

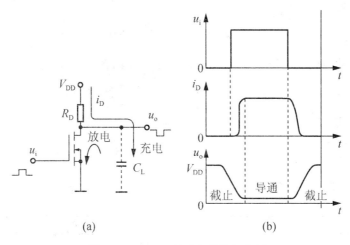

图 2.38 NMOS 管动态特性示意图
(a)NMOS 管组成的电路　　(b)NMOS 管动态特性

由于 MOS 管导通时的漏源电阻 r_{DS} 比晶体三极管的饱和电阻 r_{CES} 要大得多，漏极外接电阻 R_D 也比晶体管集电极电阻 R_C 大，所以，MOS 管的充、放电时间较长，使 MOS 管的开关速度比晶体三极管的开关速度低。不过，在 CMOS 电路中，由于充电电路和放电电路都是低阻电路，因此，其充放电过程都比较快，从而使 CMOS 电路有较高的开关速度。

2.3.2 CMOS 集成逻辑门电路

CMOS 门电路是由增强型 PMOS 管和增强型 NMOS 管组成的互补对称电路，它是在 PMOS 门电路和 NMOS 门电路的基础上，克服它们的不足而发展起来的。CMOS 门电路具有功耗低、输入阻抗高、抗干扰能力强、通用性好等优点。下面介绍 CMOS 反相器、CMOS 与非门、CMOS 或非门、CMOS 传输门等几种主要 CMOS 门电路。

1. CMOS 反相器

图 2.39 是 CMOS 反相器的电路图，其中 V_N 是 N 沟道增强型 MOS 管，V_P 是 P 沟道增强型 MOS 管，两管的参数对称相同，其开启电压 $V_{TN}=|V_{TP}|$，电源电压 $V_{DD}>V_{TN}+|V_{TP}|$，V_N 作驱动管，V_P 作负载管。

CMOS 反相器的工作原理简述如下：

当输入信号 $u_I=V_{IL}=0V$ 时，$V_{GSN}=0<V_{TN}$，V_N 截止，$V_{GSP}=0-V_{DD}=-V_{DD}$，$|V_{GSP}|>|V_{TP}|$，V_P 导通。输出电压 $u_O=V_{OH}\approx V_{DD}$。

当输入信号 $u_I=V_{IH}=V_{DD}$ 时，$V_{GSN}=V_{DD}>V_{TN}$，V_N 导通；$V_{GSP}=V_{DD}-V_{DD}=0$，$|V_{GSP}|<|V_{TP}|$，V_P 截止。输出电压 $u_O=V_{OL}\approx 0V$。

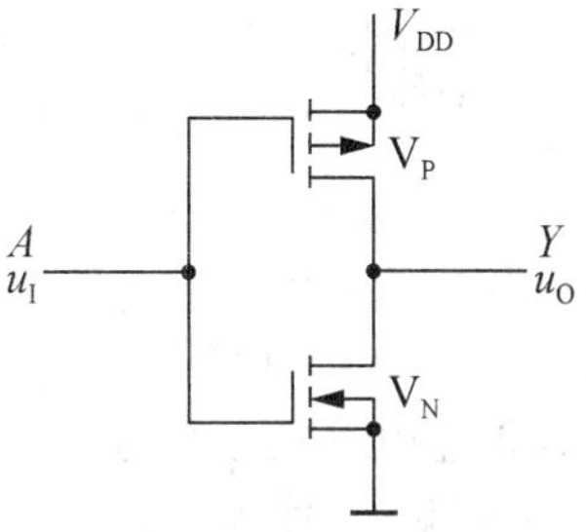

图 2.39 CMOS 反相器

上述分析表明，图 2.39 所示电路具有逻辑非的功能，其逻辑表达式记作 $Y=\overline{A}$。因此该电路称为 CMOS 非门电路，又称为 CMOS 反相器。在该电路中 V_N、V_P 总是一管导通，一管截止，工作于互补状态。其静态漏极电流为零，因此，CMOS 电路的静态功耗极小。

2. CMOS 反相器的主要特性

1）传输特性

电压传输特性与阈值电压、电流传输特性如图 2.40 所示。

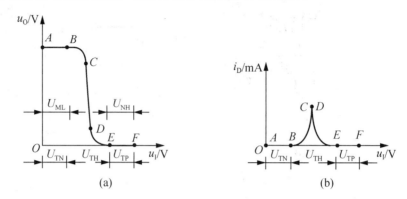

图 2.40 CMOS 反相器传输特性

（a）电压传输特性　（b）电流传输特性

由电压传输特性和电流传输特性可以看出如下几点。

（1）输出高电平 $V_{OH}=V_{DD}$，输出低电平 $V_{OL}=0V$。

（2）CMOS 反相器在稳态时，工作电流均极小，只有在状态急剧变化时，由于负载管和输出管均处于饱和导通状态，会产生一个较大的电流。

（3）在状态发生变化时，反转速度较快，其阈值电压为 $V_{TH}=V_{DD}/2$。

 特别提示

CMOS 反相器具有如下特点：

（1）静态功耗极低。

（2）抗干扰能力较强。

（3）电源利用率高，且允许 V_{DD} 可以在一个较宽的范围内变化。

（4）输入阻抗高，带负载能力强。

2）输入/输出特性

（1）为了保护栅氧化层不被击穿，在 CMOS 输入端均加有保护二极管。

（2）输入信号在正常工作电压下，输入电流 $i_I\approx 0$，当输入信号 $v_I>V_{DD}+V_D$ 时，保护二极管导通，输出电流急剧增大。

（3）当 CMOS 处于开态时输入管导通，输出电阻大小与 v_I 有关，v_I 越大，输出电阻越小，带灌电流负载能力越强；当 CMOS 处于关态时（输入管截止），$|v_{GSP}|=|v_I-V_{DD}|$ 越大（v_I 越小），带拉电流负载能力越大。

3）电源特性

由于静态时，静态电流不超过 $1\mu A$，静态功耗很小。CMOS 反相器的功耗主要取决于动态功耗，它包括在反转过程中，瞬时电压较大产生瞬时导通功率 P_T，以及在状态发生变化时对负载电容充放电所消耗的功耗 P_C，$P_C=C_L f V_{DD}^2$，其中 C_L 为负载电容，f 为工作频率。

3. CMOS 与非门

图 2.41 是一个两输入的 CMOS 与非门电路，它由 4 个增强型绝缘栅型场效应管组成。V_{N1}、V_{N2} 为两个串联的 NMOS 管，V_{P1}、V_{P2} 为两个并联的 PMOS 管。

当 A、B 两个输入端均为高电平时，V_{N1}、V_{N2} 导通，V_{P1}、V_{P2} 截止，输出为低电平。

当 A、B 两个输入端中只要有一个为低电平时，V_{N1}、V_{N2} 中必有一个截止，V_{P1}、V_{P2} 中必有一个导通，使输出为高电平。通过分析可得该电路的输出逻辑表达式为：$Y = \overline{A \cdot B}$。

4. CMOS 或非门

图 2.42 为 CMOS 或非门的电路图。当 A、B 两个输入端均为低电平时，V_{N1}、V_{N2} 截止，V_{P1}、V_{P2} 导通，输出 Y 为高电平；当 A、B 两个输入端中有一个为高电平时，V_{N1}、V_{N2} 中必有一个导通，V_{P1}、V_{P2} 中必有一个截止，输出为低电平。通过分析可得该电路的输出逻辑表达式为：$Y = \overline{A + B}$。

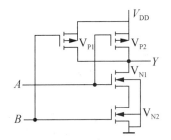

图 2.41　CMOS 与非门

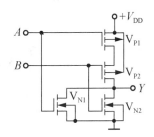

图 2.42　CMOS 或非门

在 CMOS 与非门和 CMOS 或非门电路中，由于驱动管－驱动管之间、负载管－负载管之间采用了串、并联连接方式，因此，电路的输出电平要受到输入端数目的影响而出现偏移。对 CMOS 与非门而言，V_{N1} 和 V_{N2} 是串联关系，在它们同时导通时，输出等效电阻为两管导通电阻之和。因此，输入端数目越多，串联驱动管的数目越多，输出等效电阻越大，输出低电平上升也越大；V_{P1} 和 V_{P2} 是并联关系，一个负载管的导通与两管同时导通的输出等效电阻是不同的，输入端数目越多，并联负载管的数目越多，输出等效电阻越小，输出高电平上升更趋近 V_{DD}。对 CMOS 或非门电路，电平偏移的方向与 CMOS 与非门相反。

为克服上述缺点，实际生产的 CMOS 门电路的输入端和输出端都用反相器作缓冲，来避免输入端数目对输出端电平的影响。如图 2.43 和图 2.44 所示。加入缓冲级后，输出端的电气特性和反相器的相同，因此 CMOS 门电路电压传输特性接近理想状态 $\left(V_{TH} = \frac{1}{2} V_{DD}\right)$。

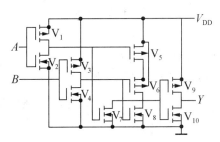

图 2.43　带缓冲级的或非门

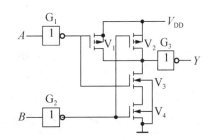

图 2.44　带缓冲级的与非门

5. CMOS 传输门与模拟开关

CMOS 传输门是由两个参数对称的 N 沟道增强型 MOS 管和 P 沟道增强型 MOS 管并联组成的,如图 2.45 所示。V_N 管的漏极与 V_P 管的源极相连,作为输入、输出(u_I、u_O)端,V_N 管的源极与 V_P 管的漏极相连,作为输出、输入(u_O、u_I)端,V_N 和 V_P 的栅极分别接入控制信号 C 和 $\overline{C}$。由于 MOS 管的漏极和源极在结构上是对称的,所以 CMOS 传输门中栅极引出线画在中间位置,CMOS 传输门也称为双向器件,其输入和输出端可以互换使用。

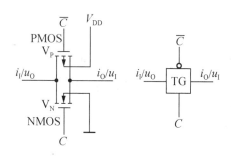

图 2.45 CMOS 传输门
(a)传输门内部电路 (b)传输门逻辑符号

工作原理:

因 V_N 和 V_P 参数对称,所以令 $V_{GS(th)} = V_{TN} = |V_{TP}|$,两管栅极上接一对互补控制电压,其低电平为 0V,高电平为 V_{DD},输入电压 u_I 的变化范围为 $0 \sim V_{DD}$。

当控制端 C 加低电平,$\overline{C}$ 加高电平时,V_N 和 V_P 都截止,输入和输出之间呈高阻状态,相当于开关断开,输入信号不能传输到输出端,传输门关闭。

当控制端 C 加高电平,$\overline{C}$ 加低电平时,若 $0 < u_I < V_{DD} - V_{GS(th)}$,$V_N$ 导通(V_P 在 u_I 的低段截止,高段导通),$u_O = u_I$;若 $|V_{TP}| \leq u_I \leq V_{DD}$,$V_P$ 导通(V_N 在 u_I 的低段导通,高段截止),$u_O = u_I$。因此,当输入信号 u_I 在 $0 \sim V_{DD}$ 之间变化时,V_N 和 V_P 至少有一管导通,输出和输入之间呈现低阻,且该导通电阻近似为一常数,此时相当于开关闭合,传输门开通。

CMOS 传输门和一个反相器结合构成双向模拟开关如图 2.46 所示。它可以双向传输模拟信号,广泛用于斩波、采样保持、模数转换电路中。在图 2.46 中,$c = 1$ 时,传输门导通,当 $c = 0$ 时,传输门断开。

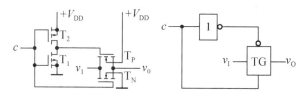

图 2.46 双向模拟开关
(a)模拟开关内部电路 (b)模拟开关逻辑符号

常用的模拟开关有 CC4066 四路双向模拟开关,在 $U_{DD} = 15V$ 时的导通电阻 $R_{ON} < 240\Omega$,且基本不受输入电压的影响。目前精密的 CMOS 双向模拟开关的 $R_{ON} < 10\Omega$(如

MAX312、313、314)。

6. 其他 CMOS 门

与 TTL 门电路中 OC 门相对应,在 CMOS 门电路中也有漏极开路门(简称 OD 门),它仍然能够实现输出端线与、输出电平的转换以及驱动负载电流较大的显示器件。除了 OD 门,CMOS 电路中还有三态输出门也能输出 3 种状态。它们的逻辑符号与 TTL 门电路中对应符号相同。

7. BiCMOS 电路

双极型 CMOS 电路(即 BiCMOS 电路)是双极型工艺和互补 MOS 工艺混合制成的集成电路。BiCMOS 逻辑部分采用 CMOS 结构,输出部分采用双极型三极管,其特点是既具有 CMOS 电路功耗低、集成密度大的优势,又具有双极型电路速度快、带负载能力强的长处,是近年来开发出的最新型集成门电路系列,备受用户的青睐。图 2.47 是 BiCMOS 反相器电路。

当 $u_1=V_{IH}$ 时,V_2、V_3、V_6 导通,V_1、V_4、V_5 截止,输出 $u_O=V_{OL}$。当 $u_1=V_{IL}$ 时,V_1、V_4、V_5 导通,V_2、V_3、V_6 截止,输出 $u_O=V_{OH}$。

由于 V_5、V_6 导通内阻很小,从而减小了传输延迟时间,目前 BiCMOS 反相器传输延迟时间可以减小到 1ns 以下。

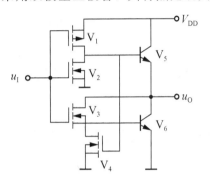

图 2.47 BiCMOS 反相器

2.4 集成逻辑门电路的应用

2.4.1 集成门电路的使用常识

1. 使用 CMOS 集成电路应注意的问题

CMOS 电路由于输入阻抗很高,故极易接受静电电荷。尽管生产时在输入端加入了标准保护电路,但为了防止静电击穿,在使用 CMOS 电路时必须采用以下安全措施:

(1) 存放 CMOS 集成电路时要屏蔽,一般放在金属容器中,或用导电材料将引脚短路,不要放在易产生静电高压的化工材料或化纤织物中。

(2) 焊接 CMOS 电路时,一般用 20W 内热式电烙铁,而且烙铁要有良好的接地线;也可以用电烙铁断电后的余热快速焊接;禁止在电路通电情况下焊接。

(3) 为了防止输入端保护二极管反向击穿,输入电压必须处在 V_{DD} 和 V_{SS} 之间,即 $V_{DD} \geqslant V_i \geqslant V_{SS}$。

(4) 测试 CMOS 电路时,如果信号电源和电路供电采用 2 组电源,则在开机时应先接通电路供电电源,后开信号电源。关机时,应先关信号电源,后关电路供电电源,即在 CMOS 电路本身没有接通供电电源的情况下,不允许输入端的信号输入。

(5) 多余输入端绝对不能悬空,否则容易接受外界干扰,破坏正常的逻辑关系,甚至损坏。对于与门、与非门的多余输入端应接 V_{DD} 或高电平或与使用的输入端并联,如

图 2.48 所示。对于或门、或非门多余的输入端应接地或低电平或与使用的输入端并联,如图 2.49 所示。

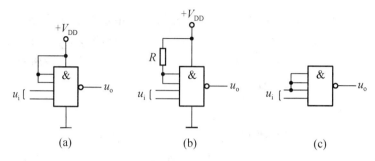

图 2.48 与非门多余输入端的处理
(a)接高电平 (b)通过 R 接高电平 (c)与使用输入端并联

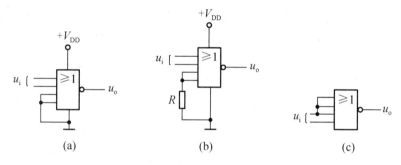

图 2.49 或非门多余输入端的处理
(a)接地 (b)通过 R 接地 (c)与使用输入端并联

(6) 其他元器件在印制电路板上安装就绪后,再装 CMOS 电路,避免 CMOS 电路输入端悬空。CMOS 电路从印制电路板上拔出时,务必先切断印制板上的电源。

(7) 输入端连线较长时,由于分布电容和分布电感的影响,容易构成 LC 振荡或损坏保护二极管,必须在输入端串联 1 个 $10\sim20\text{k}\Omega$ 的电阻 R。

(8) 为防止 CMOS 电路输入端噪声干扰可在前一级和 CMOS 电路之间接入施密特触发器整形电路,或加入滤波电容滤掉噪声。

2. 使用 TTL 电路应注意的问题

(1) TTL 电路的电源均采用 $+5\text{V}$,使用时,不能将电源与地颠倒接错,也不能接高于 5.5V 的电源,否则会损坏器件。

(2) 电路的输入端不能直接与高于 $+5.5\text{V}$ 或低于 -0.5V 的低内阻电源连接,因为低内阻电源供给较大电流而烧坏器件。

(3) 输出端不允许与电源或地短接,必须通过电阻与电源连接,以提高输出电平。

(4) 插入或拔出集成电路时,务必切断电源,否则会因电源冲击而造成永久损坏。

(5) 多余输入端不允许悬空。处理方法如图 2.48、图 2.49 所示。对于图 2.49(b)中接地电阻的阻值要求 $R \leqslant \dfrac{V_i}{I_{is}} \approx \dfrac{0.7\text{V}}{1.4\times 10^{-3}\text{A}} = 500\Omega$。

3. TTL、CMOS 接口电路

所谓"接口电路",就是用于不同类型逻辑门电路之间或逻辑门电路与外部电路之间,使二者有效连接,正常工作的中间电路。如表 2-11 所列,TTL 和 CMOS 门电路所使用的电源电压性能特点、参数指标等均有所不同。因此,不同类型逻辑门之间往往不能直接耦合连接,而需要使用接口电路。

表 2-11 常用数字集成电路技术参数比较表

系列类别 参数名称	CMOS 4000	CMOS 54/74HC	TTL 54/74LS
电源电压范围	3～18V	2～6V	5±5%V
低电平输出电压	0.05V	0.1V	0.25/0.35V
高电平输出电压	4.95V	4.4V	2.5/2.7V
低电平输入电压	≤1.5V	≤1.0V	≤0.8V
高电平输入电压	≥3.5V	≥3.15V	≥2.0V
低电平输出电流	0.51mA	3.4/4mA	4/8mA
高电平输出电流	0.51mA	3.4/4mA	0.4mA
低电平输入电流	<1μA	≤1μA	≈400μA
高电平输入电流	<1μA	≤1μA	≈20μA
噪声容限	~1.5V	~1V	~0.4V
每门传输延时	~25ns	~8ns	~8ns
最高工作频率	~7MHz	~50MHz	~50MHz
速度、功率积	0.03～10PJ	0.03～10PJ	~40PJ
工作温度范围	−40～85℃	−40～85℃	0～70℃

注:1. 速度、功率积的单位:pJ,即微微焦耳。
  2. 上述参数的电源电压均为+5V。

1) CMOS 电路驱动 TTL 电路

用 CMOS 电路去驱动 TTL 电路时,需要解决的问题是 CMOS 电路不能提供足够大的驱动电流。CMOS 电路允许的最大灌电流一般只有 0.4mA 左右,而 TTL 电路的输入短路电流 I_{is} 约为 1.4mA。可采用图 2.50(a)所示的接口电路。

图中用 NPN 三极管作接口,除了反相作用外,还利用三极管的电流放大作用,其集电极可为 TTL 负载提供足够大的驱动电流。在图 2.50(b)中利用六反相缓冲器 CC4049 或六同相缓冲器 CC4050 等专用接口组件直接驱动 TTL 负载。这类组件的 V_{DD} 引脚接+5V 电源,与负载 TTL 电路相同,而它们的输入端又允许超过电源电压,与 CMOS 电源相配合。在图 2.50(c)中,利用双重 2 输入 OD 与非门缓冲器/驱动器 CC40107 的电源电压与 CMOS 一致,而所含的反相器又可采用+5V 电源。

2) TTL 电路驱动 CMOS 电路

CMOS 电路的电源电压范围宽(3～18V),往往高于 TTL 电路的+5V 电源,因此,用 TTL 电路去驱动 CMOS 电路时,必须将 TTL 的输出高电平值升高。通过接口电路可达此目的,如图 2.51 所示。

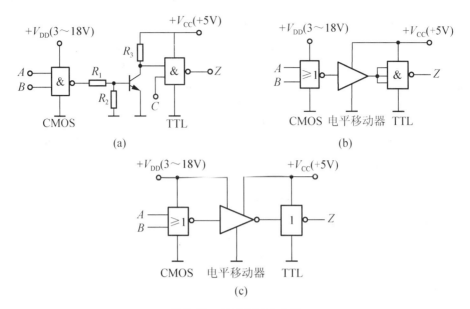

图 2.50 CMOS 驱动电路
(a)利用 NPN 三极管作接口的 CMOS 驱动 TTL 电路
(b)利用 CC4050/49 作接口的 CMOS 驱动 TTL 电路
(c)利用 OD 与非门 CC4017 作接口的 CMOS 驱动 TTL 电路

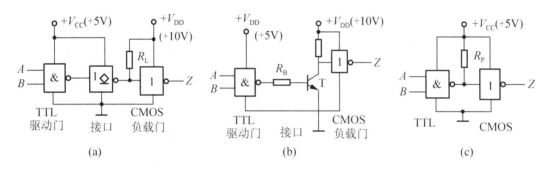

图 2.51 TTL 电路驱动 CMOS 电路
(a)利用 TTL 中的 OC 门作接口　(b)利用 NPN 开关管 T 作接口　(c)利用上拉电阻 R_P 作接口

图 2.51(a)是利用 TTL 中的 OC 门作接口，适当选取 OC 门的外接电源和 R_L 就可以满足 CMOS 电路对输入高电平的需要。例如 CMOS 电路的输入高电平需要 10V 时，将接口 OC 门外接 +10V 电源就行了。图 2.51(b)是利用 NPN 开关管 T 作接口，T 管和 CMOS 电路可共用同一电源，当驱动门 TTL 输出低电平时，T 管截止，其集电极输出 10V 的高电平，满足 CMOS 输入高电平值的要求，当驱动门 TTL 输出高电平时，T 管饱和导通，其集电极输出低电平 0.3V 左右，当然也满足 CMOS 输入低电平值的要求。图 2.51(c)是直接利用上拉电阻 R_P 作接口。当 TTL 与非门输出端为高电平时，因 CMOS 电路输入电流为 0，所以流过 R_P 的电流为 0，使 TTL 输出高电平值提升到 +5V，比通常 3.6V 要高，可满足 CMOS 电路的要求。

还可以直接采用"四重低压转换高电压电平位移器 CC40109"作接口，如图 2.52 所示。它由两电源 V_{CC} 和 V_{DD} 供电，它的接收端为对应于 V_{CC} 供电的 TTL 电平。

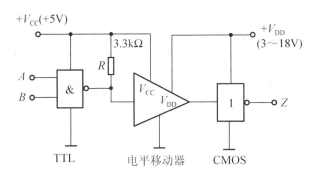

图 2.52 TTL–CMOS 电平偏移芯片 CC40109 的应用

3) TTL 和 CMOS 门电路驱动其他负载

在许多场合，往往需要用 TTL 或 CMOS 电路去驱动指示灯、LED（发光二极管）或其他显示器、光电耦合器、继电器、可控硅等不同的负载。TTL，CMOS 电路与这些负载之间的合理连接与正常驱动，也存在着接口技术问题。如图 2.53 所示。图 2.53(a) 为 TTL 驱动 LED 的标准接法。TTL 门具有较大的灌电流能力（例如 74LS00 达 8mA，74S00 达 20mA，7400 达 16mA），当输出为低电平时使 LED 发光点亮，当其输出高电平时 LED 不亮。图 2.53(b) 为 TTL 或 CMOS 与非门直接驱动直流继电器。图中二极管 D 为续流二极管，用作防止感性负载在变化瞬间产生高电压损坏门电路。当门电路输出低电平时，继电器 J 吸合，而当门电路输出高电平时，继电器 J 欠压而不工作。图 2.53(c) 为用 TTL 或 CMOS 门的输出脉冲去控制晶闸管（双向或单向晶闸管），当门电路输出正脉冲时，晶闸管导通使主电路中负载工作，如点亮交流 220V 白炽灯等。若需要驱动大功率负载，则采用图 2.53(d) 所示的电路经两级三极管的放大电路，可以使负载获得足够大的驱动电流。

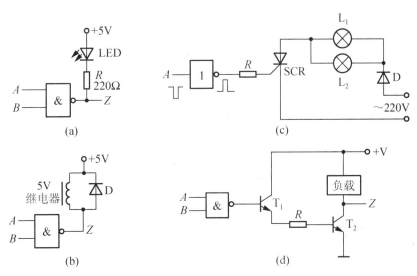

图 2.53 TTL 或 CMOS 电路驱动负载
(a)驱动 LED　(b)驱动直流继电器
(c)控制晶闸管　(d)使负载获得足够大的驱动电流

2.4.2 集成门电路应用举例

【应用实例】

利用"与非"门设计制作灯头"声光控节能开关"

如图 2.54 所示,"声光控节能开关"白天或光线较强的场合即使有较大的声响,也能控制灯泡不亮,晚上或光线较暗时,遇到声响(比如脚步声、说话声等)后,灯自动点亮,经过设定的时间后自动熄灭。适用于楼梯,走廊等只需短时间照明的地方。

在图 2.54 中,二极管 $V_1 \sim V_4$ 组成桥式整流电路,将 220V 市电变换成脉动直流电,再经 R_7 降压限流,V_5 稳压,C_3 滤波后输出 8V 直流电,为四 2 输入与非门芯片 CC4011 及三极管 V_7 提供电源。

白天光线照射到光敏电阻 GR 上时,其阻值变得很小(约 5kΩ 左右)。R_P 串联 R_4,GR 对 8V 直流电压分压,使与非门 D_1 的输入端 1 脚为低电平,输出端 3 脚被锁定为高电平,因 3 脚输出电平与 2 脚的信号无关,所以可认为是 1 脚封锁了声音通道,使声音脉冲信号不能通过 D_1 门,即灯泡 HL 的亮灭不受声音控制。这时门 D_1 输出的高电平经过门 D_2、D_3、D_4 三次反相后,转换成低电平,晶闸管 VS 无触发信号不导通,灯不亮。

夜间,GR 因无光线照射呈高电阻(约 100kΩ 左右),经 GR、R_4、RP 串联电路分压,使与非门 D_1 的输入端 1 脚变成高电平,此时,门 D_1 的输出状态由输入端 2 脚的信号确定。2 脚输入高电平时,门 D_1 输出低电平;2 脚输入低电平时,门 D_1 输出高电平。没有声音信号时,三极管 V_7 工作在饱和状态,门 D_1 的 2 脚为低电平。当楼梯、走廊中有脚步声或讲话声时,话筒 B 拾取到的声音信号经 V_7 管放大,三极管 V_7 由饱和状态转换为放大状态,V_7 的集电极由低电平转变成高电平并送到门 D_1 的 2 脚,经 D_1、D_2 两次反相后输出高电平使二极管 V_6 导通,并对电容 C_2 充电,因充电时间常数很小,很快使 C_2 上端为高电平。该高电平经 D_3、D_4 两次反相以后,输出高电平,通过 R_6 触发可控硅 VS 导通,电灯 HL 点亮。声音消失后,门 D_2 输出低电平,因二极管 V_6 截止,电容 C_2 通过 R_5 缓慢放电,门 D_3 的输入端仍保持高电平,门 D_4 输出端也保持高电平,灯 HL 维持发亮。经过 $\Delta t \approx R_5 C_2$(秒),当 C_2 两端电压下降到低电平时,门 D_4 输出端变为低电平,VS 无触发信号(且存在脉动直流电压的波形过零点)而自行关断,灯 HL 自动熄灭。

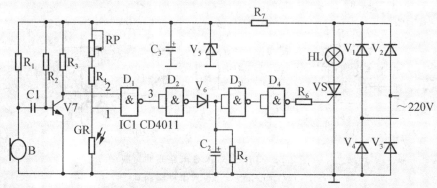

图 2.54 灯头"声光控节能开关"

技能实训 1 TTL 集成与非门参数测试

1. 实训目的

(1) 掌握 TTL 集成与非门电路的逻辑功能和主要参数的测试方法。
(2) 学会如何使用 TTL 集成门电路。
(3) 进一步熟悉数字实训模块的结构,基本功能和使用方法。

2. 实训设备

(1) +5V 直流电源。　　(2) 逻辑电平开关。　　(3) 逻辑电平显示器。
(4) 直流数字电压表。　(5) 直流毫安表。　　　(6) 万用表。
(7) 74LS20×2、1kΩ、10kΩ 电位器,200Ω 电阻器(0.5W)。

3. 实训原理

本实训采用四输入双与非门 74LS00,其符号及引脚排列如图 2.55(a)、(b)所示。

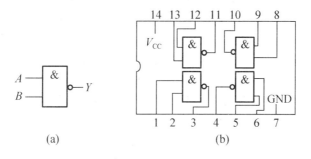

图 2.55　74LS00

(a)74LS00 逻辑符号　　(b)74LS00 引脚排列

1) 与非门的逻辑功能

与非门的逻辑功能是:当输入端中有一个或一个以上是低电平时,输出端为高电平;只有当输入端全部为高电平时,输出端才是低电平(即有"0"得"1",全"1"得"0")。

其逻辑表达式为　$Y = \overline{AB}$

2) TTL 与非门的主要参数

(1) 低电平输出电源电流 I_{CCL} 和高电平输出电源电流 I_{CCH}。与非门处于不同的工作状态,电源提供的电流是不同的。I_{CCL} 是指所有输入端悬空,输出端空载时,电源提供器件的电流。I_{CCH} 是指输出端空载,每个门各有一个以上的输入端接地,其余输入端悬空,电源提供给器件的电流。通常 $I_{CCL} > I_{CCH}$,它们的大小标志着器件静态功耗的大小。器件的最大功耗为 $P_{CCL} = V_{CC} I_{CCL}$。手册中提供的电源电流和功耗值是指整个器件总的电源电流和总的功耗。

I_{CCL} 和 I_{CCH} 测试电路如图 2.56(a)、(b)所示。

特别提示

TTL 电路对电源电压要求较严,电源电压 V_{CC} 只允许在 +5V±10% 的范围内工作,超过 5.5V 将损坏器件;低于 4.5V 器件的逻辑功能将不正常。

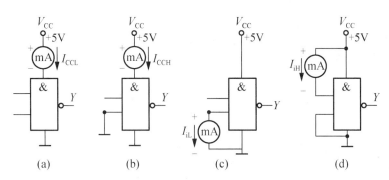

图 2.56　TTL 与非门静态参数测试电路图

（2）低电平输入电流 I_{iL} 和高电平输入电流 I_{iH}。I_{iL} 是指被测输入端接地，其余输入端悬空，输出端空载时，由被测输入端流出的电流值。在多级门电路中，I_{iL} 相当于前级门输出低电平时，后级向前级门灌入的电流，因此它关系到前级门的灌电流负载能力，即直接影响前级门电路带负载的个数，因此希望 I_{iL} 小些。

I_{iH} 是指被测输入端接高电平，其余输入端接地，输出端空载时，流入被测输入端的电流值。在多级门电路中，它相当于前级门输出高电平时，前级门的拉电流负载，其大小关系到前级门的拉电流负载能力，希望 I_{iH} 小些。由于 I_{iH} 较小，难以测量，一般免于测试。I_{iL} 与 I_{iH} 的测试电路如图 2.56(c)、(d)所示。

（3）扇出系数 N_O。扇出系数 N_O 是指门电路能驱动同类门的个数，它是衡量门电路负载能力的一个参数，TTL 与非门有两种不同性质的负载，即灌电流负载和拉电流负载，因此有两种扇出系数，即低电平扇出系数 N_{OL} 和高电平扇出系数 N_{OH}。通常 $I_{iH}<I_{iL}$，则 $N_{OH}>N_{OL}$，故常以 N_{OL} 作为门的扇出系数。

N_{OL} 的测试电路如图 2.57 所示，门的输入端全部悬空，输出端接灌电流负载 R_L，调节 R_L 使 I_{OL} 增大，V_{OL} 随之增高，当 V_{OL} 达到 V_{OLm}（手册中规定低电平规范值 0.4V）时的 I_{OL} 就是允许灌入的最大负载电流，则 $N_{OL}=\dfrac{I_{OL}}{I_{iL}}$，通常 $N_{OL}\geqslant 8$。

（4）电压传输特性。门的输出电压 v_O 随输入电压 v_i 而变化的曲线 $v_O=f(v_i)$ 称为门的电压传输特性，通过它可读得门电路的一些重要参数，如输出高电平 V_{OH}、输出低电平 V_{OL}、关门电平 V_{off}、开门电平 V_{ON}、阈值电平 V_T 及抗干扰容限 V_{NL}、V_{NH} 等值。测试电路如图 2.58 所示，采用逐点测试法，即调节 R_W，逐点测得 V_i 及 V_o，然后绘成曲线，如图 2.59。电压传输特性可分为 4 个区域：截止区（AB 段）、线性区（BC 段）、转折区（CD 段）和饱和区（DE 段）。有源泄放电路与非门无线性区（BC 段），如图 2.59 中曲线 2 所示。

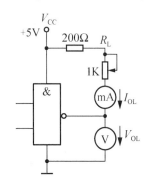

图 2.57　扇出系数试测电路

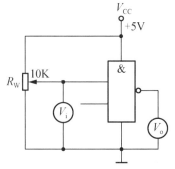

图 2.58　传输特性测试电路

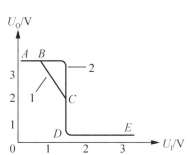

图 2.59　电压传输特性曲线

(5) 平均传输延迟时间 t_{pd}。t_{pd} 是衡量门电路开关速度的参数，它是指输出波形边沿的 $0.5V_m$ 至输入波形对应边沿 $0.5V_m$ 点的时间间隔，如图 2.60 所示。

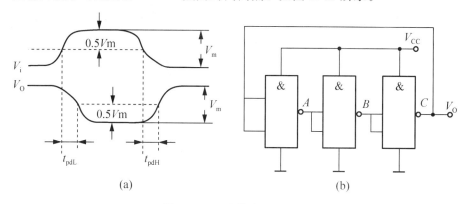

图 2.60　平均传输延迟时间

(a)传输延迟特性　　(b)t_{pd}的测试电路

图 2.60(a)中的 t_{pdL} 为导通延迟时间，t_{pdH} 为截止延迟时间，平均传输延迟时间为

$$t_{pd} = \frac{1}{2}(t_{pdL} + t_{pdH})$$

t_{pd} 的测试电路如图 2.60(b) 所示，由于 TTL 门电路的延迟时间较小，直接测量时对信号发生器和示波器的性能要求较高，故实训采用测量由奇数个与非门组成的环形振荡器的振荡周期 T 来求得。其工作原理是：假设电路在接通电源后某一瞬间，电路中的 A 点为逻辑"1"，经过三级门的延迟后，使 A 点由原来的逻辑"1"变为逻辑"0"；再经过三级门的延迟后，A 点电平又重新回到逻辑"1"。电路中其他各点电平也跟随变化。说明使 A 点发生一个周期的振荡，必须经过 6 级门的延迟时间。因此平均传输延迟时间为

$$t_{pd} = \frac{T}{6}$$

TTL 电路的 t_{pd} 一般在 10～40ns 之间。

4. 实训内容与步骤

1) 验证 TTL 与非门的逻辑功能

与非门的两个输入端接逻辑电平开关，以提供高低电平信号，开关向上，输出逻辑"1"，向下为逻辑"0"。与非门输出端接 0—1 指示器，LED 灯亮时为逻辑"1"，暗时为逻辑"0"。按真值表逐个扳动电平开关，进行检测就可判断其逻辑功能是否正常，填入表 2-12 中。

表 2-12　逻辑功能测试记录表

输　　入		输　　出
A	B	Y
0	0	
0	1	
1	0	
1	1	

2) 74LS00 主要参数的测试

按图 2.56、2.57、2.60(b)分别接线并进行测试,将测试结果记入表 2-13 中。测量下列各直流参数:测低电平输出时电源电流 I_{CCL}、测高电平输出时电源电流 I_{CCH}、测低电平输入电流 I_{iL}、测高电平输入电流 I_{iH}、测扇出系数 N_0、平均传输延迟时间 t_{pd}。

表 2-13 参数测试记录表

I_{CCL}/mA	I_{CCH}/mA	I_{iL}/mA	I_{iH}/mA	$NO = \dfrac{I_{OL}}{I_{iL}}$	t_{pd} = T/6/ns

3) 电压传输特性测试

按图 2.58 接线,调节电位器 R_W,使 v_i 从 0V 向高电平变化,逐点测量 v_i 和 v_o 的对应值,记入表 2-14 中。

表 2-14 电压传输特性测试记录表

V_i/V	0	0.2	0.4	0.6	0.8	1.0	1.5	2.0	2.5	3.0	3.5	4.0	…
V_o/V													

5. 实训注意事项

(1) 接插集成块时,要认清定位标记,不得插反。

(2) 电源电压使用范围为 +4.5～+5.5V 之间,实训中要求使用 V_{CC} = +5V。电源极性绝对不允许接错。

(3) 闲置输入端处理方法如下。

① 悬空:相当于正逻辑"1",对于一般小规模集成电路的数据输入端,实训时允许悬空处理。但易受外界干扰,导致电路的逻辑功能不正常。因此,对于接有长线的输入端、中规模以上的集成电路和使用集成电路较多的复杂电路,所有控制输入端必须按逻辑要求接入电路,不允许悬空。

② 直接接电源电压 V_{CC}(也可以串入一只 1～10kΩ 的固定电阻)或接至某一固定电压 (+2.4≤V≤4.5V)的电源上,或与输入端为接地的多余与非门的输出端相接。

③ 若前级驱动能力允许,可以与使用的输入端并联。

(4) 输入端通过电阻接地,电阻值的大小将直接影响电路所处的状态。当 $R \leqslant 680Ω$ 时,输入端相当于逻辑"0";当 $R \geqslant 4.7kΩ$ 时,输入端相当于逻辑"1"。对于不同系列的器件,要求的阻值不同。

(5) 输出端不允许并联使用(集电极开路门(OC)和三态输出门电路(3S)除外)。否则不仅会使电路逻辑功能混乱,而且会导致器件损坏。

(6) 输出端不允许直接接地或直接接 +5V 电源,否则将损坏器件,有时为了使后级电路获得较高的输出电平,允许输出端通过电阻 R 接至 V_{CC},一般取 R=3～5.1kΩ。

6. 实训报告

(1) 画出实训电路,写出实训过程。

(2) 列出实训表格,记录实训数据。

(3) 总结 TTL 集成电路的特性。

课题小结

（1）在数字电路中，半导体器件一般都工作在开关状态，不论输入还是输出，只要能明确区分高电平和低电平两个状态就可以，所以，高电平和低电平都允许有一定的范围。数字电路对元器件的精度要求不太高、抗干扰能力强、功耗小、集成度高。

（2）最简单的门电路是二极管与门、或门和三极管非门。它们是集成逻辑门电路的基础。目前普遍使用的数字集成电路主要有两大类，一类由 NPN 型三极管组成，简称 TTL 集成电路；另一类由 MOSFET 构成，简称 MOS 集成电路。

（3）TTL 集成逻辑门电路的输入级采用多发射极三级管、输出级采用达林顿结构，这不仅提高了门电路的开关速度，也使电路有较强的驱动负载的能力。在 TTL 系列中，除了有实现各种基本逻辑功能的门电路以外，还有集电极开路门和三态门。

（4）常用的 MOS 集成电路有两种结构。一种是 NMOS 门电路，另一种是 CMOS 门电路。与 TTL 门电路相比，它的优点是功耗低，扇出数大，噪声容限大，开关速度与 TTL 接近，已成为数字集成电路的发展方向。

（5）为了更好地使用数字集成芯片，应熟悉 TTL 和 CMOS 各个系列产品的外部电气特性及主要参数，还应能正确处理多余输入端，能正确解决不同类型电路间的接口问题及抗干扰问题。

（6）随着 BiCMOS 的推出，工艺的改进，普通双极型门电路的长处正在逐渐消失，一些曾经占主导地位的 TTL 系列产品正在逐渐退出市场，被淘汰。CMOS 门电路不断改进工艺，正朝着高速、低耗、大驱动能力、低电源电压的方向发展。BiCMOS 的输入门电路采用 CMOS 工艺，其输出端采用双极型推拉式输出方式，既具有 CMOS 的优势，又具有双极型的长处，已成为集成门电路的新宠。

思考与练习

2.1 晶体二极管作为开关应用时，呈现的瞬态开关特性与理想开关有哪些区别？什么是反向恢复时间和正向恢复时间？产生的原因是什么？

2.2 什么是晶体三极管的饱和状态？如何判断晶体三极管处于放大、饱和和截止状态？

2.3 什么是三极管延迟时间、上升时间、存储时间和下降时间？影响这些时间的因素有哪些？

2.4 TTL 与非门有哪些主要外部特性？TTL 与非门有哪些主要参数？

2.5 OC 门、三态输出门各有什么特点？什么是线与？什么是总线结构？如何用三态输出门实现数据双向传输？

2.6 什么是 N 沟道增强型 MOS 管的开启电压？如何判断 MOS 管所处的工作状态？

2.7 画出 CMOS 反相器的电路结构，CMOS 反相器有哪些特点？

2.8 画出 CMOS 传输门的电路结构，如何实现高低电平的传输？

2.9 CMOS 集成门电路与 TTL 集成门电路相比各有什么特点？

2.10 CMOS 集成门和 TTL 集成门在使用时应注意哪些问题？多余输入端应如何正确处理？

2.11 已知 TTL 与非门带灌电流负载最大值 $I_{OL}=15\text{mA}$，带拉电流负载最大值为 $I_{OH}=-40\text{mA}$，输出高电平 $V_{OH}=3.6\text{V}$，输出低电平 $V_{OL}=0.3\text{V}$；发光二极管正向导通电压 $V_D=2\text{V}$，正向电流 $I_D=5\sim10\text{mA}$，三极管导通时 $V_{BE}=0.7\text{V}$，饱和电压降 $V_{CES}\approx 0.3\text{V}$，$\beta=50$。如图 2.61 所示两电路均为发光二极管驱动电路，试问：

(1) 两个电路的主要不同之处。

(2) 图 2.61(a) 中 R 和图 2.61(b) 中 R_b 的取值范围。

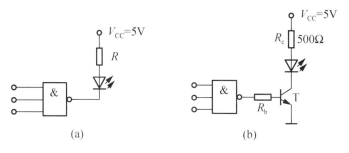

图 2.61 题 2.11 电路图

2.12 电路如图 2.62 所示，写出 Y_1、Y_2、Y_3、Y_4 的逻辑表达式。

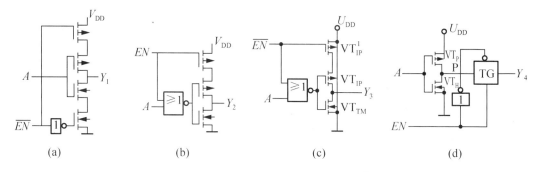

图 2.62 题 2.12 电路图

2.13 试写出图 2.63(a)、(b)、(c) 各电路输出信号的逻辑表达式。

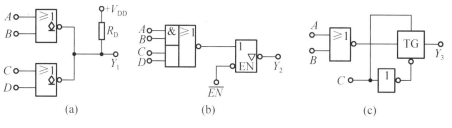

图 2.63 题 2.13 电路图

2.14 说明图 2.64 中各门电路的输出端是高电平还是低电平。已知它们都是 CC4000 系列的 CMOS 门电路。

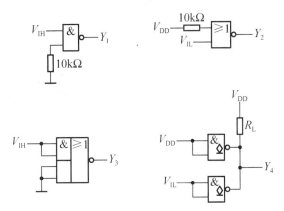

图 2.64 题 2.14 电路图

2.15 试确定图 2.65 中各门电路的输出是什么状态(高电平、低电平和高阻状态)。已知这些门都是 TTL74 系列电路。

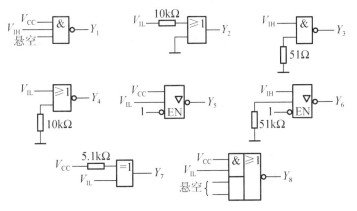

图 2.65 题 2.15 电路图

2.16 图 2.66 均为 TTL 门电路。

(1) 写出 Y_1、Y_2、Y_3、Y_4 的逻辑表达式。

(2) 若已知 A、B、C 的波形,如图 2.66(e)所示,分别画出 $Y_1 \sim Y_4$ 的波形。

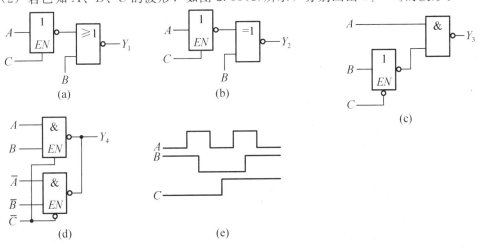

图 2.66 题 2.16 电路图

课题 3

组合逻辑电路分析、设计及其应用

知识目标	了解组合逻辑电路的定义；熟悉逻辑函数式的最简化问题；熟悉中规模组合逻辑电路(译码器、编码器、全加器、数据选择器和数值比较器)的原理、功能和应用；了解组合逻辑电路的瞬态现象——竞争冒险
技能目标	掌握基本组合逻辑电路的分析方法；掌握基本组合逻辑电路的设计方法；掌握利用中规模集成电路构成组合逻辑电路的方法

课题描述

无论在学校里还是在社会上其他单位，都会经常组织一些知识竞赛活动，如图 3.1 所示。在这种活动中有一个重要的设备——抢答器。这种抢答器能够准确地记录第一个抢答的对象，为主持人提供了很大的方便。那么这种装置的基本原理是什么？是怎么设计出来的呢？这是本课题所学习的主要内容。

课题3 组合逻辑电路分析、设计及其应用

图 3.1 抢答现场及抢答器

实际上抢答器是组合逻辑电路的一种优先编码器电路，通过本课题的学习，同学们不仅会分析和设计抢答器电路，还会分析和设计译码器、加法器、数据选择器和数值比较器等组合电路。

3.1 组合逻辑电路的分析和设计方法

数字电路按逻辑功能和电路结构的不同特点来划分可分为两类：组合逻辑电路和时序逻辑电路。

在任何时刻，输出状态只决定于该时刻各输入状态的组合，而与电路以前的状态无关的逻辑电路称为组合逻辑电路。在任何时刻，输出状态不仅取决于该时刻的输入，而且与信号作用前电路原来的状态有关的逻辑电路称为时序逻辑电路。

组合逻辑电路的特点如下：

(1) 输出与输入之间没有反馈延时通路。

(2) 电路中没有记忆元件。

组合逻辑电路的表示方法除函数表达式外，还可以由真值表、卡诺图、逻辑电路图来表达，实际上由一种表示方法可推出另一种表示方法。

下面介绍组合逻辑电路的分析和设计步骤。

3.1.1 组合逻辑电路的分析步骤

组合逻辑电路分析的主要任务是根据其逻辑电路图确定逻辑功能。一般可采用下列步骤分析。

(1) 写出逻辑图输出端的逻辑表达式。

(2) 化简和变换逻辑表达式。

(3) 列出真值表。

(4) 根据真值表和逻辑表达式对逻辑电路进行分析，最后确定电路的逻辑功能，并可附加简单说明。

下面举例说明组合逻辑电路的分析方法。

【应用实例 3.1】

试分析图 3.2 所示逻辑电路的逻辑功能，要求写出表达式，列出真值表。

解：(1) 从给出的逻辑图可知由输入向输出的电路关系，写出各逻辑门的输出表达式。

$$T_1=\overline{AB},\ T_2=\overline{A\,\overline{AB}},\ T_3=\overline{B\,\overline{AB}},\ F=\overline{\overline{A\,\overline{AB}}\cdot\overline{B\,\overline{AB}}}$$

(2) 进行逻辑变换和化简。

$$F=\overline{\overline{A\,\overline{AB}}\cdot\overline{B\,\overline{AB}}}$$
$$=A\,\overline{AB}+B\,\overline{AB}$$
$$=A\,(\overline{A}+\overline{B})+B\,(\overline{A}+\overline{B})$$
$$=A\overline{B}+\overline{A}B$$

(3) 列出真值表，见表 3-1。

(4) 由表达式和真值表可知：图 3.2 所示逻辑电路实现的逻辑功能是"异或"运算。

表 3-1 真值表

A	B	F
0	0	0
0	1	1
1	0	1
1	1	0

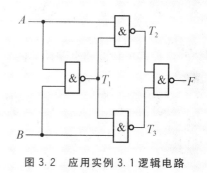

图 3.2 应用实例 3.1 逻辑电路

3.1.2 组合逻辑电路的设计步骤

组合逻辑电路设计的任务是根据给定的逻辑问题(课题)，设计出能实现其逻辑功能的组合逻辑电路，最后画出实现逻辑功能的电路图，当用逻辑门设计组合逻辑电路时，要求使用的芯片最少、连接线最少。实际上，组合逻辑电路的设计与分析过程是一个相反的工作。用小规模集成电路设计组合逻辑电路的一般步骤如下：

(1) 分析设计任务，确定输入变量、输出变量，找到输出与输入之间的因果关系，列出真值表。

(2) 由真值表写出逻辑表达式。

(3) 化简、变换逻辑表达式。

(4) 画出逻辑图。

这样逻辑电路原理设计的工作任务就完成了，实际设计工作还包括集成电路芯片的选择，电路板工艺设计、安装、调试等内容。

课题3 组合逻辑电路分析、设计及其应用

【应用实例3.2】

设计一个用来判别一位十进制数的 8421 BCD 码是否大于5的电路。如果输入值大于或等于5时，电路输出为1；当输入小于5时，电路输出为0。注意：一位十进制数在数字电路中用四位二进制数表示。十进制数 X 与四位二进制数 $ABCD$ 的关系是 $X=8A+4B+2C+D$，该电路用于实现十进制数的四舍五入运算。

第一步：根据题意列出真值表。

由于 8421 BCD 码每一位数都是由四位二进制数组成，且其有效编码为 0000～1001，而 1010～1111 是不可能出现的，故在真值表中当做任意项 D 来处理。其真值表见表 3-2。

表 3-2 真值表

十进制数	输入对应的 8421 BCD 码				输出
	A	B	C	D	F
0	0	0	0	0	0
1	0	0	0	1	0
2	0	0	1	0	0
3	0	0	1	1	0
4	0	1	0	0	0
5	0	1	0	1	1
6	0	1	1	0	1
7	0	1	1	1	1
8	1	0	0	0	1
9	1	0	0	1	1
10	1	0	1	0	X
11	1	0	1	1	X
12	1	1	0	0	X
13	1	1	0	1	X
14	1	1	1	0	X
15	1	1	1	1	X

第二步：根据真值表写出其最小项表达式。

$$F=\sum m(5, 6, 7, 8, 9) + \sum d(10, 11, 12, 13, 14, 15)$$

由图 3.3 所示的卡诺图不难化简得到最简"与一或"表达式，并写出其与非的表达式分别为

$$F=A+BD+BC=\overline{\overline{A+BD+BC}}=\overline{\overline{A} \cdot \overline{BD} \cdot \overline{BC}}$$

第三步：根据简化的与非表达式画出如图 3.4 所示的逻辑电路图。

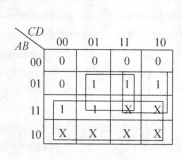

图 3.3 卡诺图

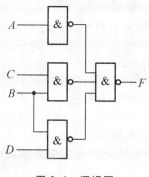

图 3.4 逻辑图

3.2 组合逻辑电路中的算术运算电路

数字系统的基本任务之一是进行算术运算。因为加、减、乘、除均可以利用加法来实现，所以加法器便成为数字系统中基本的运算单元。

3.2.1 半加器电路

半加器是只考虑两个加数本身相加，而不考虑来自低位进位的逻辑电路。

【应用实例 3.3】

设计一位二进制半加器，输入变量有两个，分别为加数 A 和被加数 B；输出也有两个，分别为和数 S 和进位 C。

解：根据设计要求列半加器真值表，见表 3-3。

由真值表写逻辑表达式，即

$$\begin{cases} S=\overline{A}B+A\overline{B} \\ C=AB \end{cases}$$

画出逻辑图如图 3.5 所示，它是由异或门和与门组成的，也可以用与非门实现。

表 3-3 半加器的真值表

A	B	S	C
0	0	0	0
0	1	1	0
1	0	1	0
1	1	0	1

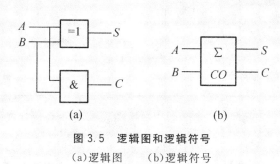

图 3.5 逻辑图和逻辑符号
(a) 逻辑图　(b) 逻辑符号

3.2.2 全加器电路

全加器是完成两个二进制数 A_i 和 B_i 及相邻低位的进位 C_{i-1} 相加的逻辑电路。

【应用实例3.4】

设计一个全加器,其中,A_i和B_i分别是被加数和加数,C_{i-1}为相邻低位的进位,S_i为本位的和,C_i为本位的进位。

解:根据设计要求列全加器的真值表,见表3-4。

表3-4 全加器的真值表

输 入			输 出	
A_i	B_i	C_{i-1}	S_i	C_i
0	0	0	0	0
0	0	1	1	0
0	1	0	1	0
0	1	1	0	1
1	0	0	1	0
1	0	1	0	1
1	1	0	0	1
1	1	1	1	1

由真值表写出逻辑表达式为

$$S_i = \overline{A_i}\,\overline{B_i}C_{i-1} + \overline{A_i}B_i\overline{C_{i-1}} + A_i\overline{B_i}\,\overline{C_{i-1}} + A_iB_iC_{i-1}$$
$$= (A_i \oplus B_i)\overline{C_{i-1}} + \overline{A_i \oplus B_i}C_{i-1}$$
$$= A_i \oplus B_i \oplus C_{i-1}$$

$$C_i = \overline{A_i}B_iC_{i-1} + A_i\overline{B_i}C_{i-1} + A_iB_i\overline{C_{i-1}} + A_iB_iC_{i-1}$$
$$= A_iB_i + (A_i \oplus B_i)C_{i-1}$$

图3.6(a)所示是全加器的逻辑图,图3.6(b)所示是全加器的逻辑符号。在图3.6(b)所示的逻辑符号中,CI是进位输入端,CO是进位输出端。

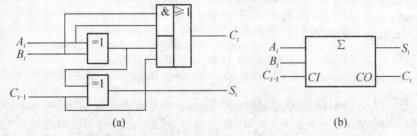

图3.6 全加器的逻辑图和逻辑符号
(a)逻辑图 (b)逻辑符号

3.2.3 多位数加法器

1. 串行进位加法器

两个多位数相加时每一位都是带进位相加的,因而必须使用全加器。只要依次将低位全加器的进位输出端接到高位全加器的进位输入端,就可以构成多位加法器了。图 3.7 就是根据这个原理构成的 4 位串行进位加法器。

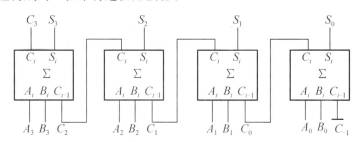

图 3.7　4 位串行进位加法器

由于每一位相加结果必须等到低一位的进位产生以后才能建立,因此这种结构也叫做逐位进位加法器。这种电路特点是结构简单,最大缺点是运算速度慢。为了提高运算速度,必须减小或消除由于进位信号逐位传递所消耗的时间,可采用超前进位加法器。

串行进位加法器集成电路有 74LS83、T692 等。

2. 超前进位加法器

为了克服串行进位加法器的缺陷,设计了超前进位加法器。其基本思想是根据进位数 C_i 的表达式,先计算出各高位的进位数,然后和两个加数的相应位相加得到相应位的和。

进位生成项:$G_i = A_i B_i$;进位传递条件:$P_i = A_i \oplus B_i$

进位表达式:$C_i = A_i B_i + (A_i \oplus B_i) C_{i-1} = G_i + P_i C_{i-1}$

和表达式:$S_i = A_i \oplus B_i \oplus C_{i-1} = P_i \oplus C_{i-1}$。

4 位超前进位加法器递推公式:

$$\begin{cases} S_0 = P_0 \oplus C_{0-1} \\ C_0 = G_0 + P_0 C_{0-1} \end{cases}$$

$$\begin{cases} S_1 = P_1 \oplus C_0 \\ C_1 = G_1 + P_1 C_0 = G_1 + P_1 G_0 + P_1 P_0 C_{0-1} \end{cases}$$

$$\begin{cases} S_2 = P_2 \oplus C_1 \\ C_2 = G_2 + P_2 C_1 = G_2 + P_2 G_1 + P_2 P_1 G_0 + P_2 P_1 P_0 C_{0-1} \end{cases}$$

$$\begin{cases} S_3 = P_3 \oplus C_2 \\ C_3 = G_3 + P_3 C_2 = G_3 + P_3 G_2 + P_3 P_2 G_1 + P_3 P_2 P_1 G_0 + P_3 P_2 P_1 P_0 C_{0-1} \end{cases}$$

由上列各式可设计超前进位电路,即提前给出各位进位数到相应位的进位输入端,如图 3.8 所示。

超前进位加法器集成电路主要有:74LS183、74LS283、T693、T1283、T3283、CC662、CC4008 等。

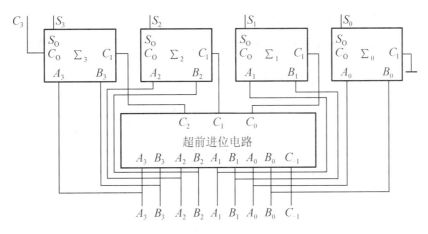

图 3.8 4 位超前进位加法器

3.3 组合逻辑电路中的信号变换电路

3.3.1 编码器

一般地说,用文字、符号或者数码表示特定对象的过程称为编码,能完成编码功能的电路称为编码器。根据编码的概念,编码器的输入端子数 N 和输出端子数 n 应该满足关系式:$N \leqslant 2^n$。

在电子设备中将字符变换成二进制数,叫做字符编码;用二进制数码表示十进制数,叫做二-十进制编码;能识别输入(请求编码)信号的优先级别,并进行编码的逻辑部件称为优先编码器。目前经常使用的编码器有普通编码器和优先编码器两类。

使用编码技术可以大大减少数字电路系统中信号传输线的条数,同时便于信号的接收和处理。

1. 普通编码器

1)二进制编码器

二进制编码器是由 n 位二进制数表示 2^n 个信号的编码电路。现以 3 位二进制编码器为例说明其工作原理。

图 3.9 是 3 位二进制编码器的框图,它的输入是 $I_0 \sim I_7$ 8 个高电平信号,输出是 3 位二进制代码 $Y_2 Y_1 Y_0$。因此,又把它叫做 8 线-3 线编码器。输出与输入的对应关系见表 3-5。

因为任何时刻 $I_0 \sim I_7$ 当中仅有一个取值为 1,利用这个约束条件可得到简化表达式:

$$\begin{cases} Y_2 = I_4 + I_5 + I_6 + I_7 \\ Y_1 = I_2 + I_3 + I_6 + I_7 \\ Y_0 = I_1 + I_3 + I_5 + I_7 \end{cases}$$

根据上式可画出 3 位二进制编码器,如图 3.10 所示。

表3-5　3位二进制编码器真值表

输入								输出		
I_0	I_1	I_2	I_3	I_4	I_5	I_6	I_7	Y_2	Y_1	Y_0
1	0	0	0	0	0	0	0	0	0	0
0	1	0	0	0	0	0	0	0	0	1
0	0	1	0	0	0	0	0	0	1	0
0	0	0	1	0	0	0	0	0	1	1
0	0	0	0	1	0	0	0	1	0	0
0	0	0	0	0	1	0	0	1	0	1
0	0	0	0	0	0	1	0	1	1	0
0	0	0	0	0	0	0	1	1	1	1

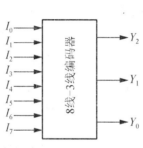

图3.9　3位二进制编码器的框图

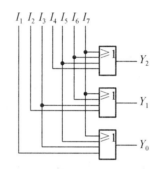

图3.10　3位二进制编码器

2）二-十进制编码器

所谓二-十进制编码器，就是输入一个十进制数0～9，通过该编码器，在其输出端得到相应的二进制代码，则该编码器称为二-十进制编码器。它和二进制编码器特点一样，任何时刻只允许输入一个有效信号。

【应用实例3.5】

设计一个十进制8421 BCD编码器。

解：(1) 因输入变量相互排斥，可直接列出真值表，见表3-6。

(2) 将表中各位输出码为1的相应输入变量相加，便可得出编码器的各输出表达式：

$$Y_3 = I_8 + I_9 = \overline{\overline{I_8} \overline{I_9}}$$

$$Y_2 = I_4 + I_5 + I_6 + I_7 = \overline{\overline{I_4} \overline{I_5} \overline{I_6} \overline{I_7}}$$

$$Y_1 = I_2 + I_3 + I_6 + I_7 = \overline{\overline{I_2} \overline{I_3} \overline{I_6} \overline{I_7}}$$

$$Y_0 = I_1 + I_3 + I_5 + I_7 + I_9 = \overline{\overline{I_1} \overline{I_3} \overline{I_5} \overline{I_7} \overline{I_9}}$$

(3) 根据上面表达式可画出其逻辑图如图3.11所示。

表3-6 真值表

输入	输出			
I	Y_3	Y_2	Y_1	Y_0
0(I_0)	0	0	0	0
1(I_1)	0	0	0	1
2(I_2)	0	0	1	0
3(I_3)	0	0	1	1
4(I_4)	0	1	0	0
5(I_5)	0	1	0	1
6(I_6)	0	1	1	0
7(I_7)	0	1	1	1
8(I_8)	1	0	0	0
9(I_9)	1	0	0	1

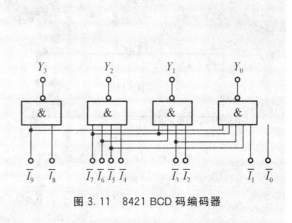

图 3.11 8421 BCD 码编码器

2. 优先编码器

优先编码器常用于优先中断系统和键盘编码。与普通编码器不同，优先编码器允许多个输入信号同时有效，但它只按其中优先级别最高的有效输入信号编码，对级别较低的输入信号不予理睬。下面通过一个实例介绍其工作原理。

【应用实例3.6】

电话室有3种电话，按由高到低优先级排序依次是火警电话、急救电话、工作电话，要求电话编码依次为00、01、10。试设计电话编码控制电路。

解：(1)根据题意知，同一时间电话室只能处理一部电话，假如用A、B、C分别代表火警、急救、工作3种电话，设电话铃响用1表示，铃没响用0表示。当优先级别高的信号有效时，低级别的则不起作用，这时用×表示；用Y_1、Y_2表示输出编码。

(2)列真值表，见表3-7。

(3)写逻辑表达式。

$$Y_1 = \overline{A}BC \quad Y_2 = \overline{A}B$$

(4)画优先编码器逻辑图，如图3.12所示。

表3-7 真值表

输入			输出	
A	B	C	Y_1	Y_2
1	×	×	0	0
0	1	×	0	1
0	0	1	1	0

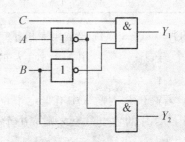

图 3.12 优先编码器逻辑图

常用的 MSI 优先编码器有 10 线-4 线(如 74LS147)、8 线-3 线(如 74LS148)。下面以 74LS148 二进制优先编码器为例对其特性作简要介绍。74LS148 二进制优先编码器的逻辑符号如图 3.13 所示,功能表见表 3-8。

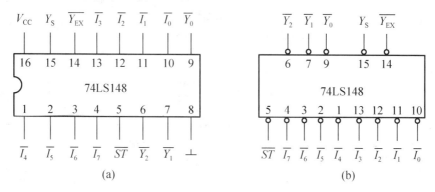

图 3.13 74LS148 引脚及逻辑图
(a)引脚排列图   (b)逻辑功能示意图

$\overline{ST}$ 为使能输入端,低电平有效。Y_S 为使能输出端,通常接至低位芯片的 $\overline{ST}$ 端。Y_S 和 $\overline{ST}$ 配合可以实现多级编码器之间的优先级别的控制。$\overline{Y}_{EX}$ 为扩展输出端,是控制标志。$\overline{Y}_{EX}=0$ 表示是编码输出;$\overline{Y}_{EX}=1$ 表示不是编码输出。

表 3-8 74LS148 的功能表

	输			入					输		出	
$\overline{ST}$	$\overline{I}_7$	$\overline{I}_6$	$\overline{I}_5$	$\overline{I}_4$	$\overline{I}_3$	$\overline{I}_2$	$\overline{I}_1$	$\overline{I}_0$	$\overline{Y}_2$	$\overline{Y}_1$	$\overline{Y}_0$	$\overline{Y}_{EX}$	Y_S
1	×	×	×	×	×	×	×	×	1	1	1	1	1
0	1	1	1	1	1	1	1	1	1	1	1	1	0
0	0	×	×	×	×	×	×	×	0	0	0	0	1
0	1	0	×	×	×	×	×	×	0	0	1	0	1
0	1	1	0	×	×	×	×	×	0	1	0	0	1
0	1	1	1	0	×	×	×	×	0	1	1	0	1
0	1	1	1	1	0	×	×	×	1	0	0	0	1
0	1	1	1	1	1	0	×	×	1	0	1	0	1
0	1	1	1	1	1	1	0	×	1	1	0	0	1
0	1	1	1	1	1	1	1	0	1	1	1	0	1

用两片 8 线-3 线优先编码器可扩展成为 16 线-4 线优先编码器,如图 3.14 所示。它共有 16 个编码输入端,用 $\overline{X}_0 \sim \overline{X}_{15}$ 表示;有 4 个编码输出端,用 $\overline{Y}_0 \sim \overline{Y}_3$ 表示。低位片输入端 $\overline{I}_0 \sim \overline{I}_7$ 作为总输入端 $\overline{X}_0 \sim \overline{X}_7$;高位片输入端 $\overline{I}_0 \sim \overline{I}_7$ 作为总输入端 $\overline{X}_8 \sim \overline{X}_{15}$。在图 3.14 中,若高位片的输入中有低电平,则由于对应的 $Y_S=1$,使得低位片输出被封锁,结果取决于高位片的输出;反之则取决于低位片的输出。

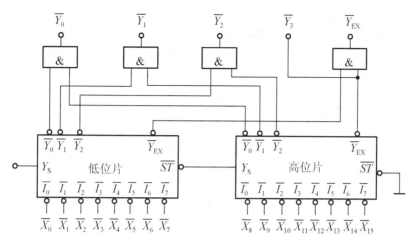

图 3.14　8 线-3 线扩展为 16 线-4 线优先编码器

3.3.2　译码器

译码是编码的逆过程，将输入的每个二进制代码赋予的含义"翻译"过来，并给出相应的输出信号。具有译码功能的逻辑部件称为译码器。

在二进制译码器中，若输入代码有 n 位，则输出信号就是 2^n 个。因此它可以译出输入变量的全部状态。有时又称为变量译码器，或最小项产生器。

常用的译码器有二进制译码器、二-十进制译码器和显示译码器。

1. 二进制译码器

二进制译码器将输入的 n 个二进制代码翻译成 $N=2^n$ 个信号输出，又称为变量译码器。下面以 3 线-8 线译码器为例说明译码器的工作原理和电路结构。

【应用实例 3.7】

设计一个 3 线-8 线译码器。

解：(1) 分析要求：输入是一组三位二进制代码 "$A_2A_1A_0$"，输出是对应的 8 个信号 $Y_0 \sim Y_7$。

(2) 列真值表，见表 3-9。

表 3-9　3 位二进制译码器的真值表

A_2	A_1	A_0	Y_0	Y_1	Y_2	Y_3	Y_4	Y_5	Y_6	Y_7
0	0	0	1	0	0	0	0	0	0	0
0	0	1	0	1	0	0	0	0	0	0
0	1	0	0	0	1	0	0	0	0	0
0	1	1	0	0	0	1	0	0	0	0
1	0	0	0	0	0	0	1	0	0	0
1	0	1	0	0	0	0	0	1	0	0
1	1	0	0	0	0	0	0	0	1	0
1	1	1	0	0	0	0	0	0	0	1

(3) 写出各输出函数表达式。

$Y_0 = \overline{A_2}\overline{A_1}\overline{A_0}$ $Y_1 = \overline{A_2}\overline{A_1}A_0$ $Y_2 = \overline{A_2}A_1\overline{A_0}$ $Y_3 = \overline{A_2}A_1A_0$

$Y_4 = A_2\overline{A_1}\overline{A_0}$ $Y_5 = A_2\overline{A_1}A_0$ $Y_6 = A_2A_1\overline{A_0}$ $Y_7 = A_2A_1A_0$

(4) 画出逻辑电路图,如图 3.15 所示。

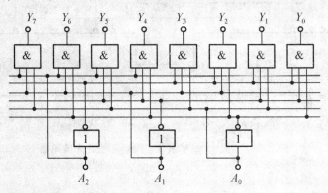

图 3.15　3 位二进制译码器

常用的中规模集成电路译码器有双 2 线-4 线译码器 74LS139、3 线-8 线译码器 74LS138、4 线-16 线译码器 74LS154 和 4 线-10 线译码器 74LS42 等。下面以集成 74LS138 为例,对集成译码器的特性和应用作简要介绍。

74LS138 是 TTL 系列中的 3 线-8 线译码器,它的引脚及逻辑符号如图 3.16 所示,功能表见表 3-10。

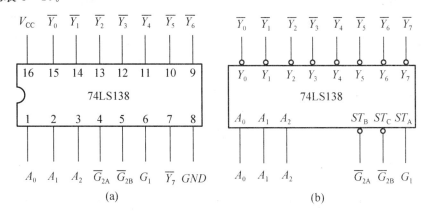

图 3.16　74LS138 芯片引脚及功能图
(a)引脚排列图　(b)逻辑功能示意图

表 3-10　74LS138 功能表

输入					输出							
使能		选择										
G_1	$\overline{G_2}$	A_2	A_2	A_0	$\overline{Y_7}$	$\overline{Y_6}$	$\overline{Y_5}$	$\overline{Y_4}$	$\overline{Y_3}$	$\overline{Y_2}$	$\overline{Y_1}$	$\overline{Y_0}$
×	1	×	×	×	1	1	1	1	1	1	1	1
0	×	×	×	×	1	1	1	1	1	1	1	1

续表

输入					输出							
使能		选择										
1	0	0	0	0	1	1	1	1	1	1	1	0
1	0	0	0	1	1	1	1	1	1	1	0	1
1	0	0	1	0	1	1	1	1	1	0	1	1
1	0	0	1	1	1	1	1	1	0	1	1	1
1	0	1	0	0	1	1	1	0	1	1	1	1
1	0	1	0	1	1	1	0	1	1	1	1	1
1	0	1	1	0	1	0	1	1	1	1	1	1
1	0	1	1	1	0	1	1	1	1	1	1	1

在功能表中，$\overline{G_2} = \overline{G_{2A}} + \overline{G_{2B}}$，$A_2$、$A_1$ 和 A_0 是输入端，$\overline{Y_0}$、$\overline{Y_1}$、$\overline{Y_2}$、$\overline{Y_3}$、$\overline{Y_4}$、$\overline{Y_5}$、$\overline{Y_6}$、$\overline{Y_7}$ 是输出端，G_1、$\overline{G_{2A}}$、$\overline{G_{2B}}$ 是选通控制端。当 $G_1 = 1$、$\overline{G_2} = 0$ 时，译码器处于工作状态；当 $G_1 = 0$、$\overline{G_2} = 1$ 时，译码器处于禁止状态。

G_1，$\overline{G_{2A}}$，$\overline{G_{2B}}$ 这 3 个控制端又称为片选端，利用它们可以将多片连接起来扩展译码器的功能。例如用两个 3 线- 8 线译码器可组成 4 线- 16 线译码器，如图 3.17 所示。

其工作原理为：当 $E = 1$ 时，两个译码器都禁止工作，输出全 1；当 $E = 0$ 时，译码器工作。这时，如果 $A_3 = 0$，高位片禁止，低位片工作，输出 $\overline{Y_0} \sim \overline{Y_7}$ 由输入二进制代码 $A_2 A_1 A_0$ 决定；如果 $A_3 = 1$，低位片禁止，高位片工作，输出 $\overline{Y_8} \sim \overline{Y_{15}}$ 由输入二进制代码 $A_2 A_1 A_0$ 决定，从而实现了 4 线- 16 线译码器的功能。

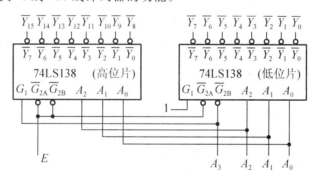

图 3.17　用 74LS138 实现 4 线- 16 线译码

二进制译码器又叫变量译码器或最小项译码器，它的输出端提供了其输入变量的全部最小项，因此利用二进制译码器可实现组合逻辑函数，也可以用作数据分配器。

用二进制译码器实现组合逻辑函数的基本步骤如下。

(1) 选择集成二进制译码器。
(2) 写函数的标准与非-与非式。
(3) 确认变量和输入关系。
(4) 画连线图。

【应用实例 3.8】

用集成译码器实现函数 $Z=AB+BC+AC$。

解:(1)3 个输入变量,选 3 线-8 线译码器 74LS138。

(2) 写出函数的标准与非-与非式。

$$Z=ABC+AB\overline{C}+\overline{A}BC+A\overline{B}C=m_3+m_5+m_6+m_7=\overline{\overline{m_3}\cdot\overline{m_5}\cdot\overline{m_6}\cdot\overline{m_7}}$$

(3) 确认变量和输入关系。

$$Z=ABC+AB\overline{C}+\overline{A}BC+A\overline{B}C=\overline{\overline{m_3}\cdot\overline{m_5}\cdot\overline{m_6}\cdot\overline{m_7}}$$

令 $A_2=A$ $A_1=B$ $A_0=C$ 则 $Z=\overline{\overline{Y_3}\cdot\overline{Y_5}\cdot\overline{Y_6}\cdot\overline{Y_7}}$

(4) 画连线图。

在输出端需增加一个与非门,如图 3.18 所示。

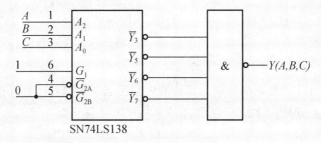

图 3.18 译码器实现函数电路

2. 二-十进制译码器

把二-十进制代码翻译成 10 个十进制数字信号的电路称为二-十进制译码器,其输入是十进制数的 4 位二进制编码 $A_3 \sim A_0$,输出的是与 10 个十进制数字相对应的 10 个信号 $Y_9 \sim Y_0$。由于二-十进制译码器有 4 根输入线,10 根输出线,所以又称为 4 线-10 线译码器。

8421 码译码器的真值表见表 3-11。

表 3-11 真值表

A_3	A_2	A_1	A_0	Y_9	Y_8	Y_7	Y_6	Y_5	Y_4	Y_3	Y_2	Y_1	Y_0
0	0	0	0	0	0	0	0	0	0	0	0	0	1
0	0	0	1	0	0	0	0	0	0	0	0	1	0
0	0	1	0	0	0	0	0	0	0	0	1	0	0
0	0	1	1	0	0	0	0	0	0	1	0	0	0
0	1	0	0	0	0	0	0	0	1	0	0	0	0
0	1	0	1	0	0	0	0	1	0	0	0	0	0
0	1	1	0	0	0	0	1	0	0	0	0	0	0
0	1	1	1	0	0	1	0	0	0	0	0	0	0
1	0	0	0	0	1	0	0	0	0	0	0	0	0
1	0	0	1	1	0	0	0	0	0	0	0	0	0

逻辑表达式分别为

$Y_0 = \overline{A_3}\,\overline{A_2}\,\overline{A_1}\,\overline{A_0}$ $Y_1 = \overline{A_3}\,\overline{A_2}\,\overline{A_1}A_0$ $Y_2 = \overline{A_3}\,\overline{A_2}A_1\overline{A_0}$ $Y_3 = \overline{A_3}\,\overline{A_2}A_1A_0$

$Y_4 = \overline{A_3}A_2\overline{A_1}\,\overline{A_0}$ $Y_5 = \overline{A_3}A_2\overline{A_1}A_0$ $Y_6 = \overline{A_3}A_2A_1\overline{A_0}$ $Y_7 = \overline{A_3}A_2A_1A_0$

$Y_8 = A_3\overline{A_2}\,\overline{A_1}\,\overline{A_0}$ $Y_9 = A_3\overline{A_2}\,\overline{A_1}A_0$

逻辑图如图 3.19 所示。

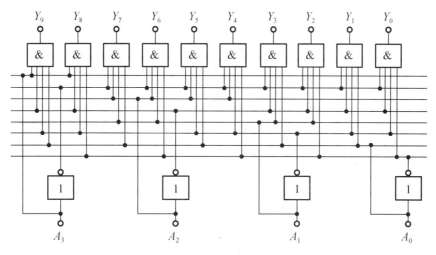

图 3.19 逻辑图

常用中规模集成二-十进制译码器常用型号有：TTL 系列的 54/7442、54/74LS42 和 CMOS 系列中的 54/74HC42、54/74HCT42 等。74LS42 芯片的引脚图如图 3.20 所示。其功能表见表 3-12。

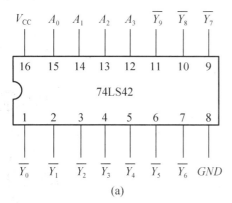
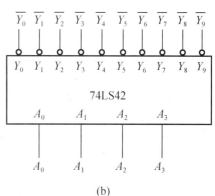

(a)   (b)

图 3.20 74LS42 引脚及功能图

(a)引脚排列图   (b)逻辑功能示意图

在表 3.12 中输入是 8421 BCD 码，右边是译码输出，低电平有效。其中 1010～1111 共 6 种状态没有使用，是无效状态，在正常工作状态下不会出现。输入端代码出现无效状态时，译码器不予响应。

表 3-12 74LS42 芯片功能表

输入				输出									
A_3	A_2	A_1	A_0	$\overline{Y_0}$	$\overline{Y_1}$	$\overline{Y_2}$	$\overline{Y_3}$	$\overline{Y_4}$	$\overline{Y_5}$	$\overline{Y_6}$	$\overline{Y_7}$	$\overline{Y_8}$	$\overline{Y_9}$
0	0	0	0	0	1	1	1	1	1	1	1	1	1
0	0	0	1	1	0	1	1	1	1	1	1	1	1
0	0	1	0	1	1	0	1	1	1	1	1	1	1
0	0	1	1	1	1	1	0	1	1	1	1	1	1
0	1	0	0	1	1	1	1	0	1	1	1	1	1
0	1	0	1	1	1	1	1	1	0	1	1	1	1
0	1	1	0	1	1	1	1	1	1	0	1	1	1
0	1	1	1	1	1	1	1	1	1	1	0	1	1
1	0	0	0	1	1	1	1	1	1	1	1	0	1
1	0	0	1	1	1	1	1	1	1	1	1	1	0
1	0	1	0	1	1	1	1	1	1	1	1	1	1
1	0	1	1	1	1	1	1	1	1	1	1	1	1
1	1	0	0	1	1	1	1	1	1	1	1	1	1
1	1	0	1	1	1	1	1	1	1	1	1	1	1
1	1	1	0	1	1	1	1	1	1	1	1	1	1
1	1	1	1	1	1	1	1	1	1	1	1	1	1

（无效状态：最后六行）

3. 数字显示译码器

在数字系统中，常常需要将数字、字母、符号等直观地显示出来，供人们读取或监视系统的工作情况。能够显示数字、字母或符号的器件称为数字显示器。

在数字电路中，数字量都是以一定的代码形式出现的，所以这些数字量要先经过译码，才能送到数字显示器去显示。能把数字量翻译成数字显示器所能识别的信号的译码器称为数字显示译码器。

1）数字显示器

常用的数字显示器有多种类型。

按显示方式分，有字型重叠式、点阵式、分段式等。

按发光物质分，有半导体显示器，又称发光二极管（LED）显示器、荧光显示器、液晶显示器、气体放电管显示器等。

目前应用最广泛的是由发光二极管构成的七段数字显示器。

七段数字显示器就是将 7 个（加小数点为 8 个）发光二极管按一定的方式排列起来，七段 a、b、c、d、e、f、g（小数点 DP）各对应一个发光二极管，利用不同发光段的组合，显示不同的阿拉伯数字，如图 3.21 所示。

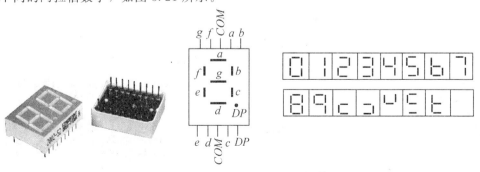

图 3.21 七段数字显示器及发光段组合图

按内部连接方式不同，七段数字显示器分为共阳极和共阴极两种，如图3.22所示。

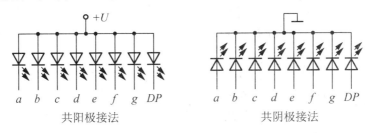

图 3.22　半导体数字显示器的内部接法

共阳极数字显示器的驱动电平为"0"，共阴极数字显示器的驱动电平为"1"。

半导体显示器的优点是工作电压较低（1.5～3V）、体积小、寿命长、亮度高、响应速度快、工作可靠性高。缺点是工作电流大，每个字段的工作电流约为10mA左右。

液晶显示器也使用了七段字符显示，其公共极也叫背电极，图3.23(a)是 a 段的简单驱动电路，其他段的驱动电路与 a 段完全一样。u_{com} 是加在公共极（COM）的脉冲信号，$A=0$ 时，两个电极间电压 $u_A=0$，a 段不显示；$A=1$ 时，两个电极间电压 u_A 为交变电压，a 段显示。工作波形如图3.23(b)所示。

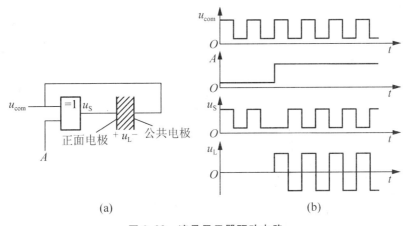

图 3.23　液晶显示器驱动电路
（a）电路　（b）工作波形

液晶显示器（Liquid Crystal Display，LCD）最大的优点是功耗小，每平方厘米的功耗不到 $1\mu W$，它的工作电压也很低，在1V以下也可以工作。因此，它在便携式的仪器、仪表中得到广泛应用。

2) 数字显示译码器

常用数字显示译码器有七段显示译码器74LS48等。

74LS48是一种与共阴极数字显示器配合使用的集成译码器，它的功能是将输入的4位二进制代码转换成显示器所需要的7个段信号 a～g。其逻辑功能见表3-13。图3.24是74LS48的逻辑符号，a～g 为译码输出端。另外还有3个控制端：试灯输入端 $\overline{LT}$、灭零输入端 $\overline{RBI}$、特殊控制端 $\overline{BI/RBO}$。其功能如下：

(1) 正常译码显示。$\overline{LT}=1$，$\overline{BI/RBO}=1$ 时，对输

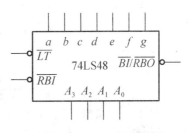

图 3.24　74LS48 逻辑符号

入为十进制数 0~15 的二进制码(0000~1111)进行译码，产生对应的七段显示码。

(2) 灭零。当输入$\overline{RBI}=0$，而输入为 0 的二进制码 0000 时，则译码器的 a~g 输出全 0，使显示器全灭；只有当$\overline{RBI}=1$时，才产生 0 的七段显示码，所以$\overline{RBI}$称为灭零输入端。

(3) 试灯。当$\overline{LT}=0$时，无论输入怎样，a~g 输出全 1，数码管七段全亮，由此可以检测显示器 7 个发光段的好坏。$\overline{LT}$称为试灯输入端。

(4) 特殊控制端$\overline{BI}/\overline{RBO}$。$\overline{BI}/\overline{RBO}$可以作输入端，也可以作输出端。

作输入使用时，如果$\overline{BI}=0$时，不管其他输入端为何值，a~g 均输出 0，显示器全灭，因此$\overline{BI}$称为火灯输入端。

作输出端使用时，受控于$\overline{RBI}$。当$\overline{RBI}=0$，输入为 0 的二进制码 0000 时，$\overline{RBO}=0$，用以指示该片正处于灭零状态。所以，$\overline{RBO}$又称为灭零输出端。

表 3-13 七段显示译码器 74LS48 的逻辑功能表

功能 (输入)	输入						输入/输出	输出							显示字形
	$\overline{LT}$	$\overline{RBI}$	A_3	A_2	A_1	A_0	$\overline{BI}/\overline{RBO}$	a	b	c	d	e	f	g	
0	1	1	0	0	0	0	1	1	1	1	1	1	1	0	
1	1	×	0	0	0	1	1	0	1	1	0	0	0	0	
2	1	×	0	0	1	0	1	1	1	0	1	1	0	1	
3	1	×	0	0	1	1	1	1	1	1	1	0	0	1	
4	1	×	0	1	0	0	1	0	1	1	0	0	1	1	
5	1	×	0	1	0	1	1	1	0	1	1	0	1	1	
6	1	×	0	1	1	0	1	0	0	1	1	1	1	1	
7	1	×	0	1	1	1	1	1	1	1	0	0	0	0	
8	1	×	1	0	0	0	1	1	1	1	1	1	1	1	
9	1	×	1	0	0	1	1	1	1	1	0	0	1	1	
10	1	×	1	0	1	0	1	0	0	0	1	1	0	1	
11	1	×	1	0	1	1	1	0	0	1	1	0	0	1	
12	1	×	1	1	0	0	1	0	1	0	0	0	1	1	
13	1	×	1	1	0	1	1	1	0	0	1	0	1	1	
14	1	×	1	1	1	0	1	0	0	0	1	1	1	1	
15	1	×	1	1	1	1	1	0	0	0	0	0	0	0	
灭灯	×	×	×	×	×	×	0	0	0	0	0	0	0	0	
灭零	1	0	0	0	0	0	0	0	0	0	0	0	0	0	
试灯	0	×	×	×	×	×	1	1	1	1	1	1	1	1	

将$\overline{BI}/\overline{RBO}$和$\overline{RBI}$配合使用，可以实现多位数显示时的"无效 0 消隐"功能。在多位十进制数码显示时，整数前和小数后的 0 是无意义的，称为"无效 0"。在图 3.25 所示的多位数码显示系统中，就可将无效 0 灭掉。从图中可见，由于整数部分 74LS48 除最高位的$\overline{RBI}$接 0、最低位的$\overline{RBI}$接 1 外，其余各位的$\overline{RBI}$均接受高位的$\overline{RBO}$输出信号，所以整数部分只有在高位是 0，而且被熄灭时，低位才有灭零输入信号；同理，小数部分除最高位的$\overline{RBI}$接 1、最低位的$\overline{RBI}$接 0 外，其余各位均接受低位的$\overline{RBO}$输出信号，所以小数部分只有在低位是 0、而且被熄灭时，高位才有灭零输入信号，从而实现了多位十进制数码

显示器的"无效0消隐"功能。

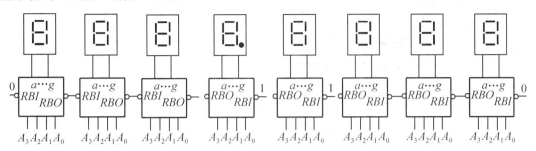

图 3.25　有灭零控制的数码显示系统图

由于74LS48拉电流能力小(2mA)，灌电流能力大(6.4mA)，所以一般都要外接电阻推动数码管，74LS48译码器的典型使用电路如图3.26所示。

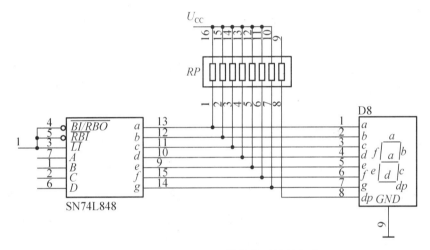

图 3.26　74LS48译码器的典型使用电路

3.3.3　数据选择器

1. 数据选择器的工作原理

数据选择器又称多路选择器(Multiplexer，MUX)，根据地址码从多路输入数据中选择一路送到输出端的电路叫做数据选择器，其功能相当于如图3.27所示的单刀多掷开关。

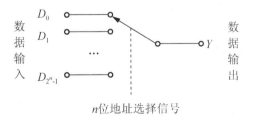

图 3.27　单刀多掷开关示意图

常用的数据选择器有4选1、8选1、16选1等多种类型。下面以4选1为例介绍数据选择器的基本功能、工作原理及设计方法。

【应用实例 3.9】

设计一个 4 选 1 数据选择器。

解：根据组合电路设计方法，首先列其真值表，见表 3-14。

由真值表可写出其表达式为

$$Y = D_0 \overline{A_1}\, \overline{A_0} + D_1 \overline{A_1} A_0 + D_2 A_1 \overline{A_0} + D_3 A_1 A_0 = \sum_{i=0}^{3} D_i m_i$$

由表达式可画出其逻辑图，如图 3.28 所示。

表 3-14 真值表

输入		输出
A_1	A_0	Y
0	0	D_0
0	1	D_1
1	0	D_2
1	1	D_3

（D 列：D_0, D_1, D_2, D_3）

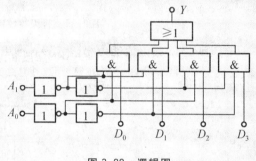

图 3.28 逻辑图

2. 集成数据选择器

集成数据选择器芯片种类很多，常用的有 2 选 1（如 HC157、LS157、LS158 等）、4 选 1（如 HC253、LS157、74LS153 等）、8 选 1（如 74LS151、HC251 等）。

下面以 74LS151 为例加以介绍，其芯片引脚如图 3.29 所示，有三个地址端 A_2、A_1、A_0，可选择 $D_0 \sim D_7$ 8 个数据，有两个互补的输出端 Y 和 $\overline{Y}$。当 $\overline{S}=1$ 时，选择器被禁止，无论地址码是什么，Y 总是等于 0；当 $\overline{S}=0$ 时，Y 依据 $A_2 A_1 A_0$ 取值的不同，选择数据 $D_0 \sim D_7$ 中的一个。其功能表见表 3-15。

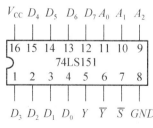

图 3.29 74LS151 引脚图

表 3-15 74LS151 功能表

输入					输出	
D	A_2	A_1	A_0	$\overline{S}$	Y	$\overline{Y}$
×	×	×	×	1	0	1
D_0	0	0	0	0	D_0	$\overline{D_0}$
D_1	0	0	1	0	D_1	$\overline{D_1}$
D_2	0	1	0	0	D_2	$\overline{D_2}$
D_3	0	1	1	0	D_3	$\overline{D_3}$
D_4	1	0	0	0	D_4	$\overline{D_4}$
D_5	1	0	1	0	D_5	$\overline{D_5}$
D_6	1	1	0	0	D_6	$\overline{D_6}$
D_7	1	1	1	0	D_7	$\overline{D_7}$

课题3 组合逻辑电路分析、设计及其应用

3. 选择器的应用

数据选择器的应用很广,可以作二进制比较器、二进制发生器、图形发生电路、顺序选择电路等。在应用中,设计电路时可以根据给定变量个数的需要选择合适的多路选择器来完成,一般是两个变量的函数选双输入多路选择器,三个变量的函数选四输入多路选择器,四个变量的函数选八输入多路选择器。下面通过几个实例加以说明。

1) 数据选择器的通道扩展

作为一种集成器件,最大规模的数据选择器是16选1,如果需要更大规模的数据选择器,可进行通道扩展。

【应用实例3.10】

用两片74LS151连接成一个16选1的数据选择器。

解:(1)16选1数据选择器的功能见表3-16。分析表3-16,寻找16选1与8选1间的关系。把输入代码的最高位A_3视为片选控制,后三位输入代码重复两遍视为两片依次工作。$A_3=0$视为1号片工作,$A_3=1$视为2号片工作。

(2) 利用使能控制实现片选控制。

表3-16 16选1数据选择器的功能表

A_3	A_2	A_1	A_0	Y	A_3	A_2	A_1	A_0	Y
0	0	0	0	D_0	1	0	0	0	D_8
0	0	0	1	D_1	1	0	0	1	D_9
0	0	1	0	D_2	1	0	1	0	D_{10}
0	0	1	1	D_3	1	0	1	1	D_{11}
0	1	0	0	D_4	1	1	0	0	D_{12}
0	1	0	1	D_5	1	1	0	1	D_{13}
0	1	1	0	D_6	1	1	1	0	D_{14}
0	1	1	1	D_7	1	1	1	1	D_{15}

(3) 利用74LS151设计电路,如图3.30所示。

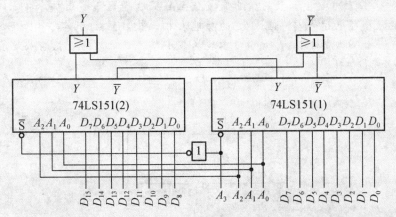

图3.30 两片74LS151组成16选1数据选择器的逻辑图

2) 实现数据并/串转换

【应用实例 3.11】

试用 74LS151 设计数据并/串转换器。

解:如图 3.31 所示,8 选 1 多路开关有 8 位并行输入数据 $D_7 \sim D_0$,当选择输入 $Q_2Q_1Q_0$ 的二进制数码依次由 000 递增至 111,8 个并行输入数据依次传输至输出端,转换成了串行数据。

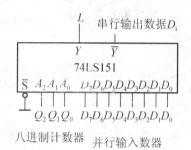

图 3.31 数据并行输入转换成串行输出

3) 实现组合逻辑函数

具有 n 位地址码的数据选择器,可以产生不多于 $n+1$ 个变量的任意逻辑函数。

当逻辑函数的变量个数和数据选择器的地址输入变量个数相同时,可直接用数据选择器来实现逻辑函数。

【应用实例 3.12】

试用 8 选 1 数据选择器 74LS151 实现逻辑函数 $L=AB+BC+AC$。

解:因为 L 函数的输入变量有 3 个,8 选 1 数据选择器的地址码也为 3 个,所以可用下述方法实现 L 函数。

(1) 将逻辑函数转换成最小项表达式 $L=\overline{A}BC+A\overline{B}C+AB\overline{C}+ABC=m_3+m_5+m_6+m_7$。

(2) 将函数的输入变量接至数据选择器的地址输入端,权位高低要一一对应,即 $A=A_2$, $B=A_1$, $C=A_0$。函数的输出变量接至数据选择器的输出端,即 $L=Y$。将逻辑函数 L 的最小项表达式与 74LS151 的功能表相比较,显然,L 式中出现的最小项,其对应的数据输入端应接 1,L 式中没出现的最小项,其对应的数据输入端应接 0,即 $D_3=D_5=D_6=D_7=1$;$D_0=D_1=D_2=D_4=0$。

(3) 根据上述分析画出连线图,如图 3.32 所示。

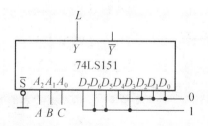

图 3.32 应用实例 3.12 逻辑图

当逻辑函数的变量个数大于数据选择器的地址输入变量个数时，不能用前述的简单办法，应分离出多余的变量，把它们加到适当的数据输入端。

【应用实例 3.13】

试用 4 选 1 数据选择器产生逻辑函数 $Z=\overline{A}\,\overline{B}C+A\overline{B}C+AB$。

解：因为 Z 函数的输入变量有 3 个，所以可用 4 选 1 数据选择器实现 Z 函数。方法如下。

(1) 写出 4 选 1 数据选择器的输出表达式 $Y=\overline{A}_1\,\overline{A}_0 D_0+\overline{A}_1 A_0 D_1+A_1 \overline{A}_0 D_2+A_1 A_0 D_3$。

(2) 将 Z 式整理成与 Y 式完全对应的形式 $Z=\overline{A}\,\overline{B}\cdot\overline{C}+\overline{A}B\cdot 0+A\overline{B}\cdot C+AB\cdot 1$

(3) 对照 Y 式与 Z 式知，只要令：$A_1=A$，$A_0=B$，$D_0=\overline{C}$，$D_1=0$，$D_2=C$，$D_3=1$，则数据选择器的输出函数 Y 就是 Z 式所表示的逻辑函数。

(4) 按照对应关系画连线图，如图 3.33 所示。

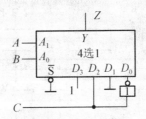

图 3.33　应用实例 3.13 逻辑图

3.3.4　数据分配器

数据分配器（Demultiplexer）又称为多路分配器，它只有一个数据输入端，但有 2^n 个数据输出端。根据 n 个选择输入的不同组合，把数据送到 2^n 个数据输出端中的某一个。从其作用看，与多位开关很相似；从逻辑功能看，与数据选择器恰好相反。图 3.34 为单刀多掷开关数据分配电路，将一路输入变为多路输出。

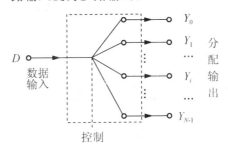

图 3.34　单刀多掷开关数据分配电路

下面以四通道数据分配器为例介绍数据分配器的基本功能、工作原理及设计方法。

【应用实例 3.14】

设计一个四通道数据分配器。

解：根据数据分配器的概念，可列出四通道数据分配器功能表，见表 3-17。

由功能表可得到输出函数表达式为

$$Y_0=D\,\overline{A}_1\overline{A}_0 \qquad Y_1=D\,\overline{A}_1 A_0$$

$$Y_2 = DA_1\overline{A_0} \qquad Y_3 = DA_1 A_0$$

根据输出逻辑函数表达式，用与非门设计四通道数据分配器原理电路，如图 3.35 所示。

表 3-17 四通道数据分配器功能表

输入			输出			
	A_1	A_0	Y_0	Y_1	Y_2	Y_3
D	0	0	D	0	0	0
	0	1	0	D	0	0
	1	0	0	0	D	0
	1	1	0	0	0	D

图 3.35 四通道数据分配器逻辑电路

根据输出端的个数不同，数据分配器可分为 1 路对 4 路模拟开关（例如 CC74HC4352）、1 路对 8 路模拟开关（例如 CC4051）等不同类型。CC4051 是 8 选 1 模拟开关。它是一个带有禁止端（INH）和三位译码端（A、B、C）控制的 8 路模拟开关电路；各模拟开关均为双向，既可实现 8 线→1 线传输信号，也可实现 1 线→8 线传输信号。其管脚图如图 3.36 所示，功能表见表 3-18。

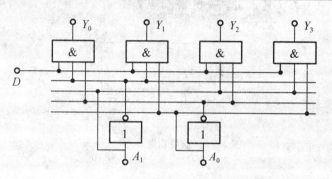

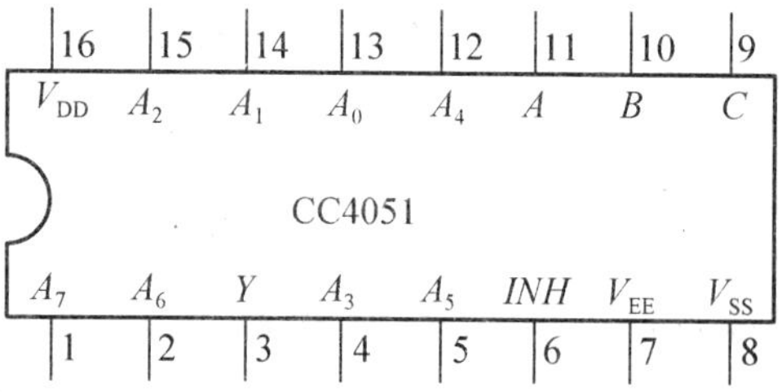

图 3.36 CC4051 管脚图

表 3-18 CC4051 功能表

输入				接通通道
INH	C	B	A	
L	L	L	L	0
L	L	L	H	1
L	L	H	L	2
L	L	H	H	3
L	H	L	L	4
L	H	L	H	5
L	H	H	L	6
L	H	H	H	7
H	×	×	×	均不接通

3.4 组合逻辑电路中的数值比较器

能完成比较两个数字的大小或是否相等的各种逻辑功能电路统称为数值比较器。

3.4.1 1位数值比较器

在数字系统中,特别是计算机中的CPU具有多种运算功能,其中一种简单的运算功能就是比较两个数A和B的大小。数值比较器就是对两数A、B进行比较,以判断其大小的逻辑电路。比较结果有$A>B$、$A<B$、$A=B$ 3种情况。

1位数值比较器是多位比较器的基础。两个1位二进制数进行比较,输入信号是两个要进行比较的1位二进制数,用A、B表示;输出是比较结果,有3种情况:$A>B$、$A<B$、$A=B$,现分别用F_1、F_2、F_3表示。设$A>B$时,$F_1=1$;$A<B$时,$F_2=1$;$A=B$时,$F_3=1$。由此可列出1位数值比较器的真值表,见表3-19。根据此表可写出各输出的逻辑表达式为

$$\begin{cases} F_1 = A\overline{B} \\ F_2 = \overline{A}B \\ F_3 = \overline{A}\,\overline{B} + AB = \overline{\overline{A}B + A\overline{B}} = \overline{A \oplus B} \end{cases}$$

由以上逻辑表达式可画出1位数值比较器的逻辑图,如图3.37所示。

表 3-19 1位数值比较器的真值表

输入		输出		
A	B	F_1 ($A>B$)	F_2 ($A<B$)	F_3 ($A=B$)
0	0	0	0	1
0	1	0	1	0
1	0	1	0	0
1	1	0	0	1

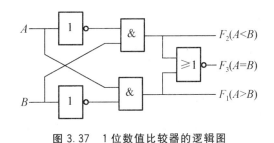

图 3.37 1位数值比较器的逻辑图

3.4.2 集成数值比较器

1. 集成数值比较器CC74HC85的功能

集成数值比较器CC74HC85是4位数值比较器,其引脚图如图3.38所示,其功能见表3-20。从表3-20中可以看出,两个4位数A和B的比较,是先将A的最高位A_3和B的最高位B_3进行比较,如果二者不相等就可以作为A和B的比较结果;如果二者相等,则再比较次高位A_2和B_2,依次类推。显然,如果$A=B$,则比较步骤必须进行到最低位上才能得到结果。

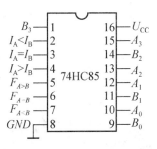

图 3.38 CC74HC85引脚图

表 3-20 4 位数值比较器 CC74HC85 的功能表

比较输入						级联输入			输出		
A_3 B_3	A_2 B_2	A_1 B_1	A_0 B_0			$I_{A>B}$	$I_{A<B}$	$I_{A=B}$	$F_{A>B}$	$F_{A<B}$	$F_{A=B}$
$A_3>B_3$	×	×	×			×	×	×	1	0	0
$A_3<B_3$	×	×	×			×	×	×	0	1	0
$A_3=B_3$	$A_2>B_2$	×	×			×	×	×	1	0	0
$A_3=B_3$	$A_2<B_2$	×	×			×	×	×	0	1	0
$A_3=B_3$	$A_2=B_2$	$A_1>B_1$	×			×	×	×	1	0	0
$A_3=B_3$	$A_2=B_2$	$A_1<B_1$	×			×	×	×	0	1	0
$A_3=B_3$	$A_2=B_2$	$A_1=B_1$	$A_0>B_0$			×	×	×	1	0	0
$A_3=B_3$	$A_2=B_2$	$A_1=B_1$	$A_0<B_0$			×	×	×	0	1	0
$A_3=B_3$	$A_2=B_2$	$A_1=B_1$	$A_0=B_0$			1	0	0	1	0	0
$A_3=B_3$	$A_2=B_2$	$A_1=B_1$	$A_0=B_0$			0	1	0	0	1	0
$A_3=B_3$	$A_2=B_2$	$A_1=B_1$	$A_0=B_0$			0	0	1	0	0	1

真值表中的输入变量包括 A_3 与 B_3、A_2 与 B_2、A_1 与 B_1、A_0 与 B_0，输出变量为 A 与 B 的比较结果。其中低位片第 5、6、7 脚的输出信号 $F_{A>B}$、$F_{A<B}$、$F_{A=B}$ 是这两个低位数的比较结果。设置级联输入端第 2、3、4 脚是为了进行数值比较器的扩展，以便组成位数更多的数值比较器。

由真值表可以看出，仅对 4 位数进行比较时，应对 $I_{A>B}$、$I_{A<B}$、$I_{A=B}$ 进行适当处理，即 $I_{A>B}=I_{A<B}=0$，$I_{A=B}=1$。

2. 数值比较器的扩展

利用集成数值比较器的级联输入端，很容易构成更多位的数值比较器。数值比较器的扩展方式有串联和并联两种。采用串联方式扩展数值比较器时，随着位数的增加，从数据输入到稳定输出的延迟时间增加，当位数较多且要满足一定的速度要求时，可以采用并联方式。下面仅以串联方式为例说明数值比较器的扩展方法。

如图 3.39 所示，两个 4 位数值比较器 CC74HC85 串联而成为一个 8 位数值比较器。由于两个 8 位数，若高 4 位相同，它们的大小则由低 4 位的比较结果确定。因此，低 4 位的比较结果应作为高 4 位的条件，即低 4 位比较器的输出端应分别与高 4 位比较器的 $I_{A>B}$、$I_{A<B}$、$I_{A=B}$ 的级联输入端连接。

对于 LSTTL 集成数值比较器，最低 4 位的级联输入端 $I_{A>B}$、$I_{A<B}$、$I_{A=B}$ 必须预先预置为 0、0、1，这样才能使两个多位数的各位都相同时，比较器的 $F_{A=B}$ 输出端为 1。应该注意的是，在 CMOS 集成数值比较器中，$I_{A>B}$ 输入端应该接高电平。这是因为在 CMOS 集成 4 位数值比较器中，为了使电路简化，首先实现 $F_{A<B}$ 和 $F_{A=B}$，再将两者进行或非运算而求得 $F_{A>B}$；而在 LSTTL 集成 4 位数值比较器中，是由各位数码的比较结果直接求得 $F_{A>B}$、$F_{A=B}$ 和 $F_{A<B}$ 的。

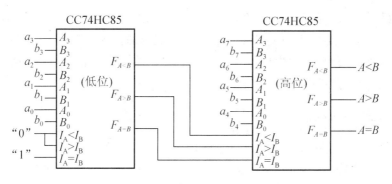

图 3.39　数值比较器的位数扩展连接图

3.5　组合逻辑电路中的竞争和冒险

前面在分析和设计组合逻辑电路时,都没有考虑门电路延迟时间对电路的影响。实际上,由于延迟时间的存在,当一个输入信号经过多条路径传送后又重新汇合到某个门上时,由于不同路径上门的级数不同,或者门电路延迟时间的差异,导致到达汇合点的时间有先有后,这种现象称为竞争。由于竞争而使电路输出发生瞬时错误的现象称为冒险。

3.5.1　产生竞争冒险的原因

图 3.40(a)所示的电路中,逻辑表达式为 $L=A\overline{A}$,理想情况下,输出应恒等于 0。但是由于 G_1 门的延迟时间 t_{pd},$\overline{A}$ 下降沿到达 G_2 门的时间比 A 信号上升沿晚 $1t_{pd}$,因此,使 G_2 输出端出现了一个正向窄脉冲,如图 3.40(b)所示,通常称之为"1 冒险"。

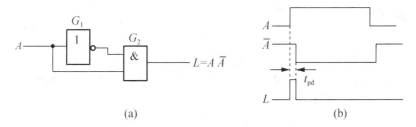

图 3.40　产生"1 冒险"
(a)逻辑图　　(b)波形图

同理,在图 3.41(a)所示的电路中,逻辑表达式为 $L=A+\overline{A}$,由于 G_1 门的延迟时间 t_{pd},会使 G_2 输出端出现了一个负向窄脉冲,如图 3.41(b)所示,通常称之为"0 冒险"。

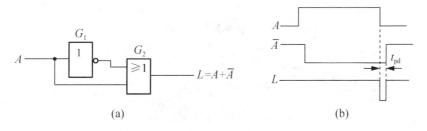

图 3.41　产生"0 冒险"
(a)逻辑图　　(b)波形图

"0冒险"和"1冒险"统称冒险,是一种干扰脉冲,有可能引起后级电路的错误动作。产生冒险的原因是由于一个门(如 G_2)的两个互补的输入信号分别经过两条路径传输,由于延迟时间不同而到达的时间不同,即两个互补的输入信号存在竞争,竞争是经常发生的,但不一定都会产生冒险。

3.5.2 冒险现象的识别

在电路输入端只有一个变量改变状态的情况下,用代数法或卡诺图法可判断一个组合逻辑电路是否存在冒险。

1. 代数判别法

写出组合逻辑电路的逻辑表达式,当某些逻辑变量取特定值(0或1)时,若表达式能转换为 $F=A\overline{A}$ 或 $F=A+\overline{A}$ 时,则存在冒险。

【应用实例3.15】

试判断如图3.42所示逻辑电路是否存在冒险。

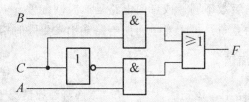

图 3.42 应用实例 3.15 逻辑电路

解:因为 $F=A\overline{C}+BC$,所以当变量 $A=B=1$ 时,有 $F=C+\overline{C}$,因此,图3.42所示电路存在冒险。

2. 卡诺图判别法

根据电路逻辑表达式,画出输出变量卡诺图,若卡诺图上的包围圈相切,且相切处又无其他圈包含,则存在冒险。

【应用实例3.16】

设逻辑函数 $F=(A+B)(\overline{B}+C)$,试用卡诺图法判别该电路是否存在冒险。

解:

$$F = (A+B)(\overline{B}+C)$$
$$= A\overline{B}+AC+B C$$
$$= A\overline{B}C+A\overline{B}\,\overline{C}+AB\overline{C}+\overline{A}B C$$
$$= \sum m(2,4,5,6)$$

卡诺图如图3.43所示,因此存在冒险。

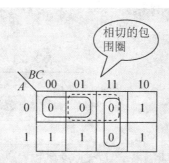

图 3.43 应用实例 3.16 卡诺图

3.5.3 冒险现象的消除方法

当组合逻辑电路存在冒险现象时,可以采取以下方法来消除冒险现象。

1. 加冗余项

在应用实例 3.15 所示的电路中存在冒险现象。若在其逻辑表达式中增加乘积项 AB,使其变为 $F=A\bar{C}+BC+AB$,则在原来产生冒险的条件 $A=B=1$ 时,$F=1$,不会产生冒险。这个函数增加了乘积项 AB 后,已不是"最简",故这种乘积项称为冗余项。

2. 变换逻辑式,消去互补变量

应用实例 3.16 的逻辑式 $F=(A+B)(\bar{B}+C)$ 存在冒险现象。如将其变换为 $F=A\bar{B}+AC+BC$,则在原来产生冒险的条件 $A=C=0$ 时,$F=0$,不会产生冒险。

3. 增加选通信号

在电路中增加一个选通脉冲,接到可能产生冒险的门电路的输入端。当输入信号转换完成进入稳态后,才引入选通脉冲,将门打开。这样,输出端就不会出现冒险脉冲。

4. 增加输出滤波电容

由于竞争冒险产生的干扰脉冲的宽度一般都很窄,在可能产生冒险的门电路输出端并联一个滤波电容(一般为 4~20pF),利用电容两端的电压不能突变的特性,使输出波形上升沿和下降沿都变的比较缓慢,从而起到消除冒险现象的作用。

3.6 组合逻辑电路综合应用

组合逻辑电路有着广泛的应用,下面通过几个综合应用实例加以说明。

【综合应用 1】 有一个水箱由大小两台水泵 M_L 和 M_S 供水,如图 3.44 所示。水箱中设置了 3 个水位检测元件 A、B、C。水面低于检测元件时,检测元件给出高电平;水面高于检测元件时,检测元件给出低电平。现要求当水位超过 C 点时水泵停止工作;水位低于 C 点而高于 B 点时 M_S 单独工作;水位低于 B 点而高于 A 点时 M_L 单独工作;水位低于 A 点时 M_L 和 M_S 同时工作。试用门电路设计一个控制两台水泵的逻辑电路,要求电路尽量简单。

解:电机 M 工作时用高电平表示,停止时用低电平表示。综合应用 1 的真值表见表 3-21。

真值表中的 $\overline{A}\,\overline{B}\,\overline{C}$、$A\,\overline{B}\,C$、$A\,\overline{B}\,\overline{C}$、$A\,B\,\overline{C}$ 为约束项，利用卡诺图图 3.45 化简后得到 $M_S = A + \overline{B}\,\overline{C}$，$M_L = B$，逻辑图如图 3.46 所示。

表 3-21　综合应用 1 真值表

A	B	C	M_S	M_L
0	0	0	0	0
0	0	1	1	0
0	1	0	×	×
0	1	1	0	1
1	0	0	×	×
1	0	1	×	×
1	1	0	×	×
1	1	1	1	1

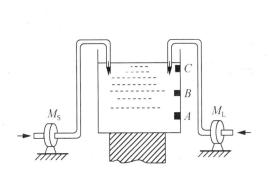

图 3.44　电机控制水位的水箱示意图

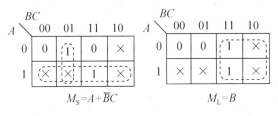

图 3.45　综合应用 1 卡诺图

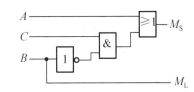

图 3.46　综合应用 1 逻辑图

【综合应用 2】PCB（电子线路板）的制作过程有 A（用 Proter2004D×p 软件编辑好线路板走线图）、B（激光打印机在热转印纸上输出线路板的走线图，并用过塑机在转印纸背面加热，将油墨热转印到覆铜板上）、C（加热 $FeCl_3$ 溶液并用该溶液把不要的覆铜板腐蚀掉）、D（从腐蚀槽取出线路板，先用环己酮溶液洗去炭粉，再用清水冲洗，然后干燥）、E（钻孔，打磨，再覆盖松香溶液）等 5 道工序，每道工序时间不完全相同，分 8 个时间段完成，每道工序与时间的关系见表 3-22 中，试设计该产品生产工序流程的控制电路。

表 3-22　综合应用 2 的工序与时间关系

工序	时间顺序							
	1	2	3	4	5	6	7	8
A	√	√						
B			√	√	√	√		
C				√	√	√		
D							√	
E								√

解：(1) 分析设计要求，确定输入/输出情况。由表 3-22 可知，PCB 制作的 5 道工序共需 8 个时间段（即单位时间），显然，8 个单位时间为一个加工周期，控制电路输出高电

平表示工序能进行,若输出低电平则表示该工序不能进行。每个单位时间用一个时钟脉冲周期表示,制作过程与时钟脉冲间的关系如图 3.47 所示。

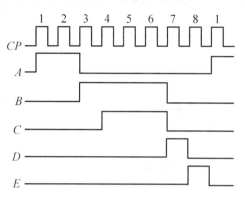

图 3.47　综合应用 2 波形图

（2）选择合适的逻辑器件。由图 3.47 可知,输出信号 A、B、C、D、E 是 5 个脉冲信号。显然,每个输出信号以 8 个单位时间为周期,可选用 3 线-8 线译码器 74HC138,其地址码可用 CP 脉冲和计数器 74HC161 产生。当地址码 A、B、C 按 8421 BCD 码规律变化时,从 $Y_0 \sim Y_7$ 可产生脉冲信号（低电平有效）。当 $ABCDE$ 和 74HC138 的 $Y_0 \sim Y_7$ 满足下述关系就可以得到图 3.47 所示的波形。

$$\begin{cases} A = \overline{Y}_0 + \overline{Y}_1 = \overline{\overline{Y}_0 \overline{Y}_1} \\ B = Y_2 + Y_3 + Y_4 + Y_5 = \overline{\overline{Y}_2 \overline{Y}_3 \overline{Y}_4 \overline{Y}_5} \\ C = Y_3 + Y_4 + Y_5 = \overline{\overline{Y}_3 \overline{Y}_4 \overline{Y}_5} \\ D = Y_6 = \overline{\overline{Y}_6} \\ E = Y_7 = \overline{\overline{Y}_7} \end{cases}$$

上式的逻辑关系可用图 3.48 所示逻辑电路实现。

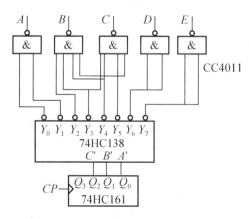

图 3.48　综合应用 2 逻辑电路

【综合应用 3】某医院有 1、2、3、4 号病室 4 间,每室设有呼叫按钮,同时在护士值班室内对应地装有 1 号、2 号、3 号、4 号 4 个指示灯。现要求当 1 号病室的按钮按下时,无论其他病室内的按钮是否按下,只有 1 号灯亮。当 1 号病室的按钮没有按下,而 2 号病室的按钮按下时，无论3、4号病室的按钮是否按下，只有2号灯亮。当1、2号病室的按钮都未按下而3号病室的按钮按下时，无论4号病室的按钮是否按下，只有3号灯亮。只有在1、2、3号病室的按钮均未按下，而4号病室的按钮按下时，4号灯才亮。试分别用门电路和优先编码器74LS148设计满足上述控制要求的逻辑电路，给出控制4个指示灯状态的高低电平信号。74LS148的逻辑图如图3.49所示，其功能表见表3-23。

解：设1、2、3、4号病室分别为输入变量 A、B、C、D，当其值为1时，表示呼叫按钮按下，为0时表示没有呼叫按钮按下；设1、2、3、4号病室呼叫指示灯分别为 L_1、L_2、L_3、L_4，其值为1时指示灯亮，否则灯不亮，列出真值表，见表3-24。

表3-23 74LS148的功能表

$\overline{ST}$	$\overline{I_7}$	$\overline{I_6}$	$\overline{I_5}$	$\overline{I_4}$	$\overline{I_3}$	$\overline{I_2}$	$\overline{I_1}$	$\overline{I_0}$	$\overline{Y_2}$	$\overline{Y_1}$	$\overline{Y_0}$	$\overline{Y_{EX}}$	Y_S
1	×	×	×	×	×	×	×	×	1	1	1	1	1
0	1	1	1	1	1	1	1	1	1	1	1	1	0
0	0	×	×	×	×	×	×	×	0	0	0	0	1
0	1	0	×	×	×	×	×	×	0	0	1	0	1
0	1	1	0	×	×	×	×	×	0	1	0	0	1
0	1	1	1	0	×	×	×	×	0	1	1	0	1
0	1	1	1	1	0	×	×	×	1	0	0	0	1
0	1	1	1	1	1	0	×	×	1	0	1	0	1
0	1	1	1	1	1	1	0	×	1	1	0	0	1
0	1	1	1	1	1	1	1	0	1	1	1	0	1

图3.49 74LS148 逻辑图

表3-24 综合应用4真值表

A	B	C	D	L_1	L_2	L_3	L_4
1	×	×	×	1	0	0	0
0	1	×	×	0	1	0	0
0	0	1	×	0	0	1	0
0	0	0	1	0	0	0	1
0	0	0	0	0	0	0	0

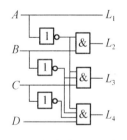

图3.50 综合应用3逻辑图

由表3-24可得 $L_1=A$，$L_2=\overline{A} \cdot B$，$L_3=\overline{A} \cdot \overline{B} \cdot C$，$L_4=\overline{A} \cdot \overline{B} \cdot \overline{C} \cdot D$。

由上式可得出用门电路实现题目要求的电路如图3.50所示。将表3-24与表3-23对照可知，在74LS148中 $\overline{I_7} \sim \overline{I_4}$ 接1，$\overline{I_3}$ 接 $\overline{A}$，$\overline{I_2}$ 接 $\overline{B}$，$\overline{I_1}$ 接 $\overline{C}$，$\overline{I_0}$ 接 $\overline{D}$，$L_1=\overline{Y_1}\,\overline{Y_0}\,Y_S$，$L_2=\overline{Y_1}\,\overline{Y_0}\,Y_S$，$L_3=\overline{Y_1}\,\overline{Y_0}\,Y_S$，$L_4=\overline{Y_1}\,\overline{Y_0}\,Y_S$，所以，用74LS148实现的电路如图3.51所示。

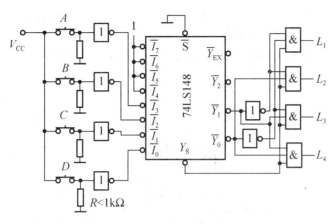

图 3.51 用 74LS148 实现的电路

【综合应用 4】人的血型有 A、B、AB、O 4 种。输血时输血者的血型与受血者血型必须符合图 3.52(a)中用箭头指示的授受关系。试用数据选择器设计一个逻辑电路,判断输血者与受血者的血型是否符合上述规定。(提示:可以用两个逻辑变量的 4 种取值表示输血者的血型,用另外两个逻辑变量的 4 种取值表示受血者的血型。)

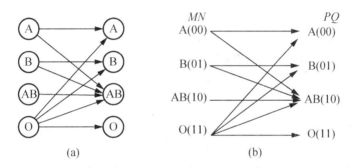

图 3.52 血型授受关系

解:以 MN 的 4 种状态组合表示输血者的 4 种血型,并以 PQ 的 4 种状态组合表示受血者的 4 种血型,如图 3.52(b)所示。用 Z 表示判断结果,$Z=0$ 表示符合图 3.52(a)要求,$Z=1$ 表示不符合要求。据此可列出表示 Z 与 M、N、P、Q 之间逻辑关系的真值表,见表 3-25。

表 3-25 综合应用 4 真值表

M	N	P	Q	Z	M	N	P	Q	Z
0	0	0	0	0	1	0	0	0	1
0	0	0	1	1	1	0	0	1	1
0	0	1	0	0	1	0	1	0	0
0	0	1	1	1	1	0	1	1	1
0	1	0	0	1	1	1	0	0	0
0	1	0	1	0	1	1	0	1	1
0	1	1	0	0	1	1	1	0	0
0	1	1	1	1	1	1	1	1	0

从真值表写出逻辑式为

$$Z = \overline{MN}PQ + \overline{M}NPQ + \overline{M}N\,\overline{P}\,\overline{Q} + \overline{M}NPQ + M\,\overline{N}\,\overline{P}\,\overline{Q} + M\,\overline{N}\,\overline{P}Q + M\,\overline{N}PQ$$
$$= \overline{MN}\,\overline{P} \cdot Q + \overline{M}\,\overline{N}\,P \cdot Q + \overline{M}N\,\overline{P} \cdot \overline{Q} + \overline{M}NP \cdot Q + M\,\overline{N}\,\overline{P} \cdot 1 + M\,\overline{N}P \cdot Q +$$
$$MN\,\overline{P} \cdot 0 + MNP \cdot 0$$

令 $A_2 = M$，$A_1 = N$，$A_0 = P$，并使 $D_0 = D_1 = D_3 = D_5 = Q$，$D_2 = \overline{Q}$，$D_4 = 1$，$D_6 = D_7 = 0$，则可得到图 3.53 所示逻辑电路。

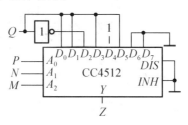

图 3.53 逻辑电路

技能实训 2　组合逻辑电路的功能分析

1. 实训目的

（1）学会组合逻辑电路的分析方法。

（2）验证半加器、全加器的逻辑功能。

2. 实训仪器及设备

（1）数字逻辑实训台。

（2）万用表两只。

（3）元器件：74LS00、74LS20、74LS55、74LS86 各 1 块，电阻及导线若干。

3. 实训电路图

实训电路图如图 3.54 所示。

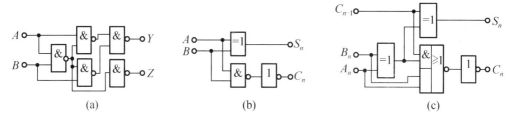

(a)　　　　　(b)　　　　　(c)

图 3.54 实训线路图

4. 实训内容

（1）测试用与非门构成的电路的逻辑功能。按图 3.54(a)所示接线。按表 3-26 要求输入信号，测出相应的输出逻辑电平，并填入表 3-26 中。分析电路的逻辑功能，写出逻辑表达式。

(2) 测试用异或门和与门组成的电路的逻辑功能。按图 3.54(b) 所示接线。按表 3-27 要求输入信号，测出相应的输出逻辑电平，并填入表 3-27 中。分析电路的逻辑功能，写出逻辑表达式。

表 3-26 真值记录表

A	B	Y	Z
0	0		
0	1		
1	0		
1	1		

表 3-27 真值记录表

A	B	S_n	C_n
0	0		
0	1		
1	0		
1	1		

(3) 测试用异或门、非门和与或非门组成的电路的逻辑功能。按图 3.54(c) 所示接线。按表 3-28 要求输入信号，测出相应的输出逻辑电平，并填入表 3-28 中。分析电路的逻辑功能，写出逻辑表达式。

表 3-28 真值记录表

A_n	B_n	C_{n-1}	S_n	C_n
0	0	0		
0	0	1		
0	1	0		
0	1	1		
1	0	0		
1	0	1		
1	1	0		
1	1	1		

5. 实训报告

(1) 画出实训电路，写出实训过程。
(2) 列出实训表格，记录实训数据。
(3) 总结用实训来分析组合逻辑电路功能的方法。

技能实训 3 数据选择器及其应用

1. 实训目的

(1) 进一步熟悉用实验来分析组合逻辑电路功能的方法。
(2) 了解中规模集成电路 8 选 1 数据选择器 74LS151 的应用。
(3) 了解组合逻辑电路由小规模集成电路设计和由中规模集成电路设计的不同特点。

2. 实训仪器及设备

（1）数字逻辑实验箱 1 台。

（2）万用表 1 只。

（3）元器件：74LS00、74LS04 各 1 块，74LS20、74LS151 各 1 块，导线若干。

3. 实训线路图

实训线路图如图 3.55 所示。

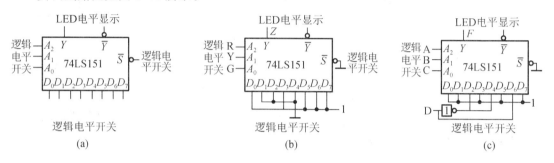

图 3.55　实训线路图

4. 实训内容

（1）利用数字逻辑实验台（箱）测试 74LS1518 选 1 数据选择器的逻辑功能，按图 3.55(a) 所示接线，将实训结果记录在表 3-29 中。

表 3-29　实训结果记录表

选择	地址输入			数据输入								输出	
$\bar{S}$	A_2	A_1	A_0	D_0	D_1	D_2	D_3	D_4	D_5	D_6	D_7	Y	$\bar{Y}$
1	×	×	×	×	×	×	×	×	×	×	×		
0	0	0	0	D_0	×	×	×	×	×	×	×		
0	0	0	1	×	D_1	×	×	×	×	×	×		
0	0	1	0	×	×	D_2	×	×	×	×	×		
0	0	1	1	×	×	×	D_3	×	×	×	×		
0	1	0	0	×	×	×	×	D_4	×	×	×		
0	1	0	1	×	×	×	×	×	D_5	×	×		
0	1	1	0	×	×	×	×	×	×	D_6	×		
0	1	1	1	×	×	×	×	×	×	×	D_7		

（2）交通灯红灯用 R、黄灯用 Y、绿灯用 G 表示，灯亮为 1，灯灭为 0。只有当其中一只灯亮时为正常 $Z=0$，其余状态均为故障 $Z=1$。该交通灯故障报警电路，如图 3.55(b) 所示，接线并检查电路的逻辑功能，将结果记录在表 3-30 中，写出逻辑函数表达式。

（3）有一密码电子锁，锁上有 4 个锁孔 A、B、C、D，按下为 1，否则为 0，当按下 A 和 B、或 A 和 D、或 B 和 D 时，再插入钥匙，锁即打开。若按错了键孔，当插入钥匙时,锁打不开,并发出报警信号,有警为1,无警为0。设计出电路如图3.55(c)所示,按图接线并检查电路的逻辑功能,列出表述其功能的真值表,见表3-31。记录实训数据,观察数据是否与真值表一致,写出逻辑函数表达式。

表3-30 实训结果记录表

R	Y	G	Z
0	0	0	
0	0	1	
0	1	0	
0	1	1	
1	0	0	
1	0	1	
1	1	0	
1	1	1	

表3-31 实训数据表

A	B	C	D	F	A	B	C	D	F
0	0	0	0	1	1	0	0	0	1
0	0	0	1	1	1	0	0	1	0
0	0	1	0	1	1	0	1	0	1
0	0	1	1		1	0	1	1	
0	1	0	0		1	1	0	0	0
0	1	0	1	0	1	1	0	1	1
0	1	1	0	1	1	1	1	0	1
0	1	1	1	1	1	1	1	1	1

5. 实训报告

(1) 画出实训电路,写出实训过程。

(2) 列出实训表格,记录实训数据。

(3) 总结用中规模集成电路设计逻辑函数的特点。

技能实训4 译码器及其应用

1. 实训目的

(1) 掌握二进制译码器的逻辑功能和特点。

(2) 掌握译码器和数码管显示器的原理和应用。

2. 实训设备

(1) 数字电路实验台(箱)。

(2) 集成电路:双2线-4线译码器74LS139 1片,译码驱动器74LS248 1片,共阴极数码管LC5011—11 1个。

3. 实训内容及步骤

1) 译码器实训

(1) 验证译码器的功能。译码器74LS139的实训电路如图3.56所示。按图连接电路,按照表3-32的要求在输入端 E、A、B 加上逻辑信号,观察LED输出 $Y_0 \sim Y_3$ 的状态并将实训结果填入表3-32中。

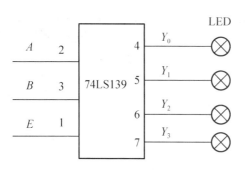

图 3.56 译码器实训电路

表 3-32 实训真值表

输		入	输		出	
E	B	A	Y_0	Y_1	Y_2	Y_3
1	×	×				
0	0	0				
0	0	1				
0	1	0				
0	1	1				

(2) 译码器的扩展。用 74LS139 的两个 2 线-4 线译码器可以扩展为一个 3 线-8 线译码器。按图 3.57 所示连接逻辑电路,K_1、K_2 和 K_3 是逻辑电平开关,通过输出端的 LED 观察输出结果,并将结果填入表 3-33 中。

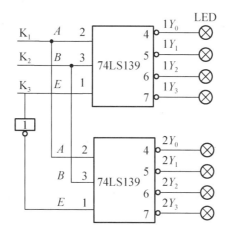

图 3.57 译码器的扩展电路

表 3-33 译码扩展后功能

输		入	输				出			
K_3	K_2	K_1	$1Y_0$	$1Y_1$	$1Y_2$	$1Y_3$	$2Y_0$	$2Y_1$	$2Y_2$	$2Y_3$
0	0	0								
0	0	1								
0	1	0								
0	1	1								
1	0	0								
1	0	1								
1	1	0								
1	1	1								

2) 译码显示电路实训

(1) 译码显示实训电路如图 3.58 所示，74LS248 的译码输出端接共阴极数码管对应的段。为了检查数码显示器的好坏，使 $\overline{LT}=0$，其余为任意状态，这时数码管各段全部点亮，否则数码管是坏的。再用一根导线将 $\overline{BI/RBO}$ 接地，这时如果数码管全灭，说明译码显示是好的。

(2) 在图 3.58 中将 74LS248 的 D、C、B、A 分别接数据开关，$\overline{LT}$、$\overline{RBI}$ 和 $\overline{BI/RBO}$ 分别接逻辑高电平。改变数据开关的逻辑电平，在不同的输入状态下，将从数码管观察到的字型填入表 3-34 中。

(3) 使 $\overline{LT}=1$，$\overline{BI/RBO}$ 接一个发光二极管，在 $\overline{RBI}$ 为 1 和 0 的情况，使数码开关的输出为 0000，观察灭零功能。

表 3-34 译码显示电路结果

输入				输出字型
D	C	B	A	

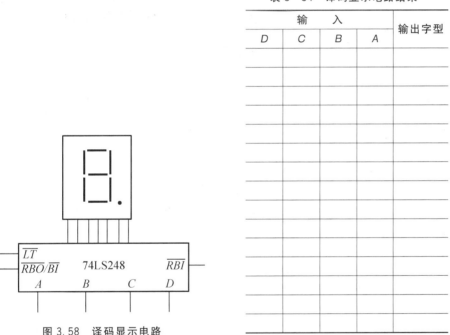

图 3.58 译码显示电路

4. 实训报告要求

(1) 画出实训的逻辑电路。

(2) 按表格形式整理实训数据。

(3) 从集成电路手册查出 74LS138 的功能表，说明它与 74LS139 的主要区别。

课 题 小 结

(1) 组合逻辑电路的特点是电路任一时刻的输出状态只决定于该时刻各输入状态的组合，而与电路的原状态无关。组合电路就是由门电路组合而成，电路中没有记忆单元，没有反馈通路。

(2) 组合逻辑电路的分析步骤为：写出各输出端的逻辑表达式→化简和变换逻辑表达

式→列出真值表→确定功能。

（3）组合逻辑电路的设计步骤为：根据设计要求列出真值表→写出逻辑表达式（或填写卡诺图）→逻辑化简和变换→画出逻辑图。

（4）常用的中规模组合逻辑器件包括编码器、译码器、数据选择器、数值比较器、加法器等。为了增加使用的灵活性和便于功能扩展，在多数中规模组合逻辑器件中都设置了输入、输出使能端或输入、输出扩展端。它们既可控制器件的工作状态，又便于构成较复杂的逻辑系统。

（5）本课题介绍的组合逻辑器件除了具有其基本功能外，还可用来设计组合逻辑电路。应用中规模组合逻辑器件进行组合逻辑电路设计的一般原则是：使用 MSI 芯片的个数和品种型号应最少，芯片之间的连线应最少。

（6）用 MSI 芯片设计组合逻辑电路最简单和最常用的方法是：用数据选择器设计多输入、单输出的逻辑函数；用二进制译码器设计多输入、多输出的逻辑函数。

思考与练习

3.1 试分析图 3.59 中各组合逻辑电路的逻辑功能。

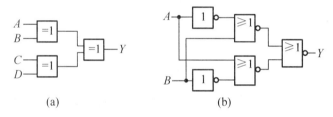

图 3.59 题 3.1 电路图

3.2 写出图 3.60 所示电路的逻辑表达式，并说明电路实现哪种逻辑门的功能。

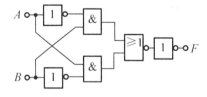

图 3.60 题 3.2 电路图

3.3 已知图 3.61 所示电路及输入 A、B 的波形，试画出相应的输出波形 F，不考虑门的延迟时间。

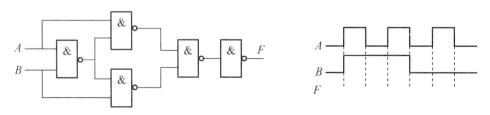

图 3.61 题 3.3 电路图

3.4 由与非门构成的某表决电路如图 3.62 所示,其中 A、B、C、D 表示 4 个人,$L=1$ 时表示决议通过。

(1) 试分析电路,说明决议通过的情况有几种?

(2) 分析 A、B、C、D4 个人中,谁的权利最大?

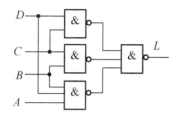

图 3.62 题 3.4 电路图

3.5 分析图 3.63 所示逻辑电路,已知 S_1、S_0 为功能控制输入,A、B 为输入信号,L 为输出,分析电路所具有的功能。

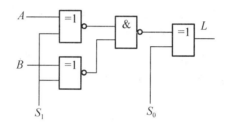

图 3.63 题 3.5 电路图

3.6 试分析图 3.64 所示电路的逻辑功能。

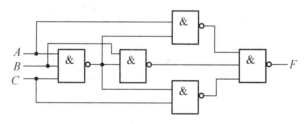

图 3.64 题 3.6 电路图

3.7 设 $F(A,B,C,D)=\sum m(2,4,8,9,10,12,14)$,要求用最简单的方法实现最简单的电路。

(1) 用与非门实现。

(2) 用或非门实现。

(3) 用与或非门实现。

3.8 设计一个由 3 个输入端、1 个输出端组成的判奇电路,其逻辑功能为:当奇数个输入信号为高电平时,输出为高电平,否则为低电平。要求画出真值表和电路图。

3.9 试设计一个 8421 BCD 码的检码电路。要求当输入量 $DCBA \leqslant 4$ 或 $\geqslant 8$ 时,电路输出 L 为高电平,否则为低电平。用与非门设计该电路。

3.10 一个组合逻辑电路有两个功能选择输入信号 C_1、C_0,A、B 作为其两个输入变量,F 为电路的输出。当 C_1C_0 取不同组合时,电路实现如下功能。

(1) $C_1C_0=00$ 时,$F=A$。

(2) $C_1C_0=01$ 时,$F=A\oplus B$。

(3) $C_1C_0=10$ 时,$F=AB$。

(4) $C_1C_0=11$ 时,$F=A+B$。

试用门电路设计符合上述要求的逻辑电路。

3.11 用红、黄、绿 3 个指示灯表示 3 台设备的工作情况:绿灯亮表示全部正常;红灯亮表示有 1 台不正常;黄灯亮表示两台不正常;红黄灯全亮表示 3 台都不正常。列出控制电路真值表,并选用合适的集成电路来实现。

3.12 试用 8 线-3 线优先编码器 74LS148 连成 32 线-5 线优先编码器。

3.13 4 线-16 线译码器 74LS154 接成如图 3.65 所示电路。图中 S_0、S_1 为选通输入端,芯片译码时,S_0、S_1 同时为 0,芯片才被选通,实现译码操作。芯片输出端为低电平有效。

(1) 写出电路的输出函数 $F_1(A,B,C,D)$ 和 $F_2(A,B,C,D)$ 的表达式,并分析当 $ABCD$ 为何种取值时,函数 $F_1=F_2=1$。

(2) 若要用 74LS154 芯片实现两个二位二进制数 A_1A_0、B_1B_0 的大小比较电路,即 $A>B$ 时,$F_1=1$;$A<B$ 时,$F_2=1$,试画出其接线图。

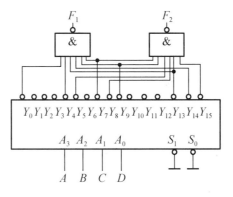

图 3.65 题 3.13 电路图

3.14 用 74LS138 译码器构成如图 3.66 所示电路,写出输出 F 的逻辑表达式,列出真值表并说明电路功能。

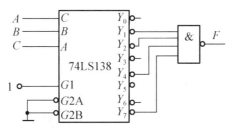

图 3.66 题 3.14 电路图

3.15 试用 3 线-8 线译码器 74LS138 设计一个能对 32 个地址进行译码的译码器。

3.16 已知某仪器面板有 10 只 LED 构成的条式显示器,它受 8421 BCD 码驱动,经译码而点亮，如图3.67所示。当输入$DCBA=0111$时，试说明该条式显示器点亮的情况。

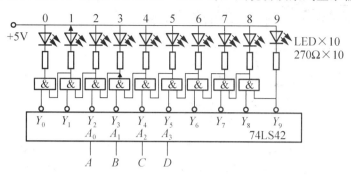

图3.67　题3.16电路图

3.17　74LS138芯片构成的数据分配器电路和脉冲分配器电路如图3.68所示。
(1) 图(a)电路中，数据从G_1端输入，分配器的输出端得到的是什么信号？
(2) 图(b)电路中，G_{2A}端加脉冲，芯片的输出端应得到什么信号？

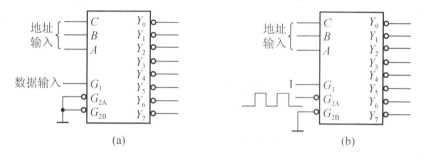

图3.68　题3.17电路图

3.18　用8选1数据选择器74LS151构成如图3.69所示电路。
(1) 写出输出F的逻辑表达式。
(2) 用与非门实现该电路。
(3) 用译码器74LS138和与非门实现该电路。

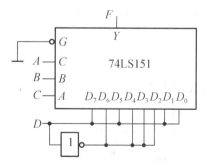

图3.69　题3.18电路图

3.19　用译码器实现下列逻辑函数，画出连线图。
(1) $Y_1 = \sum m(3, 4, 5, 6)$。
(2) $Y_2 = \sum m(1, 3, 5, 9, 11)$。

(3) $Y_3 = \sum m(2, 6, 9, 12, 13, 14)$。

3.20 试用 74LS151 数据选择器实现逻辑函数。

(1) $F_1(A, B, C) = \sum m(1, 2, 4, 7)$。

(2) $F_2(A, B, C, D) = \sum m(1, 5, 6, 7, 9, 11, 12, 13, 14)$。

(3) $F_3(A, B, C, D) = \sum m(0, 2, 3, 5, 6, 7, 8, 9) + \sum d(10, 11, 12, 13, 14, 15)$。

3.21 试用中规模器件设计一个并行数据监测器,当输入 4 位二进制码中有奇数个 1 时,输出 F_1 为 1;当输入的这 4 位二进码是 8421 BCD 码时,F_2 为 1,其余情况 F_1、F_2 均为 0。

3.22 四位超前进位全加器 74LS283 组成如图 3.70 所示电路,分析电路,说明在下述情况下电路输出 CO 和 $S_3S_2S_1S_0$ 的状态。

(1) $K=0$,$A_3A_2A_1A_0=0101$,$B_3B_2B_1B_0=1001$。

(2) $K=0$,$A_3A_2A_1A_0=0111$,$B_3B_2B_1B_0=1101$。

(3) $K=1$,$A_3A_2A_1A_0=1011$,$B_3B_2B_1B_0=0110$。

(4) $K=1$,$A_3A_2A_1A_0=0101$,$B_3B_2B_1B_0=1110$。

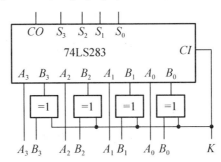

图 3.70 题 3.22 电路图

3.23 试用一片加法器 74LS283,如图 3.71 所示,将余 3 码转换为 8421 BCD 码。

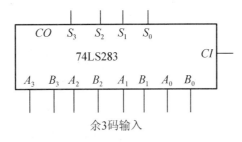

图 3.71 题 3.23 电路图

3.24 判断下列各逻辑函数中,哪些存在冒险现象。

(1) $F(A, B, C, D) = \overline{A}D + A\overline{B} + \overline{A}BC$。

(2) $F(A, B, C, D) = \overline{A}D + A\overline{B} + BC\overline{D}$。

(3) $F(A, B, C, D) = \overline{A}D + C\overline{D} + \overline{A}C$。

(4) $F(A, B, C, D) = \overline{A}D + A\overline{B}C + AB\overline{C}$。

3.25 TTL 或非门组成的电路如图 3.72 所示。

(1) 分析电路在什么时刻可能出现冒险现象？

(2) 用增加冗余项的方法来消除冒险，电路应该怎样修改？

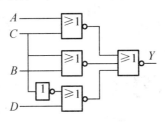

图 3.72　题 3.25 电路图

课题 4

集成触发器及其应用

知识目标	了解基本触发器、主从触发器、边沿触发器的电路结构特点、工作原理和触发方式；熟悉边沿触发器的特点及抗干扰能力强的原因；掌握 RS、JK、D 触发器的特点、逻辑功能及其特性方程
技能目标	了解触发器主要参数，掌握各种不同功能触发器相互转换的方法，熟悉触发器的典型应用

课题描述

门电路是组合逻辑电路的基本单元，时序逻辑电路的基本单元则是本课题介绍的触发器(Flip Flop，FF)。形象地说，它具有"一触即发"的功能。它有双稳态、单稳态和无稳态触发器(多谐振荡器)等几种。本课题所介绍的是双稳态触发器。

双稳态触发器是数字逻辑电路中一种重要的单元电路，它在一定的条件下，可以维持两个稳定状态(0 或 1)之一而保持不变，但在一定的外加信号作用下，触发器又可从一种稳定状态转换成另一种稳定状态(1→0 或 0→1)，因此触发器可记忆二进制的 0 或 1，被用作二进制信息的存储单元，在数字系统和计算机中有着广泛的运用。

触发器种类很多,根据逻辑功能的不同,触发器可以分为 RS 触发器、JK 触发器、D 触发器、T 和 T′触发器;按结构不同分为基本、同步、主从和维持阻塞型触发器等;按触发工作方式不同分为电平触发器和边沿触发器;根据是否受时钟控制分为基本触发器和钟控触发器。

触发器有 3 个基本特性:

(1) 有两个稳态(0 或 1),无外触发信号时可维持稳态。

(2) 在外触发信号作用下,两个稳态可相互转换(称翻转)。

(3) 有两个互补输出端。

4.1 基本 RS 触发器

4.1.1 基本 RS 触发器的结构组成和工作原理

1. 电路结构

基本 RS 触发器是一种最简单的触发器,是构成各种触发器的基础。它由两个与非门(或者或非门,如图 4.2 所示)的输入和输出交叉连接而成,如图 4.1 所示。它有两个输入端 $\overline{R}$ 和 $\overline{S}$(字母上面横线表示低电平有效);$\overline{R}$ 为复位端(即 Reset),当 $\overline{R}$ 有效时,Q 变为 0,也称 $\overline{R}$ 为置 0 端;$\overline{S}$ 为置位端(即 Set),当 $\overline{S}$ 有效时,Q 变为 1,称 $\overline{S}$ 为置 1 端;还有两个互补输出端 Q 和 $\overline{Q}$,当 $Q=1$,$\overline{Q}=0$,反之亦然。

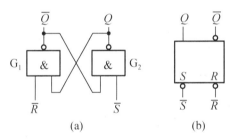

图 4.1 用与非门构成的基本 RS 触发器
(a)逻辑图　(b)逻辑符号

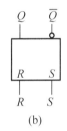

图 4.2 用或非门构成的基本 RS 触发器
(a)逻辑图　(b)逻辑符号

2. 基本工作原理

1) 具有两个稳定的状态

以 Q 输出端的状态为触发器的状态,如 $Q=1(\overline{Q}=0)$ 时称触发器为 1 状态,$Q=0(\overline{Q}=1)$ 时称触发器为 0 状态。

在接通电源以后,如果 $\overline{R}=\overline{S}=1$,此时触发器若处于 1 状态,那么这个状态一定是稳定的。因为 $Q=1$,门 G_1 输入信号都是 1,则 $\overline{Q}=0$,门 G_2 输入端有 0,所以 $Q=1$,即这个状态是稳定的。同理,如果触发器处于 0 态,那么这个状态在输入端不加低电平信号时也是稳定的。

触发器在未接收低电平输入信号时,一定处于两个状态中的一个状态,无论处于哪个状态都是稳定的,即触发器具有两个(双)稳态。

2) 在输入低电平信号作用下，触发器可以从一个稳态转换到另一个稳态

假定触发器的原始稳定状态（称为初态）Q 为 1，当 $\overline{R}=0$，$\overline{S}=1$ 时，门 G_1 因输入端有 0 而使 $\overline{Q}$ 由 0 变 1，使门 G_2 输入端全为 1，Q 则由 1 翻转为 0。

触发器的原始稳定状态 Q 为 0 时，当 $\overline{R}=1$，$\overline{S}=0$ 时，门 G_2 因输入端有 0 而使 Q 由 0 变 1，使门 G_1 输入端全为 1，$\overline{Q}$ 则由 1 翻转为 0。

对于上述两种情况，当 $\overline{R}=\overline{S}=1$ 时，触发器翻转后的状态保持不变，即原来的状态被触发器存储起来，这说明触发器具有记忆能力。

$\overline{R}=0$、$\overline{S}=0$ 时，$Q=\overline{Q}=1$，不符合触发器的逻辑关系。并且由于与非门延迟时间不可能完全相等，在两输入端的 0 同时撤除后，将不能确定触发器是处于 1 状态还是 0 状态。所以触发器不允许出现这种情况，这就是基本 RS 触发器的约束条件。

3. 用或非门组成的基本 RS 触发器

在数字电路中，凡根据输入信号 R、S 情况的不同，具有置 0、置 1 和保持功能的电路，都称为 RS 触发器。除了用与非门构成 RS 触发器外，也可用或非门构成，如图 4.2 所示。它与图 4.1 所示电路功能是一样的，只不过输入端触发信号高电平有效，用 R、S 表示；在逻辑符号中输入端上也不画小圆圈。

4. 常用的集成 RS 触发器

常用的集成 RS 触发器芯片有 74LS279 和 CC4044 等，图 4.3 所示为它们的管脚排列图。

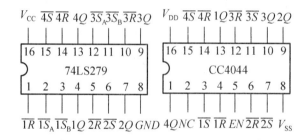

图 4.3　集成 RS 触发器芯片

4.1.2　逻辑功能的表示方法

触发器有两个稳定状态。设 Q^n 为触发器的原状态（现态），即触发信号输入前的状态；Q^{n+1} 为触发器的新状态（次态），即触发信号输入后的状态。其功能可采用真值表、驱动表、特性方程、状态图及波形图来描述。

1. 真值表

真值表以表格的形式反映了触发器从现态 Q^n 向次态 Q^{n+1} 转移的规律，见表 4-1。

该触发器有置 0、置 1、保持功能，$\overline{R}$ 与 $\overline{S}$ 均为低电平有效，当 $\overline{R}$ 与 $\overline{S}$ 均为低电平时，输出状态不定。

表 4-1　真值表

$\overline{R}$	$\overline{S}$	Q^n	Q^{n+1}	功　　能
0	0	0	不用	不允许
0	0	1	不用	
0	1	0	0	$Q^{n+1}=0$
0	1	1	0	置 0
1	0	0	1	$Q^{n+1}=1$
1	0	1	1	置 1
1	1	0	0	$Q^{n+1}=Q^n$
1	1	1	1	保持

2. 特性方程

触发器的特性方程就是触发器次态 Q^{n+1} 与输入及现态 Q^n 之间的逻辑关系式。根据表 4-1 画出卡诺图如图 4.4 所示，化简得

$$\begin{cases} Q^{n+1}=\overline{(\overline{S})}+\overline{R}Q^n=S+\overline{R}Q^n \\ RS=0 \quad \text{约束条件} \end{cases} \quad (4.1)$$

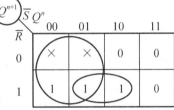

图 4.4　卡诺图

由于基本 RS 触发器不允许输入同时为低电平，所以加一个约束条件。

3. 状态图

状态图可直观反映出触发器状态转换条件与状态转换结果之间的关系，是时序逻辑电路分析中的重要工具之一，如图 4.5 所示。图中圆圈表示状态的个数，箭头表示状态转换的方向，箭头线上标注的触发信号取值表示状态转换的条件。

4. 驱动表

驱动表是用表格的方式表示触发器从一个状态变化到另一个状态或保持原状态不变时对输入信号的要求，见表 4-2。

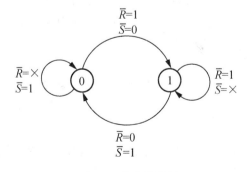

图 4.5　状态转换图

表 4-2　RS 触发器的驱动表

$Q^n \rightarrow$	Q^{n+1}	R	S
0	0	×	0
0	1	0	1
1	0	1	0
1	1	0	×

5. 时序(波形)图

反映触发器输入信号取值和状态之间对应关系的线段图形称为时序(波形)图，如图 4.6 所示，画图时应根据真值表来确定各个时间段 Q 与 $\overline{Q}$ 的状态。

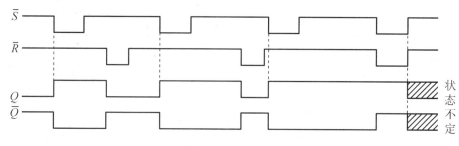

图 4.6 时序波形图

4.1.3 基本触发器的特点

通过以上分析可知，基本触发器具有以下几个特点：

(1) 触发器的次态不仅与输入信号状态有关，而且与触发器的现态有关。
(2) 电路具有两个稳定状态，在无外来触发信号作用时，电路将保持原状态不变。
(3) 在外加触发信号有效时，电路可以触发翻转，实现置 0 或置 1。
(4) 在稳定状态下两个输出端的状态必须是互补关系，即有约束条件。
(5) 由于反馈线的存在，无论是复位还是置位，有效信号只需要作用很短的一段时间，即"一触即发"。
(6) R 为复位输入端，S 为置位输入端，可以是低电平有效，也可以是高电平有效，取决于触发器的结构。
(7) 有复位($Q=0$)、置位($Q=1$)、保持原状态 3 种功能。在数字电路中，凡根据输入信号 R、S 情况的不同，具有置 0、置 1 和保持功能的电路，都称为 RS 触发器。

4.2 同步触发器

基本 RS 触发器属于无时钟触发器，它的特点是：当输入的置 0 或置 1 信号一出现，输出状态就可能随之而发生变化。触发器状态的转换没有一个统一的节拍，这在数字系统中会带来许多的不便。在实际使用中，往往要求触发器按一定的节拍动作，于是产生了同步式触发器，它属于时钟触发器。这种触发器有两种输入端：一种是决定其输出状态的信号输入端(如 RS 触发器的 R 端和 S 端)；另一种是决定其动作时间的时钟脉冲(Clock Pulse)输入端，简称 CP 输入端。同步时钟 RS 触发器是其结构中最简单的一种。

具有时钟脉冲输入端的触发器称为时钟触发器。同步 RS 触发器的状态变化不仅取决于输入信号的变化，还受时钟脉冲 CP 的控制。

4.2.1 同步 RS 触发器

1. 同步 RS 触发器的电路结构

同步 RS 触发器由基本 RS 触发器和用来引入 R、S 及时钟脉冲 CP 的两个与非门构成，如图 4.7 所示。

同步 RS 触发器的状态转换分别由 R、S 和 CP 控制，其中，R、S 控制状态转换的方向，CP 控制状态转换的时刻。

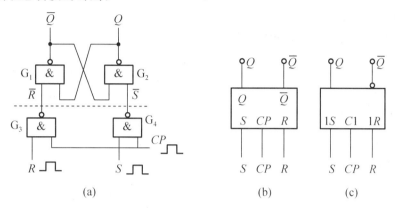

图 4.7　同步 RS 触发器
(a)逻辑图　　(b)曾用逻辑符号　　(c)国标逻辑符号

2. 同步 RS 触发器基本工作原理

(1) 当 $CP=0$ 时，G_3、G_4 与非门各有一个低电平输入，其输出均为高电平，即由 G_1、G_2 两个与非门构成的基本 RS 触发器的状态 Q(G_2 门的输出端)保持不变，同步 RS 触发器不动作。因此状态无法改变，为保持功能。

(2) 当 $CP=1$ 时，G_3、G_4 与非门的一个输入端为高电平，相当于非门，输入端 R、S 通过反相后作用在基本 RS 触发器上，整个电路就等效为一个基本 RS 触发器。

3. 同步 RS 触发器逻辑功能描述

同步 RS 触发器的输入、输出之间的逻辑关系见表 4-3，时序图如图 4.8 所示。

表 4-3　同步 RS 触发器的真值表

CP	R	S	Q^n	Q^{n+1}	功　　能
0	×	×	×	Q^n	$Q^{n+1}=Q^n$ 保持
1	0	0	0	0	$Q^{n+1}=Q^n$ 保持
1	0	0	1	1	
1	0	1	0	1	$Q^{n+1}=1$ 置 1
1	0	1	1	1	
1	1	0	0	0	$Q^{n+1}=0$ 置 0
1	1	0	1	0	
1	1	1	0	不用	不允许
1	1	1	1	不用	

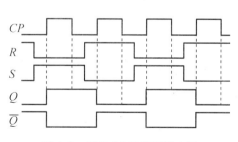

图 4.8　同步 RS 触发器时序图

由真值表可得到特性方程。

$$\begin{cases} Q^{n+1}=S+\overline{R}Q^n \\ RS=0 \end{cases}　　CP=1 期间有效 \qquad (4.2)$$

同步 RS 触发器主要特点如下：

（1）时钟电平控制。在 $CP=1$ 期间接收输入信号，$CP=0$ 时状态保持不变，与基本 RS 触发器相比，对触发器状态的转变增加了时间控制。

（2）R、S 之间有约束。不允许出现 R 和 S 同时为 1 的情况，否则会使触发器处于不确定的状态。

4.2.2 同步 D 触发器

1. 电路结构及工作原理

若在 RS 触发器的输入端增加一个非门，则自动满足约束条件，如图 4.9(a) 所示。这种触发器称为同步 D 触发器，逻辑符号图如图 4.9(b) 所示。

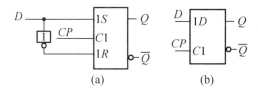

图 4.9 同步 D 触发器
(a) 逻辑图　　(b) 逻辑符号

2. D 触发器逻辑功能描述

由图 4.9 可知，将 $S=D$、$R=\overline{D}$ 代入 RS 触发器特性方程，便可得到 D 触发器特性方程

$$Q^{n+1}=D \tag{4.3}$$

由 D 触发器特性方程便可得到其真值表，见表 4-4。$CP=1$ 时，触发器的状态随输入信号 D 而改变；$CP=0$ 时，触发器状态保持不变。

表 4-4 D 触发器真值表

CP	D	Q^n	Q^{n+1}	说　明
0	×	0	0	状态不变
	×	1	1	
1	0	0	0	清 0
	0	1	0	
	1	0	1	置 1
	1	0	1	

由 D 触发器真值表便可得到其状态转换图如图 4.10 所示，时序图如图 4.11 所示。

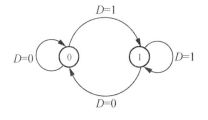

图 4.10 D 触发器状态转换图

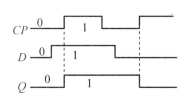

图 4.11 D 触发器时序图

4.2.3 同步 JK 触发器

1. 电路结构及工作原理

同步 JK 触发器有两个输入控制端 J 和 K。将 RS 触发器输出交叉引回到输入，使 $S=J\overline{Q^n}$，$R=KQ^n$ 便可得到同步 JK 触发器，如图 4.12 所示。由于 Q 端和 $\overline{Q}$ 端总是互补的，因此图 4.12 中 G_1、G_2 门的输出不存在同时为 0 的情况，消去了不稳定状态。

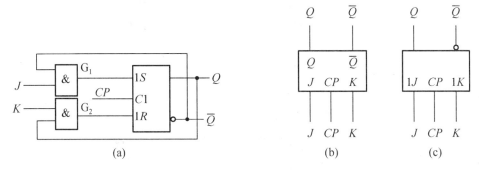

图 4.12 同步 JK 触发器
(a)逻辑图　(b)曾用逻辑符号　(c)国标逻辑符号

2. 同步 JK 触发器逻辑功能描述

由图 4.12 可知，将 $S=J\overline{Q^n}$、$R=KQ^n$ 代入 RS 触发器特性方程，便可得到 JK 触发器特性方程

$$Q^{n+1}=J\overline{Q^n}+\overline{K}Q^n \tag{4.4}$$

由 JK 触发器特性方程便可得到其真值表，见表 4-5。

表 4-5 JK 触发器真值表

CP	J	K	Q^n	Q^{n+1}	说　明
0	×	×	0	0	状态不变
0	×	×	1	1	
1	0	0	0	0	$Q^{n+1}=Q^n$
1	0	0	1	1	
1	0	1	0	0	$Q^{n+1}=0$
1	0	1	1	0	
1	1	0	0	1	$Q^{n+1}=1$
1	1	0	1	1	
1	1	1	0	1	$Q^{n+1}=\overline{Q^n}$
1	1	1	1	0	

由 JK 触发器真值表可得到其状态转换图如图 4.13 所示，时序图如图 4.14 所示。

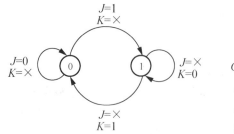
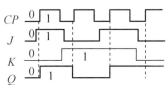

图 4.13 JK 触发器状态转换图　　图 4.14 JK 触发器时序图

4.2.4 同步 T 触发器

在 CP 脉冲的作用下，根据输入信号 T 情况的不同（T 为 1 或为 0），凡是具有保持和翻转功能的触发器都称为 T 触发器。

1. 电路结构及工作原理

将同步 JK 触发器两个输入端连接到一起，作为一个输入端，标为 T，就构成同步 T 触发器，图 4.15(a)、(b)所示为其结构图及符号图。

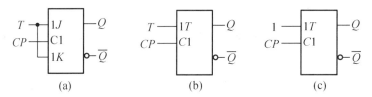

图 4.15 同步 T 触发器
(a)逻辑图　(b)T 触发器逻辑符号　(c)T'触发器逻辑符号

2. 逻辑功能描述

T 触发器的状态方程为

$$Q^{n+1} = \overline{T}Q^n + T\overline{Q^n} = T \oplus Q^n \tag{4.5}$$

T 触发器真值表见表 4-6，状态转换图如图 4.16 所示。

表 4-6　T 触发器真值表

CP	T	Q^n	Q^{n+1}	说　明
0	×	0	0	状态不变
0	×	1	1	
1	0	0	0	$Q^{n+1} = Q^n$
1	0	1	1	
1	1	0	1	$Q^{n+1} = \overline{Q^n}$
1	1	1	0	

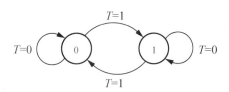

图 4.16　T 触发器状态转换图

3. T′触发器

在 T 触发器基础上如果固定 $T=1$,那么,每来一个 CP 脉冲,触发器状态都将翻转一次,构成计数工作状态,这就是 T′触发器,也称为翻转触发器,如图 4.5(c)所示。其特征方程为

$$Q^{n+1}=\overline{Q}^n \tag{4.6}$$

值得注意的是,在集成触发器产品中不存在 T 和 T′触发器,而是由其他类型的触发器连接成具有翻转功能的触发器,但其逻辑符号可单独存在,以突出其功能特点。

4.2.5 同步触发器存在的问题——空翻

同步 RS 触发器虽然能按一定的时间节拍进行状态动作,但在 $CP=1$ 期间,随着输入信号 R、S 发生变化,同步触发器的状态可能发生两次或两次以上的翻转,这种现象称为空翻。空翻会造成节拍的混乱和系统工作的不稳定,这是同步触发器的一个缺陷。

同步 RS 触发器出现空翻现象有以下两种情况:

(1) 在 $CP=1$ 期间,如果输入端的信号 R、S 再有变化,可能引起输出端 Q 翻转两次或两次以上,如图 4.17 所示。欲保证 $CP=1$ 期间输出只变化 1 次,则要求在 $CP=1$ 期间,不允许 R 和 S 的输入信号发生变化。

(2) 当同步 RS 触发器接成计数状态时,容易发生空翻。所谓计数状态是指触发器对 CP 脉冲进行计数,即触发器在逐个 CP 脉冲作用下,产生 0、1 两个状态间的交替变化,实现二进制计数。这要求每作用一个 CP 脉冲,触发器只允许翻转 1 次,其电路如图 4.18 所示。计数脉冲加于 CP 端,R 和 S 分别由 Q 和 $\overline{Q}$ 反馈自锁,不再外加信号。

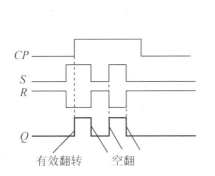

图 4.17 同步 RS 触发器的空翻转现象波形

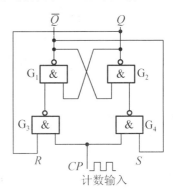

图 4.18 同步 RS 触发器构成的计数器

采用电平触发方式的同步触发器存在"空翻"问题。为确保数字系统的可靠工作,要求触发器在一个 CP 脉冲期间至多翻转一次,即不允许空翻现象的出现。为此,人们研制出了边沿触发方式的主从 JK 触发器和维持阻塞 D 触发器等。这些触发器由于只在时钟脉冲边沿到来时发生翻转,从而有效地抑制了空翻现象。

4.3 主从触发器

主从触发器的特点是:电路由主触发器和从触发器两部分组成,采用主从触发的工作方式。目前广泛使用的是一种主从结构 JK 触发器。其他还有 RS 触发器、D 触发器、T

触发器、T′触发器。

4.3.1 主从 RS 触发器

1. 电路结构

主从 RS 触发器由两个同步 RS 触发器构成,如图 4.19 所示。下面的 4 个与非门 $G_5 \sim G_8$ 构成主触发器。上面的 4 个与非门 $G_1 \sim G_4$ 构成从触发器。加在主触发器上的时钟脉冲 CP 经过门 G_9 反相后再加到从触发器上,即主从两个触发器所要求的时钟脉冲彼此反相。

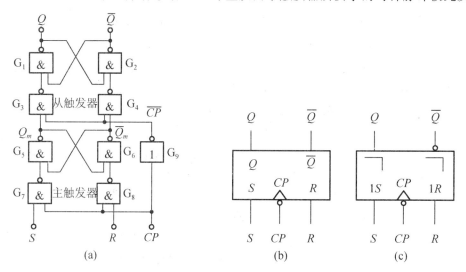

图 4.19 主从 RS 触发器

(a)逻辑图　　(b)曾用逻辑符号　　(c)国标逻辑符号

2. 工作原理

主从触发器的触发翻转分为两个节拍:

1) 接收输入信号过程

$CP=1$ 期间:主触发器控制门 G_7、G_8 打开,接收输入信号 R、S,有

$$\begin{cases} Q_m^{n+1}=S+\overline{R}Q_m^n \\ RS=0 \end{cases} \quad (4.7)$$

从触发器控制门 G_3、G_4 封锁,其状态保持不变。

2) 输出信号过程

CP 下降沿到来时,主触发器控制门 G_7、G_8 封锁,在 $CP=1$ 期间接收的内容被存储起来。同时,从触发器控制门 G_3、G_4 被打开,主触发器将其接收的内容送入从触发器,输出端随之改变状态。在 $CP=0$ 期间,由于主触发器保持状态不变,因此受其控制的从触发器的状态也即 Q、$\overline{Q}$ 的值当然不可能改变。特性方程为

$$\begin{cases} Q^{n+1}=S+\overline{R}Q^n \\ RS=0 \end{cases} \quad CP \text{ 下降沿到来时有效} \quad (4.8)$$

3. 电路特点

主从 RS 触发器采用主从控制结构,从根本上解决了输入信号直接控制的问题,具有

$CP=1$ 期间接收输入信号，CP 下降沿到来时触发翻转的特点。但其仍然存在着约束问题，即在 $CP=1$ 期间，输入信号 R 和 S 不能同时为 1。

4.3.2 主从 JK 触发器

1. 电路结构

主从 RS 触发器虽然避免了空翻现象，但使用时仍有约束条件 $RS=0$。为此，将触发器的两个互补的输出端信号通过两根反馈线分别引到输入端的 G_7、G_8 门，这样，将图 4.19 所示的主从 RS 触发器改接成图 4.20(a)所示的形式，即构成了主从 JK 触发器。从图 4.19 与图 4.20 可知，RS 触发器转换到 JK 触发器的关系式为 $R=KQ$、$S=J\overline{Q}$。

图 4.20(d) 中 $\overline{R_D}$ 和 $\overline{S_D}$ 输入端的圆圈表示低电平有效。而 CP 端的小圆圈表示在 CP 脉冲的后沿(下降沿)才将主触发器的状态传送到从触发器，并确定输出状态。

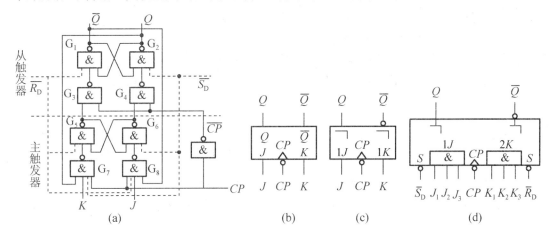

图 4.20 主从 JK 触发器

(a)逻辑图　(b)曾用逻辑符号　(c)国标逻辑符号　(d)与输入主从 JK 触发器的逻辑符号

2. JK 触发器的工作原理

1) $CP=1$ 期间

从触发器因 $\overline{CP}=0$ 被封锁，输出状态保持不变。主触发器由于 $CP=1$ 被触发，其输出次态 Q^{n+1} 随着 JK 触发器输入端的变化而改变。主触发器把 $CP=1$ 时的状态记忆下来，在 CP 下跳沿到来时作为输入状态送入从触发器中。

2) CP 下跳沿到来时

主触发器因 $CP=0$ 被封锁，输出状态保持不变。从触发器由于 $\overline{CP}=1$ 被触发，其输出次态 Q^{n+1} 随着主触发器输出端的变化而改变。显然 JK 触发器在 CP 下跳沿到来时输出状态发生改变，且此状态一直保持到下一个时钟脉冲下跳沿的到来。

3) 异步输入端 $\overline{R_D}$、$\overline{S_D}$

为使用方便，一般集成触发器都设有异步输入端 $\overline{R_D}$、$\overline{S_D}$，低电平有效。$\overline{R_D}$ 为异步清零端，$\overline{S_D}$ 为异步置位端。因这两个输入端不受 CP 的控制，故称为异步输入端。

当 $\overline{S_D}=0(\overline{R_D}=1)$ 时，因 G_2 门输入端有低电平使 $Q=1$，$\overline{Q}=0$；当 $\overline{R_D}=0(\overline{S_D}=1)$ 时，因 G_1 门输入端有低电平使 $\overline{Q}=1$，$Q=0$，实现了异步清零和异步置位。

3. JK 触发器逻辑功能的描述

因 $R=KQ^n$，$S=J\overline{Q^n}$，根据 RS 触发器的特征方程，可得主从 JK 触发器的特征方程为

$$\begin{aligned}Q^{n+1}&=S+\overline{R}Q^n\\&=J\overline{Q^n}+(\overline{K}+\overline{Q^n})Q^n\\&=J\overline{Q^n}+\overline{K}Q^n\end{aligned} \qquad (4.9)$$

由特性方程可得到其真值表，见表 4-7。

表 4-7 主从 JK 触发器真值表

CP	J	K	Q^n	Q^{n+1}	功能说明
⎍	0	0	0	0	保持原状态
⎍	0	0	1	1	
⎍	0	1	0	0	输出状态与 J 状态相同
⎍	0	1	1	0	
⎍	1	0	0	1	输出状态与 J 状态相同
⎍	1	0	1	1	
⎍	1	1	0	1	每输入一个脉冲
⎍	1	1	1	0	输出状态改变一次

状态转换图、时序图分别如图 4.21、图 4.22 所示，驱动表见表 4-8。

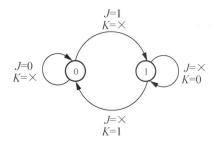

图 4.21 主从 JK 触发器状态转换图

表 4-8 主从 JK 触发器驱动表

$Q^a \to$	Q^{a-1}	J	K
0	0	0	×
0	1	1	×
1	0	×	1
1	1	×	0

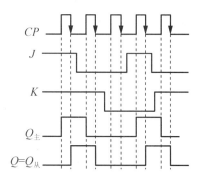

图 4.22 主从 JK 触发器时序图

在画主从触发器的波形图时,应注意以下两点。

(1) 触发器的触发翻转发生在时钟脉冲的触发沿(这里是下降沿)。

(2) 判断触发器次态的依据是时钟脉冲下降沿前一瞬间输入端的状态。

【应用实例 4.1】

已知主从 JK 触发器 J、K 的波形如图 4.23 所示,试画出输出 Q 端的波形图(设初始状态为 0)。

解:首先确定触发器状态翻转沿,如图 4.23 中虚线所示,其次根据下降沿所对应的 J、K 状态代入 JK 触发器特性方程,求出次态。

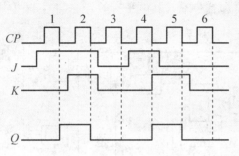

图 4.23 应用实例 4.1 波形图

4. 常用集成 JK 触发器

实际应用中大多采用集成 JK 触发器。常用的集成芯片型号有下降沿触发的双 JK 触发器 74LS112、上升沿触发的双 JK 触发器 CC4027 和共用置 1、清 0 端的 74LS276 四 JK 触发器等。74LS112 双 JK 触发器每片芯片包含两个具有复位、置位端的下降沿触发的 JK 触发器,通常用于缓冲触发器、计数器和移位寄存器电路中,图 4.24 所示为其引脚排列图。芯片型号中含有 74 表示该芯片为 TTL 集成芯片;含有 CC 或 CD 表示该芯片为 CMOS 集成芯片。

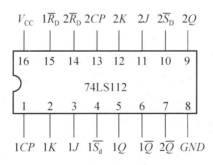

图 4.24 74LS112 引脚排列图

5. 主从 JK 触发器的特点

(1) 主从 JK 触发器采用主从控制结构,从根本上解决了输入信号直接控制的问题,具有 $CP=1$ 期间接收输入信号,CP 下降沿到来时触发翻转的特点。

(2) 输入信号 J、K 之间没有约束。

（3）存在一次变化问题。所谓一次变化问题是指 $CP=1$ 期间 J、K 不能变化，否则可能产生误动作，错翻一次，不再恢复。

4.3.3 CMOS 主从 D 触发器

1. 电路结构及符号

它包含主触发器和从触发器两大部分及其控制门，如图 4.25 所示。主触发器由或非门 G_1、G_2 和传输门 TG_3 组成；从触发器由或非门 G_3、G_4 和传输门 TG_4 组成；传输门 TG_1、TG_2 分别是输入和主从触发器之间的控制门，传输门由两个互补的时钟信号 C 和 $\overline{C}$ 控制。R_D、S_D 为异步复位和置位端，高电平有效，它与 CP、D 的状态无关。

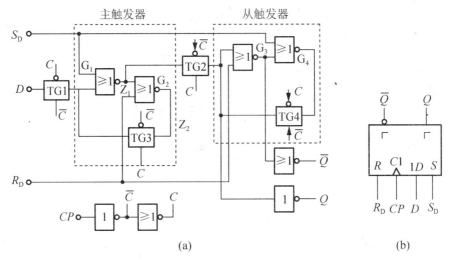

图 4.25 CMOS 主从 D 触发器
（a）逻辑图　　（b）逻辑符号

2. 工作原理

当 $R_D=S_D=0$ 时的工作情况如下所述：

（1）$CP=0$ 时，$C=0$、$\overline{C}=1$，TG_1、TG_4 导通，TG_2、TG_3 截止，主从触发器之间由 TG_2 隔离。主触发器通过 TG_1 接收输入信号 D，使 $Z_1=\overline{D}$，$Z_2=D$，即 Z_1 和 Z_2 随 D 的状态变化，使信号锁存于主触发器；从触发器通过 TG_4 闭环反馈自锁，保持原来 Q 的状态。

（2）$CP=1$ 时，$C=1$，$\overline{C}=0$，TG_1、TG_4 截止，TG_2、TG_3 导通，输入通道被封锁。主触发器通过 TG_3 保持 CP 上升沿到来前的一瞬间所接收的 D 信号，而从触发器 Q 的状态根据 Z_1 的状态更新，即 $Q=\overline{Z_1}=D$。这类触发器称为主从 D 触发器。

主从触发器由互补的时钟脉冲分别控制两部分，这两部分在动作时间上是错开的。$CP=0$ 时，由主触发器接收外来信号，从触发器输出端不改变状态。当 $CP=1$ 信号到来时，从触发器才按照主触发器已翻转好的状态进行翻转，而此时不论外来信号如何变化，主触发器都不改变状态，这就避免了外来信号对输出端的直接控制，增强了抗干扰能力，克服了空翻现象。

3. 逻辑功能

由对图 4.25 的分析可知，D 触发器具有锁存数据的功能，即置 0 置 1 功能。对于

CMOS 主从 D 触发器来说，在 CP 上升沿到来之前的瞬间，若 $D=0$，则当 CP 上升沿为 1 时，触发器的次态 Q^{n+1} 为 0；如果 $D=1$，则次态 Q^{n+1} 为 1。所以 D 触发器的特征方程为 $Q^{n+1}=D$。

D 触发器的真值表见表 4-9，其状态转换图如图 4.26 所示。

表 4-9 D 触发器的真值表

D	Q^n	Q^{n+1}	说明
0	0	0	置 0
0	1	0	
1	0	1	置 1
1	1	1	

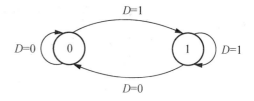

图 4.26 D 触发器状态转换图

4.4 边沿触发器

主从 JK 触发器功能完善，并且输入信号 J、K 之间没有约束。但主从 JK 触发器还存在着一次变化问题，即主从 JK 触发器中的主触发器，在 $CP=1$ 期间其状态能且只能变化一次，这种变化可以是 J、K 变化引起，也可以是干扰脉冲引起，因此其抗干扰能力尚需进一步提高，于是出现了边沿 JK 触发器。

边沿触发器的次态仅取决于 CP 下降沿(或上升沿)到达前瞬间的输入信号状态，而在此之前或之后的一段时间内，输入信号状态的变化对输出状态不产生影响，克服了一次变化的问题。边沿触发器具有工作可靠性高、抗干扰能力强、不存在空翻现象和一次翻转的问题等优点。

常见的边沿触发器有 CP 脉冲上升沿触发(如维持阻塞触发器)和 CP 脉冲下降沿触发(如负边沿触发器)两大类。

4.4.1 维持阻塞 D 触发器

1. 电路结构

在图 4.27 所示电路中，驱动输入 $D=D_1 \cdot D_2$，$\overline{S}_D$ 为异步置位端，$\overline{R}_D$ 为异步复位端。连线①称为置 0 维持线，连线②称为阻塞置 1 线，连线③称为置 1 维持线，连线④称为阻塞置 0 线。

下面结合当 $\overline{S}_D=\overline{R}_D=1$ 的条件下，分析这几条线的作用，并介绍其正边沿触发的特点。

2. 工作原理和逻辑功能分析

由图 4.27 中可知，门 G_1 和 G_2、G_3 和 G_5、G_4 和 G_6 分别组成了基本 RS 触发器。

1) 当 $D=0$ 时

按 D 触发器的功能，不论 Q^n 是什么状态，$Q^{n+1}=D=0$，结合电路来看，$CP=0$ 期间，门 G_3、G_4 输出为 1，$\overline{S}=\overline{R}=1$，$Q$ 维持原稳态不变。因为 $D=0$，门 G_5 也输出为 1，这样门 G_6 输入端全为 1，而输出为 0。在 $CP=1$ 的上升沿时刻，由门 G_3、G_5 构成的基本 RS 触发器的输入条件是一端为 0(因为 $D=0$)，另一端为 1，所以门 G_3 输出一定是 0。此

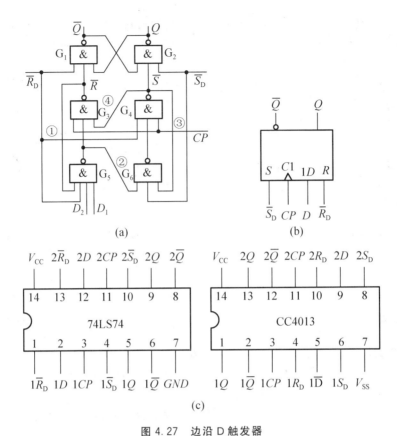

图 4.27 边沿 D 触发器
(a)维持阻塞 D 触发器电路 (b)逻辑符号 (c)集成边沿 D 触发器

时由置 0 维持线①将这个 0 送给门 G_5,使门 G_5 维持输出 1 不变,D 即使变了,对门 G_5 也没有影响。同时通过阻塞置 1 线②保证门 G_4、G_6 组成的基本 RS 触发器两个输入端信号全是 1(一端是 CP,另一端是线②),其输出状态将维持不变,$\overline{S}=1$。因为 $\overline{S}=1$、$\overline{R}=0$,所以由门 G_1、G_2 组成的 RS 触发器就一定置 0。

2) 当 $D=1$ 时

同理,如果 $D=1$,在 $CP=0$ 期间,门 G_3、G_4 输出为 1,门 G_5 因输入端全为 1 而输出 0,门 G_6 因输入端有 0 而输出为 1(门 G_5 的输出通过线②送给了门 G_6);当 $CP=1$ 的上升沿到来时,门 G_4 因输入端全为 1 而输出 0。这个 0 一方面送给门 G_2,使 Q 置 1,另一方面通过置 1 维持线③送给门 G_6,使门 G_6 维持输出 1,门 G_4 自锁为 0。保证 $\overline{S}=0$ 不变,同时通过阻塞置 0 线④送给门 G_3,保证 $\overline{R}=1$。这样在 $\overline{S}=0$、$\overline{R}=1$ 前提下,由门 G_1、G_2 组成的基本 RS 触发器就一定置 1,即 $Q=D=1$。

综上所述,线①、②的作用是保证 $D=0$ 时在 CP 上升沿瞬间使触发器置 0,即保证在 $CP=1$ 期间维持 $\overline{R}=0$、$\overline{S}=1$ 的条件,CP 上升沿过后 D 可任意变化;线③、④的作用是保证 $D=1$ 时,在 CP 上升沿瞬间使触发器置 1,即保证在 $CP=1$ 期间维持 $\overline{R}=1$、$\overline{S}=0$ 的条件,CP 上升沿过后 D 可任意变化。这种维持 D 触发器属于正边沿触发器,只要在 CP 正边沿到来之前的极短时间内输入端 D 不存在干扰,触发器就会有正确的输出。所以这种触发器也具有抗干扰能力强、工作稳定可靠的特点。

【应用实例 4.2】

已知维持阻塞边沿 D 触发器输入端 CP 和 D 信号的波形,如图 4.28 所示,试画出输出端 Q 和 $\overline{Q}$ 的波形图。

解:只要根据每一个 CP 上升沿到来瞬间前 D 的状态就可以决定触发器每个状态,其 Q 和 $\overline{Q}$ 端的波形图如图 4.28 所示。

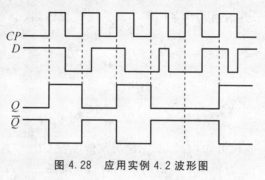

图 4.28　应用实例 4.2 波形图

4.4.2　负边沿 JK 触发器

负边沿触发器的输出端是根据 CP 下降沿到达瞬间所处输入信号的状态来决定的,而在 CP 其他时刻,输入信号状态的变化对触发器状态不产生影响。下面以负边沿 JK 触发器为例,说明负边沿 JK 触发器的功能和工作特点。

1. 电路结构及特点

图 4.29(a)、(b)所示是负边沿 JK 触发器的等效逻辑图和符号图。这个电路包含一个与或非门组成的基本 RS 触发器和两个输入控制门 G_3、G_4。门 G_3、G_4 的传输延迟时间大于基本 RS 触发器的翻转时间,这种触发器正是利用门电路的传输延迟时间实现负边沿触发的。

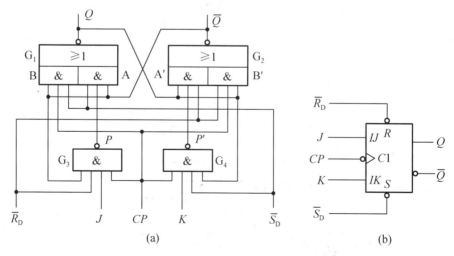

图 4.29　负边沿 JK 触发器
(a)逻辑图　(b)逻辑符号

2. 工作原理和逻辑功能分析

设触发器的 $\bar{S}_D = \bar{R}_D = 1$,而初始状态为 0,即 $Q=0$、$\bar{Q}=1$。

(1) $CP=0$ 期间,与门 B、B′及门 G_3、G_4 同时被 CP 的低电平封锁,$P=P'=1$,与门 A、A′是打开的,基本 RS 触发器的 Q 和 $\bar{Q}$ 通过与门 A、A′的反馈互锁保持不变。

(2) $CP=1$ 期间,与门 B、B′被解除封锁,基本 RS 触发器的状态可以通过与门 B、B′继续保持原状态不变,这时可写出各门输出函数逻辑表达式

$$\begin{aligned} B &= \bar{Q}^n \quad B' = Q^n \\ A &= \overline{P\bar{Q}^n} = \overline{J\bar{Q}^n} \\ A' &= \overline{P'Q^n} = \overline{KQ^n} \\ Q^{n+1} &= \overline{A+B} = Q^n \\ \bar{Q}^{n+1} &= \overline{A'+B'} = \bar{Q}^n \end{aligned} \qquad (4.10)$$

由 Q^{n+1} 和 $\bar{Q}^{n+1}$ 的表达式可知,J、K 无论为何值,在 $CP=1$ 期间输出均不改变状态。下面再分析在 CP 的上升沿和下降沿到来的瞬间,电路工作状态所起的变化。

(3) 在 CP 由 0 跳到 1 的上升沿瞬间,由于 G_3、G_4 门传输时间的延迟作用,门 B、B′先打开,先有 $B=\bar{Q}^n$,$B'=Q^n$,随后才有 $A=\overline{J\bar{Q}^n}$,$A'=\overline{KQ^n}$,这时与上述 $CP=1$ 的情况相同,由式(4.10)可知:$Q^{n+1}=Q^n$,$\bar{Q}^{n+1}=\bar{Q}^n$,可见 J、K 不起作用。

(4) 在 CP 由 1 跳到 0 的下降沿瞬间,情况就不同了,由于与非门 G_3、G_4 传输时间的延迟作用,与门 B、B′先关闭,B、B′=0,而 P、P′则要保持 1 个 t_{pd} 的延迟时间,就在这一极短时间内,使 $P=\overline{J\bar{Q}^n}$、$P'=\overline{KQ^n}$,而与或非门相当于构成与非门的基本 RS 触发器,对应 $P=\bar{S}$,$P'=\bar{R}$,代入同步 RS 触发器的特性方程得到 $Q^{n+1}=S+\bar{R}Q^n=J\bar{Q}^n+\bar{K}Q^n$。

此后,与门 B、B′和门 G_3、G_4 被 $CP=0$ 封锁,使触发器状态 Q 不再受 J、K 信号影响而变化。由此可知,该触发器只有在 CP 下降沿到来的时刻,才能使输出 Q 发生变化,具有边沿触发的特点。

负边沿 JK 触发器的逻辑符号、真值表、状态转换图与主从式 JK 触发器相同。

【应用实例 4.3】

已知负边沿 JK 触发器输入 CP 和 J、K 信号的波形,如图 4.30 所示,试画出输出端 Q 和 $\bar{Q}$ 的波形图。

解:因为是负边沿 JK 触发器,所以只需将 CP 下降沿所对应的 J、K 值代入 JK 触发器特性方程求出次态即可,如图 4.30 所示。

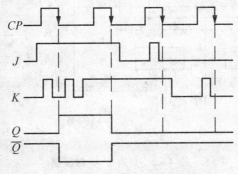

图 4.30 应用实例 4.3 波形图

4.4.3 边沿 JK 触发器的特点

(1) 边沿触发,无一次变化问题。
(2) 功能齐全,使用方便灵活。
(3) 抗干扰能力极强,工作速度很高。

4.5 不同类型时钟触发器间的转换

由于现在市售的集成触发器多为 JK 触发器和 D 触发器,而在数字电路中,往往要用到其他类型的触发器,所以我们要学会不同类型时钟触发器间的转换。

1. 转换的概念

所谓转换就是把一种已有的触发器加入转换逻辑电路,使之成为另外一种逻辑功能的触发器,如图 4.31 所示。

2. 转换步骤

(1) 写出已有、待求触发器的特性方程。
(2) 将待求触发器的特性方程变换为与已有触发器特性方程形式一致。

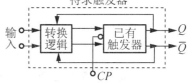

图 4.31 转换框图

(3) 比较两个特性方程,求出转换逻辑。
(4) 画逻辑电路图。

下面通过几个实例介绍转换方法。

【应用实例 4.4】

将 JK 触发器转换成 D 触发器。

解:首先写出已知 JK 触发器的特性方程:$Q^{n+1}=J\overline{Q^n}+\overline{K}Q^n$。

然后写出待求 D 触发器的特性方程:$Q^{n+1}=D$。

最后求转换逻辑表达式,即 JK 触发器的驱动方程。为便于比较,将 D 触发器的特性方程作如下变换

$$Q^{n+1}=D=D\overline{Q^n}+DQ^n$$

比较两触发器特性方程,可求得 JK 触发器驱动方程:$J=D$,$K=\overline{D}$。

根据 JK 触发器驱动方程可画出待求触发器的逻辑电路,如图 4.32 所示。

【应用实例 4.5】

将 D 触发器转换成 JK 触发器。

解:写出已知 D 触发器的特性方程:$Q^{n+1}=D$。

写出待求 JK 触发器的特性方程:$Q^{n+1}=J\overline{Q^n}+\overline{K}Q^n$。

比较两触发器特性方程可得 D 触发器驱动方程:$D=J\overline{Q^n}+\overline{K}Q^n=D=\overline{\overline{J\overline{Q^n}}\cdot\overline{\overline{K}Q^n}}$。

画出待求 JK 触发器的逻辑电路,如图 4.33 所示。

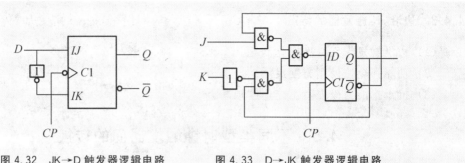

图 4.32　JK→D 触发器逻辑电路　　　图 4.33　D→JK 触发器逻辑电路

4.6　集成触发器的应用

触发器是时序逻辑电路中一种重要的单元电路，它不仅可记忆二进制的 0 或 1，被用作二进制信息的存储单元，在其他方面也有着广泛的运用。下面通过几个实例加以说明。

1. 防抖开关

利用基本 RS 触发器的记忆功能消除机械开关振动引起的干扰脉冲。在机械开关按动过程中，一般都存在接触抖动，在几十毫秒的时间里连续产生多个脉冲，如图 4.34 所示。这在数字系统中会造成电路的误动作，是绝对不允许的。为克服电压抖动，在电源和输出端之间可加一个基本 RS 触发器，其输出端产生一次性的电压阶跃，如图 4.35 所示。这种开关称为逻辑开关。

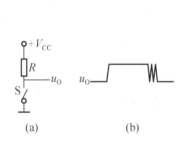
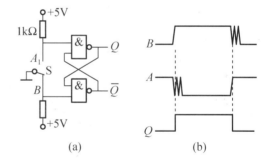

图 4.34　机械开关　　　　　　　图 4.35　利用基本 RS 触发器消除机械开关振动的影响
　(a)电路　　(b)输出电压波形　　　　　(a)电路　　(b)输出电压波形

2. 分频器电路

如果把 D 触发器的输出端反馈回输入端与 D 连接，如图 4.36(a)所示，则 Q 端脉冲波形的周期将是 CP 脉冲周期的二倍，即二分频，波形图如图 4.36(b)所示。由波形图可以看到，Q 的输出状态可用来表示二进制数的一位数值，具有计数功能。如将 Q 端接入下一个 D 触发器的时钟脉冲端，依次相连，可构成 n 位二进制计数器。

实际上图 4.36(a)是由 D 触发器接成 T′触发器，也可由 JK 触发器接成 T′触发器实现分频功能。

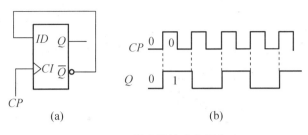

图 4.36　D 触发器接成分频电路

(a)电路图　　(b)波形图

3. 由触发器构成的抢答器

由触发器构成的抢答器电路如图 4.37 所示，该电路为抢答信号的接收、保持和输出的基本电路，S 为手动清零控制开关，S_1~S_3 为抢答按钮开关。

开关 S 作为总清零及允许抢答控制开关(可由主持人控制)，当开关 S 被按下时抢答电路清零，松开后则允许抢答，输入抢答信号由抢答按钮开关 S_1~S_3 实现。若有抢答信号输入(开关 S_1~S_3 中的任何一个开关被按下)时，与之对应的指示灯被点亮，此时再按其他任何一个抢答开关均无效，指示灯仍保持第一个开关按下时所对应的状态不变。

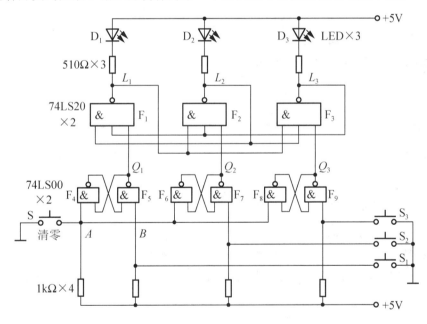

图 4.37　由触发器构成的抢答器电路

4. 用 JK 触发器构成多路开关电路

图 4.38 所示为由 JK 触发器构成的多路开关电路，该电路可由 3 个不同地方对同一盏灯 EL 进行开关控制。

由电路结构可知，图 4.38 中 JK 触发器接成了 T′ 触发器，3 个不同地方的开关 S_1、S_2、S_3 并联作为脉冲输入信号，每按一下按钮就相当于给 JK 触发器输入一个脉冲信号，JK 触发器输出端 Q 状态就翻转一次，此信号经三极管放大后经接触器接通或断开电源电路，控制灯泡 EL 亮或灭。

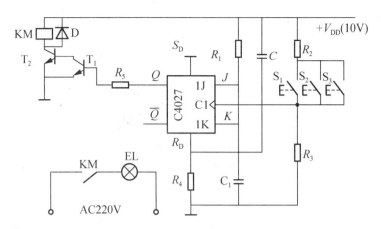

图 4.38 由 JK 触发器构成的多路开关电路

技能实训 5 集成触发器及其应用

1. 实训目的

（1）深入了解基本 RS、JK、D 和 T 触发器的逻辑功能。

（2）掌握集成触发器的使用和逻辑功能测试方法。

（3）熟悉触发器之间相互转换的方法。

2. 实训设备

（1）+5V 直流电源。

（2）单次脉冲源。

（3）逻辑电平开关。

（4）逻辑电平显示器。

（5）74LS112、74LS00、74LS74。

3. 实训原理

触发器具有两个稳定状态，用以表示逻辑状态 1 和 0，在一定的外界信号作用下，可以从一个稳定状态翻转到另一个稳定状态，它是一个具有记忆功能的二进制信息存储器件，是构成各种时序电路的最基本逻辑单元。

1）基本 RS 触发器

图 4.39 所示为由两个与非门交叉耦合构成的基本 RS 触发器，可由 74LS00 构成，它是无时钟控制低电平直接触发的触发器。基本 RS 触发器具有置 0、置 1 和保持 3 种功能。

2）D 触发器

D 触发器的应用很广，可用作数字信号的寄存、移位寄存、分频和波形发生等。有很多种型号可供各种用途的需要而选用。如双 D74LS74、四 D74LS175、六 D74LS174 等。

图 4.40 所示为双 D74LS74 的引脚排列及逻辑符号。

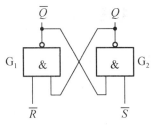
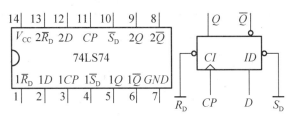

图 4.39 基本 RS 触发器　　　　图 4.40 74LS74 的引脚排列及逻辑符号

3) JK 触发器

在输入信号为双端的情况下，JK 触发器是功能完善、使用灵活和通用性较强的一种触发器。本实训采用 74LS112 双 JK 触发器，如图 4.41 所示，是下降边沿触发的边沿触发器。

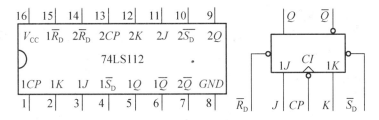

图 4.41 74LS112 的引脚排列及逻辑符号

4. 实训内容

1) 测试基本 RS 触发器的逻辑功能

如图 4.39 所示，用两个与非门组成基本 RS 触发器，输入端 $\overline{R}$、$\overline{S}$ 接逻辑开关的输出接口，输出端 Q、$\overline{Q}$ 接逻辑电平显示输入接口，按表 4-10 要求测试，并记录在表 4-10 中。

2) 测试双 D 触发器 74LS74 的逻辑功能

按表 4-11 要求进行测试，并观察触发器状态更新是否发生在 CP 脉冲的上升沿（即由 0→1），并记录在表 4-11 中。

表 4-10 RS 触发器实训表

$\overline{R}$	$\overline{S}$	Q	$\overline{Q}$
1	1→0		
	0→1		
1→0	1		
0→1			
0	0		

表 4-11 D 触发器实训表

D	CP	Q^{n+1}	
		$Q^n=0$	$Q^n=1$
0	0→1		
	1→0		
1	0→1		
	1→0		

3) 测试双 JK 触发器 74LS112 的逻辑功能

(1) 测试异步输入端 $\overline{R_D}$、$\overline{S_D}$ 的功能。

(2) 测试 JK 触发器逻辑功能。

按表 4-12 的要求改变 J、K、CP 端状态，观察 Q、$\overline{Q}$ 状态变化，并记录在表 4-12 中。

表 4-12 JK 触发器实训表

输入					输出	
$\overline{S_D}$	$\overline{R_D}$	CP	J	K	Q^{n+1}	$\overline{Q^{n+1}}$
0	1	×	×	×		
1	0	×	×	×		
1	1	↓	0	0		
1	1	↓	1	0		
1	1	↓	0	1		
1	1	↓	1	1		

4) 触发器之间的相互转换

在集成触发器产品中,每一种触发器都有自己固定的逻辑功能。但可以利用转换的方法获得具有其他功能的触发器。

(1) JK 触发器→T 触发器。将 JK 触发器的 J、K 两端连在一起,并认它为 T 端,就得到所需的 T 触发器,如图 4.42(a)所示。将 T 触发器的 T 端置 1,如图 4.42(b)所示,即得 T′触发器,并按表 4-13 测试其功能。

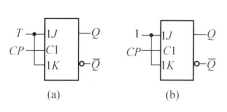

图 4.42 JK 触发器转换为 T、T′触发器
(a)T 触发器 (b)T′触发器

表 4-13 T 触发器实训表

输入				输出
$\overline{S_D}$	$\overline{R_D}$	CP	T	Q^{n+1}
0	1	×	×	
1	0	×	×	
1	1	↓	0	
1	1	↓	1	

(2) JK 触发器→D 触发器。JK 触发器转换为 D 触发器,如图 4.43 所示,并按表 4-14 测试其功能。

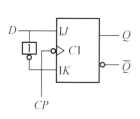

图 4.43 JK 触发器转换为 D 触发器

表 4-14 D 触发器实训表

D	CP	Q^{n+1}	
		$Q^n=0$	$Q^n=1$
0	0→1		
0	1→0		
1	0→1		
1	1→0		

课 题 小 结

(1) 触发器有两个基本性质:①有两个稳定状态,在一定条件下,触发器可维持在两种稳定状态(0 或 1 状态)之一而保持不变;②在外信号作用下,两个稳定状态可相互转换,没有外信号作用时,保持原状态不变。因此,触发器具有记忆功能,常用来保存二进制信息。一个触发器可存储 1 位二进制码,存储 n 位二进制码则需用 n 个触发器。

(2) 触发器的逻辑功能是指触发器的次态与现态及输入信号之间的逻辑关系。其描述方法主要有特性表、特性方程、驱动表、状态转换图和波形图(又称时序图)等。

(3) 触发器种类较多,根据逻辑功能的不同,触发器可以分为 RS 触发器、JK 触发器、D 触发器、T 和 T′触发器;根据触发方式的不同,可分为电平触发器、边沿触发器、主从触发器等;根据是否受时钟控制,可分为基本触发器和钟控触发器。

(4) 基本 RS 触发器是一种基本电路,它是各种性能完善的触发器的基础,但触发器状态的转换没有一个统一的节拍,存在直接控制问题和输入信号约束问题。

(5) 同步触发器虽然能按一定的时间节拍进行状态动作,但在 $CP=1$ 期间,存在空翻问题。空翻会造成节拍的混乱和系统工作的不稳定,这是同步触发器的一个缺陷。

(6) 主从触发器由主触发器和从触发器两部分组成,采用主从触发的工作方式。主从JK 触发器已克服了空翻和输入的约束条件,但仍存在一次翻转的缺陷。

(7) 边沿触发器克服了一次翻转的问题,具有工作可靠性高、抗干扰能力强、不存在空翻现象和一次翻转的问题等优点。

(8) 利用特性方程可实现不同功能触发器间逻辑功能的相互转换。

思考与练习

4.1 选择题

(1) 不属于触发器特点的是(   )。
A. 有两个稳定状态   B. 可以由一种稳定状态转换到另一种稳定状态
C. 具有记忆功能   D. 有不定输出状态

(2) 由与非门组成的基本 RS 触发器输入状态不允许出现(   )。
A. $\overline{R}\,\overline{S}=00$ B. $\overline{R}\,\overline{S}=01$ C. $\overline{R}\,\overline{S}=10$ D. $\overline{R}\,\overline{S}=11$

(3) 由或非门组成的基本 RS 触发器输入状态不允许出现(   )。
A. $RS=00$ B. $RS=01$ C. $RS=10$ D. $RS=11$

(4) 欲使 JK 触发器按 $Q^{n+1}=1$ 工作,可使 JK 触发器的输入端(   )。
A. $J=K=1$ B. $J=1,K=0$
C. $J=K=0$ D. $J=0,K=1$

(5) 为实现将 JK 触发器转换为 D 触发器,应使(   )。
A. $J=D,K=\overline{D}$ B. $J=\overline{D},K=D$
C. $J=K=D$ D. $J=K=\overline{D}$

(6) 对于 JK 触发器,若 $J=K$,则可完成(   )触发器的逻辑功能。

A. RS B. D C. T D. T′

（7）欲使 D 触发器按 $Q^{n+1}=\overline{Q}^n$ 工作，应使输入 D 端接（　　）。

A. 0 B. 1 C. Q D. $\overline{Q}$

4.2 分析图 4.44 所示 RS 触发器的功能，并根据输入波形画出 Q 和 $\overline{Q}$ 的波形。

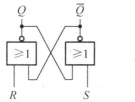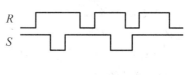

图 4.44　题 4.2 电路及波形图

4.3 同步 RS 触发器接成图 4.45(a)、(b)、(c)、(d)所示形式，设初始状态为 0，试根据图(e)所示的 CP 波形画出 Q_a、Q_b、Q_c、Q_d 的波形。

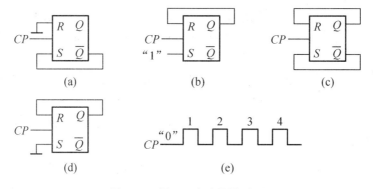

图 4.45　题 4.3 电路及波形图

4.4 同步触发器接成图 4.46(a)、(b)、(c)、(d)所示形式，设初始状态为 0，试根据图(e)所示的 CP 波形画出 Q_a、Q_b、Q_c、Q_d 的波形。

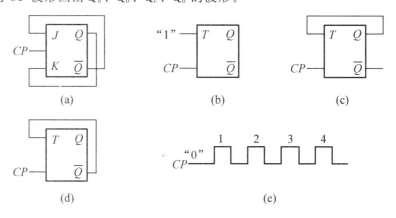

图 4.46　题 4.4 电路及波形图

4.5 设维持阻塞 D 触发器的初始状态为 0，CP、D 信号波形如图 4.47 所示，试画出触发器 Q 端的波形。

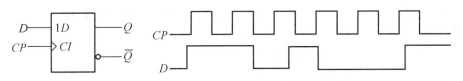

图 4.47　题 4.5 波形图

4.6　设主从 JK 触发器的初始状态为 0，CP、J、K 信号如图 4.48 所示，试画出触发器 Q 端的波形。

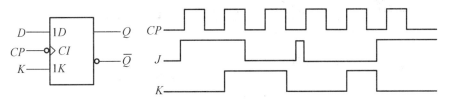

图 4.48　题 4.6 波形图

4.7　电路如图 4.49 所示，设各触发器的初态为 0，画出在 CP 脉冲作用下 Q 端的波形。

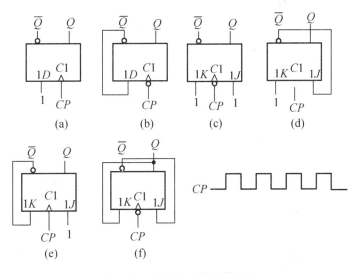

图 4.49　题 4.7 电路及波形图

4.8　电路如图 4.50 所示，已知 CP 和 X 的波形，试画出 Q_0 和 Q_1 的波形，设触发器的初始状态均为 0。

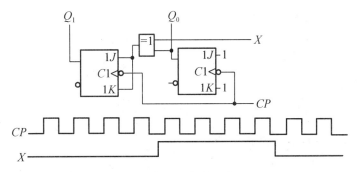

图 4.50　题 4.8 电路及波形图

4.9 电路如图 4.51 所示,已知 CP、$\overline{R}_D$ 和 D 的波形,试画出 Q_0 和 Q_1 的波形,设触发器的初始状态均为 1。

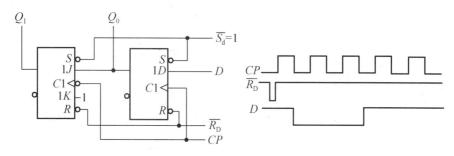

图 4.51 题 4.9 电路及波形图

课题 5

时序逻辑电路分析、设计及其应用

知识目标	了解时序逻辑电路的功能特点、电路组成特点和功能描述方法；掌握时序逻辑电路中寄存器、移位寄存器、同步计数器、异步计数器的功能特点和一般分析方法
技能目标	能够分析一般时序逻辑电路的功能；能够采用中规模集成器件实现任意模值计数(分频)器；熟悉中规模计数器、移位寄存器在其他方面的灵活应用

课题描述

时序逻辑电路广泛应用于我们的生产和生活，例如计数器被广泛用于计数和定时，如电子钟表、交通信号指示灯等，如图 5.1 所示。系统中运用计数器对标准时间信号进行倒计数，在测量仪器中对各种输入脉冲进行计数做成测速仪、数字频率计等仪器，具有低成本、高可靠性、高精度、小体积等优点。本课题我们将学习时序逻辑电路的基本知识和应用技能。

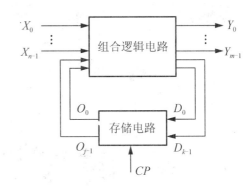

图 5.1 电子钟表、交通信号指示灯　　　图 5.2 时序逻辑电路结构框图

时序逻辑电路任一时刻的输出不仅与输入各变量的状态组合有关，还与电路原来的输出状态有关，它的一般结构框图如图 5.2 所示。从电路结构上看，时序逻辑电路的输入/输出之间有反馈，包含组合逻辑电路和存储电路两部分，它具有记忆功能。图中 X 代表时序电路的输入变量，Y 代表时序电路的输出变量，D 代表存储电路的驱动信号，Q 代表存储电路的输出状态，CP 是时钟脉冲（在时序电路中均有 CP 时钟信号）。存储电路的输出信号与组合逻辑电路的输入信号共同决定时序逻辑电路的输出。

时序逻辑电路的功能描述方法有以下几种：

（1）逻辑函数表达：如前所述时序逻辑电路可由驱动方程、输出方程和状态方程来描述。

（2）状态转换表：用任何一组输入变量及电路现态的取值代入状态方程输出方程，计算出电路的次态和输出值，再将次态作为状态方程现态与下一组输入变量一起计算第二个次态和输出值，以此类推，得到状态转换表。

（3）状态转换图：用箭头等符号把状态间的转换规律表示出来。

（4）时序图：在时钟脉冲作用下，把电路的输入/输出信号随时间变化情况用波形图画出来，较形象地表达时序逻辑电路工作过程，这是最常用、最直观的描述方法。

时序逻辑电路的分类较多，常见的有以下几类：

（1）按时钟脉冲 CP 控制方式不同分为同步时序逻辑电路和异步时序逻辑电路。

（2）按逻辑功能划分有数码寄存器、移位寄存器、计数器、脉冲分配器等。

（3）按照输出信号的特点分为莫尔（Moore）型电路和米里（Mealy）型电路。Moore 型电路是指没有输入信号、输出状态只取决于存储电路现态的时序逻辑电路。Mealy 型电路是输出状态取决于输入信号和存储电路状态的时序逻辑电路。

5.1　时序逻辑电路的一般分析方法

分析时序逻辑电路的一般步骤如下：

（1）由逻辑图写出方程式。方程式包括各触发器的时钟方程、时序电路的输出方程、各触发器的驱动方程。

（2）求状态方程。将驱动方程代入相应触发器的特性方程，求得时序逻辑电路的状态方程。

（3）进行状态计算。把电路的输入和现态各种可能取值组合代入状态方程和输出方程进行计算，得到相应的次态和输出，列出状态表。

(4) 画状态图(或时序图)。根据电路的状态表画出状态图或时序图,说明给定时序逻辑电路的逻辑功能。

【应用实例 5.1】

试分析图 5.3 所示时序逻辑电路的逻辑功能。

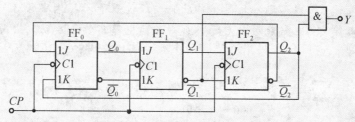

图 5.3 应用实例 5.1 电路图

解:按上述分析步骤求解如下:

(1) 写出各类方程式。

时钟方程 $CP_2 = CP_1 = CP_0 = CP$

同步时序电路的时钟方程可省去不写。

输出方程 $Y = \overline{Q_1^n} Q_2^n$

驱动方程
$$\begin{cases} J_2 = Q_1^n & K_2 = \overline{Q_1^n} \\ J_1 = Q_0^n & K_1 = \overline{Q_0^n} \\ J_0 = \overline{Q_2^n} & K_0 = Q_2^n \end{cases}$$

(2) 求状态方程。

JK 触发器的特性方程为

$$Q^{n+1} = J\overline{Q^n} + \overline{K}Q^n$$

将各驱动方程代入上述特性方程得状态方程

$$\begin{cases} Q_2^{n+1} = J_2\overline{Q_2^n} + \overline{K_2}Q_2^n = Q_1^n\overline{Q_2^n} + Q_1^n Q_2^n = Q_1^n \\ Q_1^{n+1} = J_1\overline{Q_1^n} + \overline{K_1}Q_1^n = Q_0^n\overline{Q_1^n} + Q_0^n Q_1^n = Q_0^n \\ Q_0^{n+1} = J_0\overline{Q_0^n} + \overline{K_0}Q_0^n = \overline{Q_2^n} \cdot \overline{Q_0^n} + \overline{Q_2^n}Q_0^n = \overline{Q_2^n} \end{cases}$$

(3) 列状态表、计算。

设初始状态 $Q_2^n Q_1^n Q_0^n = 000$,代入状态方程和输出方程计算,见表 5-1。

表 5-1 状态转换真值表

现 态			次 态			输 出
Q_2^n	Q_1^n	Q_0^n	Q_2^{n+1}	Q_1^{n+1}	Q_1^{n+1}	Y
0	0	0	0	0	1	0
0	0	1	0	1	1	0
0	1	0	1	0	1	0
0	1	1	1	1	1	0
1	0	0	0	0	0	1
1	0	1	0	1	0	1
1	1	0	1	0	0	0
1	1	1	1	1	0	0

(4) 画状态图、时序图。

状态图如图 5.4 所示，该电路共有 8 个工作状态，其中有 6 个被利用了，如图 5.4(a) 所示，称为有效状态，还有 010 和 101 没有被利用，如图 5.4(b) 所示，称为无效状态。

如果由于某种原因电路进入无效工作状态，经过若干计数脉冲电路会自动返回到有效循环状态工作，称电路能够自启动，否则称为电路不能自启动。由图 5.4 可知该电路不能自启动。

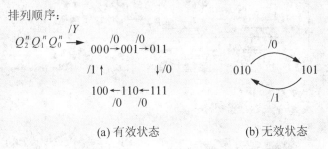

(a) 有效状态　　(b) 无效状态

图 5.4　应用实例 5.1 状态图

时序图如图 5.5 所示。

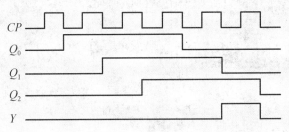

图 5.5　应用实例 5.1 时序图

【应用实例 5.2】

试分析图 5.6 所示时序逻辑电路的逻辑功能。

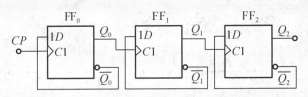

图 5.6　应用实例 5.2 电路图

解：按上述步骤分析如下。

(1) 写方程式。

异步时序电路时钟方程 $CP_2=Q_1$，$CP_1=Q_0$，$CP_0=CP$

驱动方程 $D_2=\overline{Q_2^n}$，$D_1=\overline{Q_1^n}$，$D_0=\overline{Q_0^n}$

电路没有单独的输出，无输出方程。

(2) 求状态方程。

D 触发器的特性方程为 $Q^{n+1}=D$

将各触发器的驱动方程代入,即得电路的状态方程

$$\begin{cases} Q_2^{n+1}=D_2=\overline{Q_2^n} & Q_1 \text{ 上升沿刻有效} \\ Q_1^{n+1}=D_1=\overline{Q_1^n} & Q_0 \text{ 上升沿刻有效} \\ Q_0^{n+1}=D_0=\overline{Q_0^n} & CP \text{ 上升沿刻有效} \end{cases}$$

异步计数器的计数脉冲没有加到所有触发器的 CP 端。当计数脉冲到来时,各触发器的翻转时刻不同。分析时要特别注意各触发器翻转所对应的有效时钟条件。

(3) 列状态表、计算。设初始状态 $Q_2^n Q_1^n Q_0^n=000$,代入状态方程和输出方程计算,见表 5-2。

表 5-2 状态转换真值表

现 态			次 态			注 释
Q_2^n	Q_1^n	Q_0^n	Q_2^{n+1}	Q_1^{n+1}	Q_0^{n+1}	时钟条件
0	0	0	1	1	1	CP_0、CP_1、CP_2
0	0	1	0	0	0	CP_0
0	1	0	0	0	1	CP_0、CP_1
0	1	1	0	1	0	CP_0
1	0	0	0	1	1	CP_0、CP_1、CP_2
1	0	1	1	0	0	CP_0
1	1	0	1	0	1	CP_0、CP_1
1	1	1	1	1	0	CP_0

(4) 画状态图、时序图。状态图、时序图如图 5.7 所示。

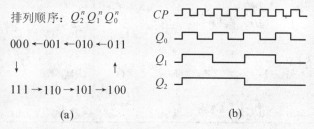

图 5.7 应用实例 5.2 状态图、时序图

(a) 状态图　　(b) 时序图

由状态图可以看出,在时钟脉冲 CP 的作用下,电路的 8 个状态按递减规律循环变化,即:000→111→110→101→100→011→010→001→000→⋯,电路具有递减计数功能,是一个 3 位二进制异步减法计数器。

5.2 计　数　器

计数器是最常用的时序逻辑电路,它是用以统计输入时钟脉冲 CP 个数的电路。计数器不仅可以用来计数,还可用于定时、分频、产生节拍脉冲、进行数字运算等。

计数器的种类很多,按计数进制可分为二进制计数器和非二进制计数器,非二进制计数器中最典型的是十进制计数器;按计数器中的触发器是否同时翻转分类,可把计数器分为同步和异步两类;按照计数值增减情况可以分为加法计数器、减法计数器和可逆计数器。

5.2.1 异步计数器

异步二进制计数器是计数器中最基本、最简单的电路,它一般由接成计数型的触发器连接而成,计数脉冲加到最低位触发器的 CP 端,低位触发器的输出 Q 作为相邻高位触发器的时钟脉冲。

1. 异步二进制加法计数器

由 T' 触发器构成的 3 位异步二进制加法计数器如图 5.8 所示。下面利用时序电路基本分析方法来分析其工作原理。

(1) 时钟方程。
$$CP_0 = CP, \quad CP_1 = Q_0, \quad CP_2 = Q_1$$

(2) 状态方程。

$$F_0: Q_0^{n+1} = \overline{Q_0^n} \quad (CP \text{ 下降沿触发})$$

$$F_1: Q_1^{n+1} = \overline{Q_1^n} \quad (Q_0 \text{ 下降沿触发})$$

$$F_2: Q_2^{n+1} = \overline{Q_2^n} \quad (Q_1 \text{ 下降沿触发})$$

(3) 计数器的状态转换表。3 位二进制加法计数器状态转换表见表 5-3。

表 5-3 3 位二进制加法计数器状态转换表

Q_2^n	Q_1^n	Q_0^n	Q_2^{n+1}	Q_1^{n+1}	Q_0^{n+1}	有效时钟	CP 顺序
0	0	0	0	0	1	CP_0	1
0	0	1	0	1	0	CP_0、CP_1	2
0	1	0	0	1	1	CP_0	3
0	1	1	1	0	0	CP_0、CP_1、CP_2	4
1	0	0	1	0	1	CP_0	5
1	0	1	1	1	0	CP_0、CP_1	6
1	1	0	1	1	1	CP_0	7
1	1	1	0	0	0	CP_0、CP_1、CP_2	8

(4) 时序图。时序图如图 5.9 所示。

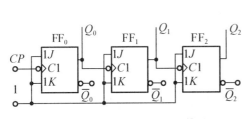

图 5.8 3 位异步二进制加法计数器

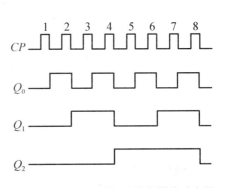

图 5.9 3 位二进制加法计数器的时序图

如果计数器从 000 状态开始计数,在第 8 个计数脉冲输入后,计数器又重新回到 000 状态,完成了一次计数循环。所以该计数器是八进制加法计数器或称为模 8 加法计数器。

如果计数脉冲 CP 的频率为 f_0,那么 Q_0 输出波形的频率为 $f_0/2$,Q_1 输出波形的频率为 $f_0/4$,Q_2 输出波形的频率为 $f_0/8$,这说明计数器除具有计数功能外,还具有分频的功能。

2. 异步二进制减法计数器

由 T' 触发器构成的 3 位异步二进制减法计数器如图 5.10 所示。异步二进制减法计数器是将低位触发器的 $\overline{Q}$ 输出端接到高位触发器的时钟输入端而构成的。

采用下降沿动作的 T' 触发器时,加法计数器以 Q 端为输出端,减法计数器以 $\overline{Q}$ 端为输出端。在采用上升沿动作的 T' 触发器时,情况正好相反,加法计数器以 $\overline{Q}$ 端为输出端,减法计数器以 Q 端为输出端。二进制异步计数器级间连接规律见表 5-4。

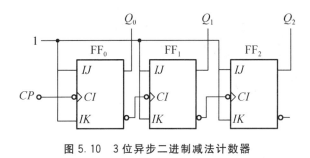

图 5.10　3 位异步二进制减法计数器

表 5-4　二进制异步计数器级间连接规律

连接规律	T' 触发器的触发沿	
	上升沿	下降沿
加法计数	$CP_i=\overline{Q}_{i-1}$	$CP_i=Q_{i-1}$
减法计数	$CP_i=Q_{i-1}$	$CP_i=\overline{Q}_{i-1}$

与 3 位异步二进制加法计数器分析方法一样,可得出 3 位异步二进制减法计数器时序图和状态转换图如图 5.11 所示。

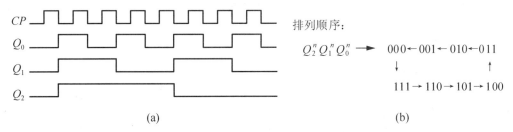

图 5.11　3 位异步二进制减法计数器时序图和状态转换图
(a)时序图　(b)状态图

3. 异步十进制计数器

由 JK 触发器构成的 4 位异步十进制加法计数器如图 5.12 所示。下面利用时序电路基本分析方法来分析其工作原理。

解:(1)写出各逻辑方程式。

时钟方程

$CP_0=CP$(时钟脉冲源的下降沿触发)

$CP_1=Q_0$(当 FF0 的 Q_0 由 1→0 时,Q_1 才可能改变状态)

$CP_2=Q_1$(当 FF1 的 Q_1 由 1→0 时,Q_2 才可能改变状态)

$CP_3=Q_0$(当 FF0 的 Q_0 由 1→0 时,Q_3 才可能改变状态)

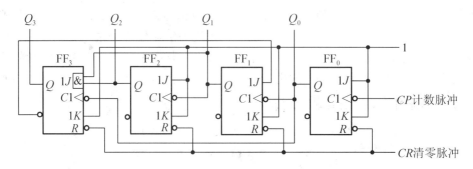

图 5.12 异步十进制加法计数器

各触发器的驱动方程

$J_0=1$ $K_0=1$；$J_1=\overline{Q_3^n}$ $K_1=1$；$J_2=1$ $K_2=1$；$J_3=Q_2^nQ_1^n$ $K_3=1$

（2）将各驱动方程代入 JK 触发器的特性方程，得各触发器的状态方程。

$Q_0^{n+1}=J_0\overline{Q_0^n}+\overline{K_0}Q_0^n=\overline{Q_0^n}$（$CP$ 由 1→0 时此式有效）

$Q_1^{n+1}=J_1\overline{Q_1^n}+\overline{K_1}Q_1^n=\overline{Q_3^n}\,\overline{Q_1^n}$（$Q_0$ 由 1→0 时此式有效）

$Q_2^{n+1}=J_2\overline{Q_2^n}+\overline{K_2}Q_2^n=\overline{Q_2^n}$（$Q_1$ 由 1→0 时此式有效）

$Q_3^{n+1}=J_3\overline{Q_3^n}+\overline{K_3}Q_3^n=Q_2^nQ_1^n\overline{Q_3^n}$（$Q_0$ 由 1→0 时此式有效）

（3）计算、求状态转换表。状态转换表见表 5-5。

表 5-5 状态转换表

计数脉冲序号	现 态				次 态				时钟脉冲			
	Q_3^n	Q_2^n	Q_1^n	Q_0^n	Q_3^{n+1}	Q_2^{n+1}	Q_1^{n+1}	Q_0^{n+1}	CP_3	CP_2	CP_1	CP_0
0	0	0	0	0	0	0	0	1	0	0	0	↓
1	0	0	0	1	0	0	1	0	↓	0	↓	↓
2	0	0	1	0	0	0	1	1	0	0	0	↓
3	0	0	1	1	0	1	0	0	↓	↓	↓	↓
4	0	1	0	0	0	1	0	1	0	0	0	↓
5	0	1	0	1	0	1	1	0	↓	0	↓	↓
6	0	1	1	0	0	1	1	1	0	0	0	↓
7	0	1	1	1	1	0	0	0	↓	↓	↓	↓
8	1	0	0	0	1	0	0	1	0	0	0	↓
9	1	0	0	1	0	0	0	0	↓	0	↓	↓
10	1	0	1	0	1	0	1	1	0	0	0	↓
11	1	0	1	1	0	1	0	0	↓	↓	↓	↓
12	1	1	0	0	1	1	0	1	0	0	0	↓
13	1	1	0	1	1	1	1	0	↓	0	↓	↓
14	1	1	1	0	1	1	1	1	0	0	0	↓
15	1	1	1	1	0	0	0	0	↓	↓	↓	↓

（4）画状态图及时序图。时序图及状态图如图 5.13 所示。将无效状态 1010～1111 分别代入状态方程进行计算，可以验证在 CP 脉冲作用下都能回到有效状态，电路能够自启动。

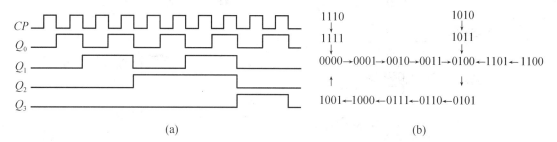

图 5.13 时序图及状态图
(a)时序图 (b)状态图

4. 集成异步计数器

常见异步集成计数器芯片有 74LS197、74LS196/290/293/390/393 等几种，下面以异步二-五-十进制计数器 74LS290 和 74LS197 为例进行介绍。

1）74LS197

4 位集成二进制异步加法计数器 74LS197 芯片引脚图如图 5.14 所示。

(1) $\overline{CR}=0$ 时异步清零。

(2) $\overline{CR}=1$、$CT/\overline{LD}=0$ 时异步置数。

(3) $\overline{CR}=CT/\overline{LD}=1$ 时，异步加法计数。若将输入时钟脉冲 CP 加在 CP_0 端、把 Q_0 与 CP_1 连接起来，则构成 4 位二进制即十六进制异步加法计数器。若将 CP 加在 CP_1 端，则构成 3 位二进制即八进制计数器，FF_0 不工作。如果只将 CP 加在 CP_0 端，CP_1 接 0 或 1，则形成 1 位二进制即二进制计数器。

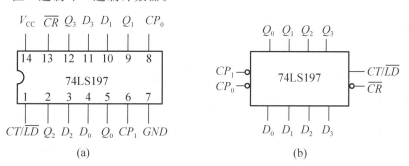

图 5.14 74LS197 引脚图
(a)引脚图 (b)逻辑功能示意图

2）74LS290

74LS290 是异步十进制计数器。其逻辑电路图和外引脚图如图 5.15 所示。它由一个一位二进制计数器和一个异步五进制计数器组成。如果计数脉冲由 CP_0 端输入，输出由 Q_0 端引出，即得二进制计数器；如果计数脉冲由 CP_1 端输入，输出由 $Q_3Q_2Q_1$ 引出，即是五进制计数器；如果将 Q_0 与 CP_1 相连，计数脉冲由 CP_0 端输入，输出由 $Q_3Q_2Q_1Q_0$ 引出，即得 8421 码十进制计数器。因此，又称此电路为二-五-十进制计数器。

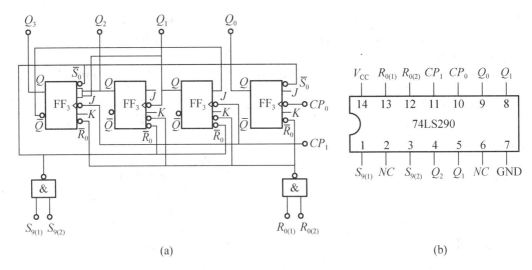

图 5.15　74LS290　二-五-十进制计数器
(a)逻辑电路图　　(b)外引脚图

表 5-6 是 74LS290 的功能表。由表 5-6 可以看出，当复位输入 $R_{0(1)}=R_{0(2)}=1$，且置位输入 $S_{9(1)} \cdot S_{9(2)}=0$ 时，74LS290 的输出被直接置零；只要置位输入 $S_{9(1)} \cdot S_{9(2)}=1$，则 74LS290 的输出将被直接置 9，即 $Q_3Q_2Q_1Q_0=1001$；只有同时满足 $R_{0(1)} \cdot R_{0(2)}=0$ 和 $S_{9(1)} \cdot S_{9(2)}=0$ 时，才能在计数脉冲(下降沿)作用下实现二-五-十进制加法计数。

表 5-6　74LS290 功能表

复位输入		置位输入		时钟	输　　出				工 作 模 式
$R_{0(1)}$	$R_{0(2)}$	$S_{9(1)}$	$S_{9(2)}$	CP	Q_3	Q_2	Q_1	Q_0	
1	1	0	×	×	0	0	0	0	异步清零
1	1	×	0	×	0	0	0	0	
×	×	1	1	×	1	0	0	1	异步置数
0	×	0	×	↓		计		数	加法计数
0	×	×	0	↓		计		数	
×	0	0	×	↓		计		数	
×	0	×	0	↓		计		数	

5. 异步计数器的特点

异步计数器的最大优点是电路结构简单。其主要缺点是：由于各触发器翻转时存在延迟时间，级数越多，延迟时间越长，因此计数速度慢；同时由于延迟时间在有效状态转换过程中会出现过渡状态造成逻辑错误。

基于上述原因，在高速数字系统中，大都采用同步计数器。

5.2.2　同步计数器

同步计数器的各触发器状态，在 CP 脉冲到来时同步有效，即各触发器的翻转与时钟脉冲同步。各个触发器在输入 CP 脉冲的同一时刻触发，计数速度快，不会出现因触发器翻转时刻不一致而产生的干扰信号，但电路结构相对复杂。

1. 同步二进制加法计数器

用 T' 触发器构成的同步 3 位二进制加法计数器如图 5.16 所示。

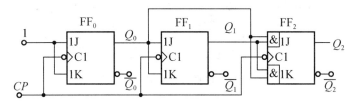

图 5.16　3 位二进制加法计数器

根据电路分析如下：

时钟方程：$CP_0 = CP_1 = CP_2 = CP$

驱动方程：$J_0 = K_0 = 1$，$J_1 = K_1 = Q_0^n$，$J_2 = K_2 = Q_1^n Q_0^n$

状态方程：$Q_0^{n+1} = \overline{Q}_0$，$Q_1^{n+1} = Q_0 \overline{Q}_1 + \overline{Q}_0 Q_1$，$Q_2^{n+1} = Q_0 Q_1 \overline{Q}_2 + \overline{Q_0 Q_1} Q_2$

根据状态方程计算，见表 5-7。

表 5-7　状态转换表

现　　态			次　　态		
Q_2^n	Q_1^n	Q_0^n	Q_2^{n+1}	Q_1^{n+1}	Q_0^{n+1}
0	0	0	0	0	1
0	0	1	0	1	0
0	1	0	0	1	1
0	1	1	1	0	0
1	0	0	1	0	1
1	0	1	1	1	0
1	1	0	1	1	1
1	1	1	0	0	0

根据状态表可画出其状态图和时序图如图 5.17 所示。

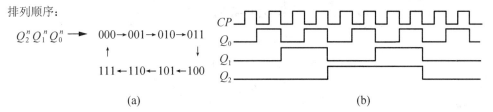

(a)　　　　　　　　　　　　　　(b)

图 5.17　状态图和时序图

(a)状态图　　(b)时序图

由图 5.16 可知，用 T 触发器构成同步二进制加法计数器时，应使 $T_0 = 1$，$T_1 = Q_0$，$T_2 = Q_0 Q_1$，$T_3 = Q_0 Q_1 Q_2 \cdots$，即 $T_i = \prod\limits_{j=0}^{i-1} Q_j (i = 0, 1, \cdots, n-1)$，若构成减法计数器，

只需将 $T_i = \overline{Q_{i-1}} \cdot \overline{Q_{i-2}} \cdots \overline{Q_1} \cdot \overline{Q_0} = \prod_{j=0}^{i-1} \overline{Q_j}(i=1, 2, \cdots, n-1)$ 即可，如图 5.18 所示。

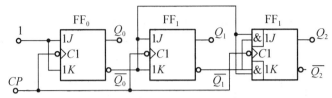

图 5.18　异步二进制减法计数器

2. 同步二进制可逆计数器

将加法和减法计数器综合起来由控制门进行转换可得到可逆计数器，如图 5.19 所示。$\overline{U}/D$ 表示加减控制信号，$\overline{U}/D=0$ 时作加计数，$\overline{U}/D=1$ 时作减计数，其工作原理读者可自行分析。

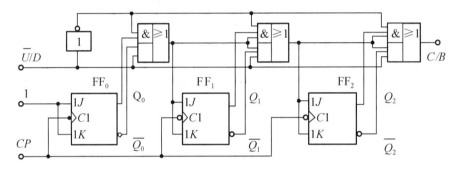

图 5.19　同步二进制可逆计数器

3. 同步十进制计数器

由 T' 触发器构成的同步十进制加法计数器如图 5.20 所示。

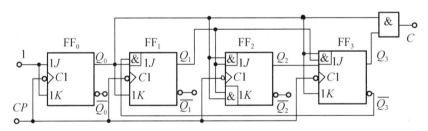

图 5.20　同步十进制加法计数器

时钟方程：$CP_0 = CP_1 = CP_2 = CP_3 = CP$

驱动方程：$\begin{cases} J_0 = K_0 = 1 \\ J_1 = \overline{Q_3^n} Q_0^n, \quad K_1 = Q_0^n \\ J_2 = K_2 = Q_1^n Q_0^n \\ J_3 = Q_2^n Q_1^n Q_0^n, \quad K_3 = Q_0^n \end{cases}$

输出方程：$C = Q_3^n Q_0^n$

将驱动方程代入 JK 触发器特性方程,可得到其状态方程

$$\begin{cases} Q_0^{n+1} = \overline{Q_0^n} \\ Q_1^{n+1} = \overline{Q_3^n} Q_0^n \cdot \overline{Q_1^n} + \overline{Q_0^n} \cdot Q_1^n \\ Q_2^{n+1} = Q_1^n Q_0^n \cdot \overline{Q_2^n} + \overline{Q_1^n Q_0^n} \cdot Q_2^n \\ Q_3^{n+1} = Q_2^n Q_1^n Q_0^n \cdot \overline{Q_3^n} + \overline{Q_0^n} \cdot Q_3^n \end{cases}$$

根据状态方程可列出状态转换表,见表 5-8。

表 5-8 状态转换表

计数脉冲序号	现态				次态				输出
	Q_3^n	Q_2^n	Q_1^n	Q_0^n	Q_3^{n+1}	Q_2^{n+1}	Q_1^{n+1}	Q_0^{n+1}	C
0	0	0	0	0	0	0	0	1	0
1	0	0	0	1	0	0	1	0	0
2	0	0	1	0	0	0	1	1	0
3	0	0	1	1	0	1	0	0	0
4	0	1	0	0	0	1	0	1	0
5	0	1	0	1	0	1	1	0	0
6	0	1	1	0	0	1	1	1	0
7	0	1	1	1	1	0	0	0	0
8	1	0	0	0	1	0	0	1	0
9	1	0	0	1	0	0	0	0	1
10	1	0	1	0	1	0	1	1	0
11	1	0	1	1	0	1	0	0	1
12	1	1	0	0	1	1	0	1	0
13	1	1	0	1	0	1	0	0	1
14	1	1	1	0	1	1	1	1	0
15	1	1	1	1	0	0	0	0	1

由状态表可得出其状态转换图如图 5.21 所示。将无效状态 1010～1111 分别代入状态方程进行计算,可以验证在 CP 脉冲作用下都能回到有效状态,电路能够自启动。

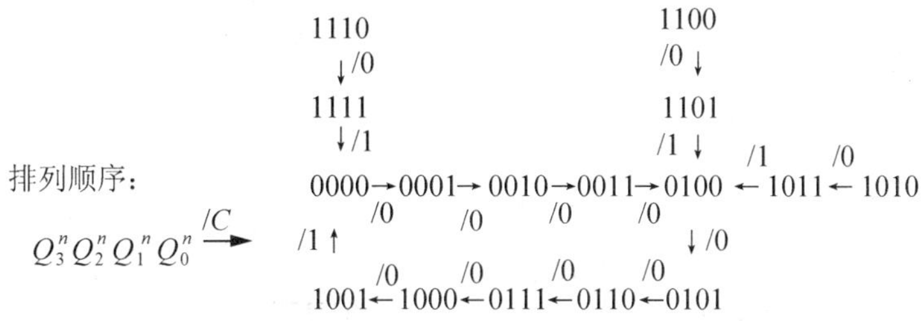

图 5.21 状态转换图

时序图如图 5.22 所示。

同步十进制减法计数器如图 5.23 所示,其工作原理读者可自行分析,其中 B 为借位输出。

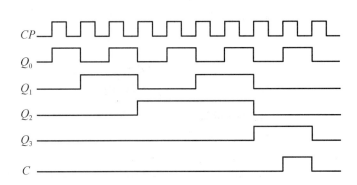

图 5.22 时序图

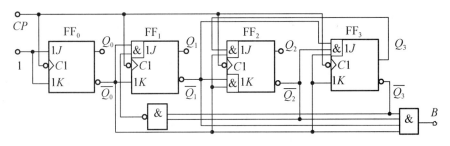

图 5.23 同步十进制减法计数器

4. 集成同步计数器

集成同步计数器种类较多，常见的有 74LS160(4 位十进制，异步清零)、74LS161(4 位 2 进制，异步清零)、74LS162(4 位十进制，同步清零)、74LS163(4 位二进制，同步清零)、74LS190(4 位十进制加/减可逆式)、74LS191(4 位二进制加/减可逆式)、74LS192(4 位十进制双时钟可逆式)、74LS193(4 位二进制双时钟可逆式)等。

1) 二进制同步加法计数器 74LS161/163

二进制同步加法计数器 74LS161 芯片引脚排列图及逻辑功能示意图如图 5.24 所示。

(1) $\overline{CR}=0$ 时异步清零。

(2) $\overline{CR}=1$，$\overline{LD}=0$ 时同步置数。

(3) $\overline{CR}=\overline{LD}=1$ 且 $ET=EP=1$ 时，按照 4 位自然二进制码进行同步二进制计数。

(4) $\overline{CR}=\overline{CR}=1$ 且 $ET=EP=0$ 时，计数器状态保持不变。

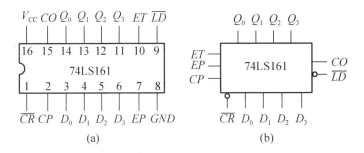

图 5.24 二进制同步加法计数器 74LS161
(a)引脚排列图　　(b)逻辑功能示意图

74LS161 功能表见表 5-9。

74LS163 的引脚排列和 74LS161 相同，不同之处是 74LS163 采用同步清零方式。

表 5-9 74LS161 功能表

清零	预置	使能		时钟	预置数据输入				输出				工作模式
$\overline{CR}$	$\overline{LD}$	EP	ET	CP	D_3	D_2	D_1	D_0	Q_3	Q_2	Q_1	Q_0	
0	×	×	×	×	×	×	×	×	0	0	0	0	异步清零
1	0	×	×	↑	d_3	d_2	d_1	d_0	d_3	d_2	d_1	d_0	同步置数
1	1	0	×	×	×	×	×	×	保	持			数据保持
1	1	×	0	×	×	×	×	×	保	持			数据保持
1	1	1	1	↑	×	×	×	×	计	数			加法计数

2) 二进制同步可逆计数器 74LS191

二进制同步可逆计数器 74LS191 芯片引脚排列图及逻辑功能示意图如图 5.25 所示。

$\overline{U/D}$ 是加减计数控制端；$\overline{CT}$ 是使能端；$\overline{LD}$ 是异步置数控制端；$D_0 \sim D_3$ 是并行数据输入端；$Q_0 \sim Q_3$ 是计数器状态输出端；CO/BO 是进位借位信号输出端；$\overline{RC}$ 是多个芯片级联时级间串行计数使能端，$\overline{CT}=0$，$CO/BO=1$ 时，$\overline{RC}=CP$，由 $\overline{RC}$ 端产生的输出进位脉冲的波形与输入计数脉冲的波形相同。

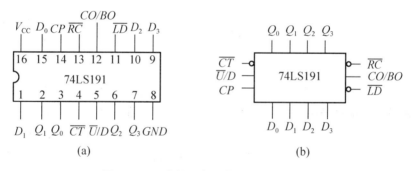

图 5.25 二进制同步可逆计数器 74LS191
(a)引脚排列图 (b)逻辑功能示意图

74LS191 功能表见表 5-10。

表 5-10 74LS191 功能表

预置	使能	加/减制	时钟	预置数据输入				输出				工作模式
$\overline{LD}$	$\overline{CT}$	$\overline{U}/D$	CP	D_3	D_2	D_1	D_0	Q_3	Q_2	Q_1	Q_0	
0	×	×	×	d_3	d_2	d_1	d_0	d_3	d_2	d_1	d_0	异步置数
1	1	×	×	×	×	×	×	保	持			数据保持
1	0	0	↑	×	×	×	×	加法计数				加法计数
1	0	1	↑	×	×	×	×	减法计数				减法计数

74LS190 是单时钟集成十进制同步可逆计数器，其引脚排列图和逻辑功能示意图与 74LS191 相同。

3）二进制同步可逆计数器 74LS193

双时钟集成二进制同步可逆计数器 74LS193 芯片引脚排列图与逻辑功能示意图如图 5.26 所示，74LS193 功能表见表 5-11。

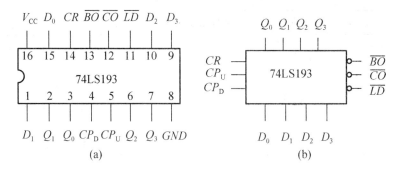

图 5.26　二进制同步可逆计数器 74LS193

(a)引脚排列图　(b)逻辑功能示意图

表 5-11　74LS193 功能表

清零	预置	时钟		预置数据输入				输出				工作模式
CR	$\overline{LD}$	CP_U	CP_D	D_3	D_2	D_1	D_0	Q_3	Q_2	Q_1	Q_0	
1	×	×	×	×	×	×	×	0	0	0	0	异步清零
0	0	×	×	d_3	d_2	d_1	d_0	d_3	d_2	d_1	d_0	异步置数
0	1	↑	1	×	×	×	×	加法计数				加法计数
0	1	1	↑	×	×	×	×	减法计数				减法计数
0	1	1	1	×	×	×	×	保　持				数据保持

CR 是异步清零端，高电平有效；$\overline{LD}$ 是异步置数端，低电平有效；CP_U 是加法计数脉冲输入端；CP_D 是减法计数脉冲输入端；$D_0 \sim D_3$ 是并行数据输入端；$Q_0 \sim Q_3$ 是计数器状态输出端；$\overline{CO}$ 是进位脉冲输出端；$\overline{BO}$ 是借位脉冲输出端；多个 74LS193 级联时，只要把低位的 $\overline{CO}$ 端、$\overline{BO}$ 端分别与高位的 CP_U、CP_D 连接起来，各个芯片的 CR 端连接在一起，$\overline{LD}$ 端连接在一起，就可以了。

74LS192 是双时钟集成十进制同步可逆计数器，其引脚排列图和逻辑功能示意图与 74LS193 相同。

5.2.3　集成计数器的应用

1. 利用集成计数器构成 N 进制计数器

利用集成计数器的清零端和置数端实现归零，从而构成按自然态序进行计数的 N 进制计数器。

1）用同步清零端或置数端归零构成 N 进制计数器

解题步骤如下：

（1）写出状态 S_{N-1} 的二进制代码。

（2）求归零逻辑，即求同步清零端或置数控制端信号的逻辑表达式。

（3）画逻辑图。

【应用实例 5.3】

用 74LS163 构成一个十二进制计数器。

解：74LS163 为 4 位集成二进制同步加法计数器，引脚排列图及逻辑功能示意图如图 5.27 所示。

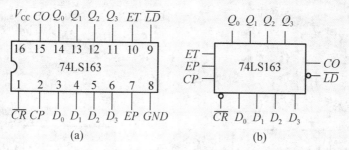

图 5.27　74LS163 示意图

(a)引脚排列图　(b)逻辑功能示意图

$\overline{CR}=0$ 时同步清零；$\overline{CR}=1$、$\overline{LD}=0$ 时同步置数；$\overline{CR}=\overline{LD}=1$ 且 $ET=EP=1$ 时，按照 4 位自然二进制码进行同步二进制计数；$\overline{CR}=\overline{LD}=1$ 且 $ET=EP=0$ 时，计数器状态保持不变；$D_0 \sim D_3$ 为数据输入端；CO 为进位输出端。

(1) 写出状态 S_{N-1} 的二进制代码：$S_{N-1}=S_{12-1}=S_{11}=1011$。

(2) 求归零逻辑。若 $\overline{CR}$ 或 $\overline{LD}$ 低电平有效，则反馈归零逻辑表达式为：$\overline{CR}=\overline{LD}=\overline{P_{N-1}}=\overline{P_{11}}=\overline{Q_3^n Q_1^n Q_0^n}$，用与非门来实现。

若 CR 或 LD 高电平有效，则反馈归零逻辑表达式为：$CR=LD=P_{N-1}=P_{11}=Q_3^n Q_1^n Q_0^n$，用与门来实现。

注意：当用置数法归零时，一定要将数据输入端置零。

(3) 画逻辑图，如图 5.28 所示。

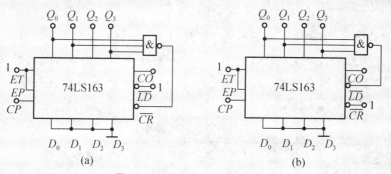

图 5.28　应用实例 5.3 电路图

(a)同步清零端归零　(b)同步置数端归零

2) 用异步清零端或置数端归零构成 N 进制计数器

解题步骤如下。

(1) 写出状态 S_N 的二进制代码。

(2) 求归零逻辑，即求异步清零端或置数控制端信号的逻辑表达式。

(3) 画逻辑图。

【应用实例 5.4】

用 74LS197 构成一个十二进制计数器。

解:74LS197 为 4 位集成二进制异步加法计数器,引脚排列及逻辑功能如图 5.29 所示。

(1) 写出状态 S_N 的二进制代码:$S_N = S_{12} = 1100$。

(2) 求归零逻辑。$\overline{CR} = \overline{CT/LD} = \overline{P}_N = \overline{P}_{12} = \overline{Q_3^n Q_2^n}$,因为低电平有效,所以用与非门实现。

(3) 画逻辑图,如图 5.29 所示。

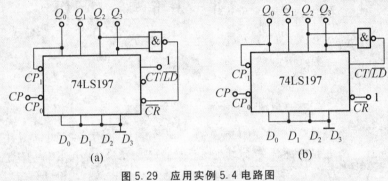

图 5.29 应用实例 5.4 电路图
(a)异步清零端归零　　(b)异步置数端归零

3) 当 $M > N$ 时,即所要构成计数器计数长度大于单片计数器计数长度时,必须用多片 N 进制计数器组合构成,连接方式可分为串行进位方式、并行进位方式、整体置零方式和整体置数方式几种。

【应用实例 5.5】

试用两片同步十进制计数器 74LS160 接成四十八进制计数器。

解:74LS160 功能表见表 5-12。

由于 74LS160 是同步十进制计数器,小于所要构成的计数器计数长度四十八进制,所以首先要将两片 74LS160 联构成一个一百进制的计数器,然后再利用置零方式或置数方式构成四十八进制计数器。本方案采用整体异步清零法接成四十八进制计数器,如图 5.30 所示。

表 5-12　74LS160 功能表

清零	预置	使能		时钟	预置数据输入				输出				工作模式
$\overline{R}_D$	$\overline{LD}$	EP	ET	CP	D_3	D_2	D_1	D_0	Q_3	Q_2	Q_1	Q_0	
0	×	×	×	×	×	×	×	×	0	0	0	0	异步清零
1	0	×	×	↑	d_3	d_2	d_1	d_0	d_3	d_2	d_1	d_0	同步置数
1	1	0	×	×	×	×	×	×		保　持			数据保持
1	1	×	0	×	×	×	×	×		保　持			数据保持
1	1	1	1	↑	×	×	×	×		十进制计数			加法计数

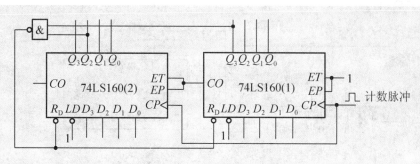

图 5.30 应用实例 5.5 电路图

2. 组成分频器

由计数器特性可知，模 N 计数器进位输出端输出脉冲的频率是输入脉冲频率的 $1/N$，因此可用模 N 计数器组成 N 分频器。

【应用实例 5.6】

某石英晶体振荡器输出脉冲信号的频率为 32 768 Hz，用 74LS161 组成分频器，将其分频为频率为 1 Hz 的脉冲信号。

解：因为 $32\,768 = 2^{15}$，经 15 级二分频就可获得频率为 1 Hz 的脉冲信号。因此将四片 74LS161 级联，从高位片(4)的 Q_2 输出即可，如图 5.31 所示。

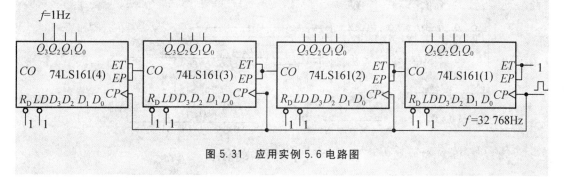

图 5.31 应用实例 5.6 电路图

3. 利用集成计数器构成序列信号发生器

所谓序列信号是指在时钟脉冲作用下产生的一串周期性的二进制信号，利用集成计数器的特点很容易构成序列信号发生器。

【应用实例 5.7】

试用计数器 74LS161 和数据选择器设计一个 01100011 序列发生器。

解：由于序列长度 $P = 8$，故将 74LS161 构成模为 8 的计数器，并选用数据选择器 74LS151 产生所需序列，从而得电路如图 5.32 所示。

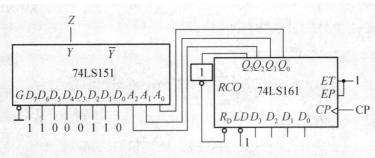

图 5.32 应用实例 5.7 电路图

4. 组成脉冲分配器

脉冲分配器的作用是产生多路顺序脉冲信号,它可以由计数器和译码器组成,也可以由环形计数器构成。

【应用实例 5.8】

试用计数器 74LS161 和译码器 74LS138 组成一个 8 路顺序脉冲信号。

解:由于输出 8 路顺序脉冲信号,所以先利用集成计数器 74LS161 构成一个八进制计数器,然后利用计数器的 8 个状态作为译码器的编码输入,就可产生 8 路顺序脉冲信号,如图 5.33 所示,波形图如图 5.34 所示。

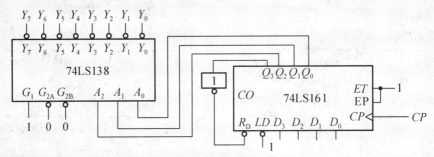

图 5.33 应用实例 5.8 电路图

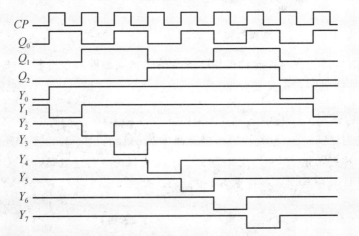

图 5.34 应用实例 5.8 波形图

5.3 寄存器和移位寄存器

在数字电路中用来存放二进制数据或代码的电路称为寄存器。

寄存器是由具有存储功能的触发器组合起来构成的。一个触发器可以存储 1 位二进制代码，存放 n 位二进制代码的寄存器需用 n 个触发器来构成。

按照功能的不同，可将寄存器分为基本寄存器和移位寄存器两大类。基本寄存器只能并行送入数据，需要时也只能并行输出。移位寄存器中的数据可以在移位脉冲作用下依次逐位右移或左移，数据既可以并行输入、并行输出，也可以串行输入、串行输出，还可以并行输入、串行输出，串行输入、并行输出，十分灵活，用途也很广。

5.3.1 基本寄存器（数码寄存器）

1. 单拍工作方式基本寄存器

由 D 触发器构成的单拍工作方式基本寄存器如图 5.35 所示。接收数码时所有数码都是同时读入的，称此种输入、输出方式为并行输入、并行输出方式。由电路可知，无论寄存器中原来的内容是什么，只要送数控制时钟脉冲 CP 上升沿到来，加在并行数据输入端的数据 $D_0 \sim D_3$ 就立即被送入寄存器中，即有

$$Q_3^{n+1} Q_2^{n+1} Q_1^{n+1} Q_0^{n+1} = D_3 D_2 D_1 D_0$$

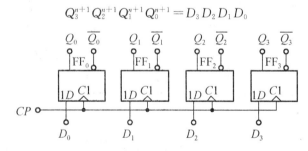

图 5.35 单拍工作方式基本寄存器

2. 双拍工作方式基本寄存器

由 D 触发器构成的双拍工作方式基本寄存器如图 5.36 所示。其工作过程如下。

(1) 清零。$\overline{CR}=0$，异步清零。即有

$$Q_3^n Q_2^n Q_1^n Q_0^n = 0000$$

(2) 送数。$\overline{CR}=1$ 时，CP 上升沿送数。即有

$$Q_3^{n+1} Q_2^{n+1} Q_1^{n+1} Q_0^{n+1} = D_3 D_2 D_1 D_0$$

(3) 保持。在 $\overline{CR}=1$、CP 上升沿以外时间，寄存器内容将保持不变。

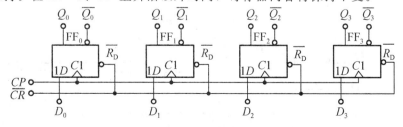

图 5.36 双拍工作方式基本寄存器

5.3.2 移位寄存器

1. 单向移位寄存器

1) 右移寄存器(D 触发器组成的 4 位右移寄存器)

右移寄存器的电路结构如图 5.37 所示,该电路左边触发器的输出端接右邻触发器的输入端,$D_0=D_1$,$D_1=Q_0$,$D_2=Q_1$,$D_3=Q_2$。在 CP 上升沿作用下,串行输入数据 D_1 逐步被移入 FF_0 中;同时,数据逐步被右移。

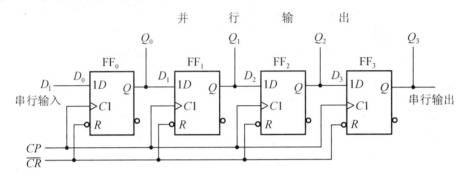

图 5.37 右移寄存器的电路结构

设移位寄存器的初始状态为 0000,串行输入数码 $D_1=1101$,从高位到低位依次输入。在 4 个移位脉冲作用下,串行输入的 4 位数码 1101 全部存入寄存器,并由 Q_3、Q_2、Q_1 和 Q_0 并行输出。其状态表见表 5-13。

表 5-13 右移寄存器状态表

移位脉冲	输入数码	输出			
CP	D_1	Q_0	Q_1	Q_2	Q_3
0		0	0	0	0
1	1	1	0	0	0
2	1	1	1	0	0
3	0	0	1	1	0
4	1	1	0	1	1

右移寄存器的时序图如图 5.38 所示。

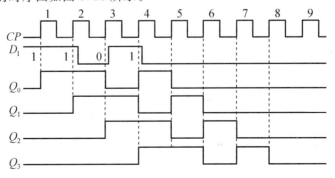

图 5.38 右移寄存器的时序图

在 4 个移位脉冲作用下，输入的 4 位串行数码 1101 全部存入了寄存器中。这种输入方式称为串行输入方式。可见，移位寄存器除了能寄存数码外，还能实现数据的串并行转换。

2）左移寄存器

左移寄存器的电路结构如图 5.39 所示。该电路右边触发器的输出端接左邻触发器的输入端。其状态分析与右移寄存器相似。

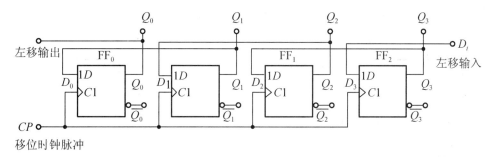

图 5.39 左移寄存器的电路结构

2. 双向移位寄存器

将右移寄存器和左移寄存器组合起来，并引入控制端 M 便构成既可左移又可右移的双向移位寄存器，如图 5.40 所示。

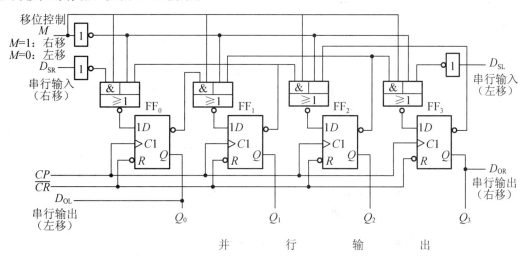

图 5.40 双向移位寄存器的电路结构图

其中，D_{SR} 为右移串行输入端，D_{SL} 为左移串行输入端。

$D_0 = \overline{\overline{D_{SR}M} + \overline{Q_1}\,\overline{M}}$，$D_1 = \overline{\overline{Q_0 M} + \overline{Q_2}\,\overline{M}}$

$D_2 = \overline{\overline{Q_1 M} + \overline{Q_3}\,\overline{M}}$，$D_3 = \overline{\overline{Q_3 M} + \overline{Q_{SL}}\,\overline{M}}$

当 $M=1$ 时，$D_0 = D_{SR}$，$D_1 = Q_0$，$D_2 = Q_1$，$D_3 = Q_2$，$Q_0 \to Q_1 \to Q_2 \to Q_3$ 右移

当 $M=0$ 时，$D_3 = D_{SL}$，$D_2 = Q_3$，$D_1 = Q_2$，$D_0 = Q_1$，$Q_0 \leftarrow Q_1 \leftarrow Q_2 \leftarrow Q_3$ 左移

3. 中规模集成双向移位寄存器——74LS194

74LS194 为四位双向移位寄存器，如图 5.41 所示。D_{SL} 和 D_{SR} 分别是左移和右移串行输入端。D_0、D_1、D_2 和 D_3 是并行输入端。Q_0 和 Q_3 分别是左移和右移时的串行输出端，

Q_0、Q_1、Q_2 和 Q_3 为并行输出端,其功能表见表 5-14。

S_1、S_0 为工作方式选择端。

(1) $S_1 S_0 = 00$,CP 上升沿到后,输出不变。

(2) $S_1 S_0 = 01$,CP 上升沿到后,右移。

(3) $S_1 S_0 = 10$,CP 上升沿到后,左移。

(4) $S_1 S_0 = 11$,CP 上升沿到后,并行输入。

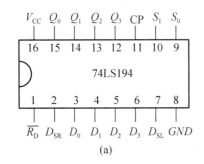 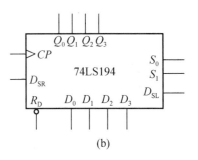

(a)   (b)

图 5.41 74LS194 四位双向移位寄存器

(a)引脚图　　(b)符号图

表 5-14 74LS194 的功能表

清零	控制		串行输入		时钟	并行输入				输出				工作模式
$\overline{R_D}$	S_1	S_0	D_{SL}	D_{SR}	CP	D_0	D_1	D_2	D_3	Q_0	Q_1	Q_2	Q_3	
0	×	×	×	×	×	×	×	×	×	0	0	0	0	异步清零
1	0	0	×	×	×	×	×	×	×	Q_0^n	Q_1^n	Q_2^n	Q_3^n	保持
1	0	1	×	1	↑	×	×	×	×	1	Q_0^n	Q_1^n	Q_2^n	右移,D_{SR} 为串行输入,Q_3 为串行输出
1	0	1	×	0	↑	×	×	×	×	0	Q_0^n	Q_1^n	Q_2^n	
1	1	0	1	×	↑	×	×	×	×	Q_1^n	Q_2^n	Q_3^n	1	左移,D_{SL} 为串行输入,Q_0 为串行输出
1	1	0	0	×	↑	×	×	×	×	Q_1^n	Q_2^n	Q_3^n	0	
1	1	1	×	×	↑	D_0	D_1	D_2	D_3	D_0	D_1	D_2	D_3	并行置数

用两片 74LS194 接成 8 位双向移位寄存器,接法如图 5.42 所示。

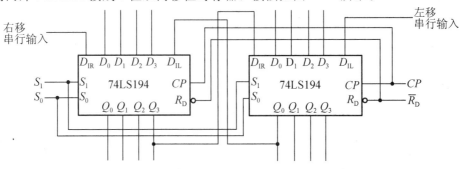

图 5.42 用两片 74LS194 接成 8 位双向移位寄存器

5.3.3 寄存器应用实例

1. 用移位寄存器构成环形计数器

用移位寄存器构成环形计数器如图 5.43 所示。该电路结构特点是 $D_0 = Q_{n-1}^n$，即将 FF_{n-1} 的输出 Q_{n-1} 接到 FF_0 的输入端 D_0。

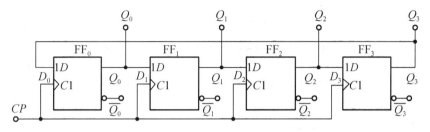

图 5.43 用移位寄存器构成环形计数器

根据起始状态设置的不同，在输入计数脉冲 CP 的作用下，环形计数器的有效状态可以循环移位一个 1，也可以循环移位一个 0。即当连续输入 CP 脉冲时，环形计数器中各个触发器的 Q 端或 $\overline{Q}$ 端，将轮流出现矩形脉冲，其状态图如图 5.44 所示。

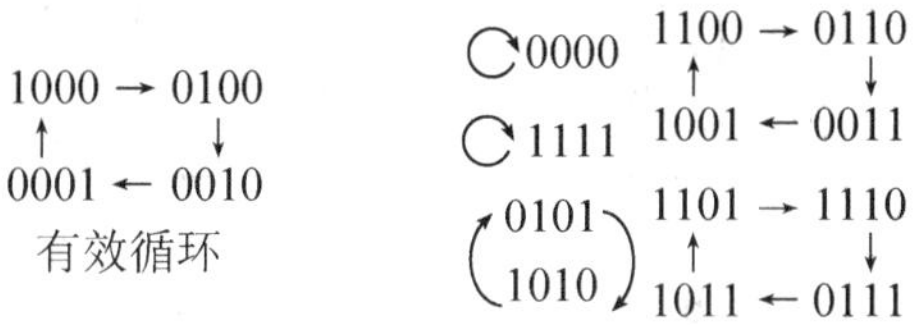

$$
\begin{array}{c}
1000 \rightarrow 0100 \\
\uparrow \qquad \downarrow \\
0001 \leftarrow 0010
\end{array}
\qquad
\begin{array}{l}
\circlearrowleft 0000 \\
\circlearrowleft 1111 \\
\left(\begin{array}{l} 0101 \\ 1010 \end{array} \right)
\end{array}
\qquad
\begin{array}{c}
1100 \rightarrow 0110 \\
\uparrow \qquad \downarrow \\
1001 \rightarrow 0011 \\
1101 \rightarrow 1110 \\
\uparrow \qquad \downarrow \\
1011 \rightarrow 0111
\end{array}
$$

有效循环

图 5.44 环形计数器状态图

由 74LS194 构成的环形计数器电路如图 5.45 所示。

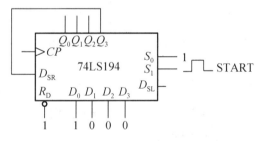

图 5.45 由 74LS194 构成的环形计数器

环形计数器电路结构简单，N 位移位寄存器可以计 N 个数，实现模为 N 的计数器，状态利用率低。

能自启动的 4 位环形计数器如图 5.46 所示，状态图如图 5.47 所示。

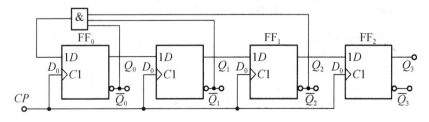

图 5.46 能自启动的 4 位环形计数器电路图

排列顺序：$Q_0^n Q_1^n Q_2^n Q_3^n \rightarrow$

1111 0000 → 1000 → 0100 ← 1001

↓　　　　　　↑　　　　　↓

1110 → 0111 → 0011 → 0001 ← 0010 ← 0101 ← 1011

　　　　　　　　↑

1100 → 0110 ← 1101

图 5.47　能自启动的 4 位环形计数器状态图

2. 用移位寄存器构成扭环形计数器

为了增加有效计数状态，扩大计数器的模，可采用扭环形计数器。一般来说，N 位移位寄存器可以组成模为 $2N$ 的扭环形计数器，只需将末级输出反相后接到串行输入端，其电路图及状态图如图 5.48 所示。

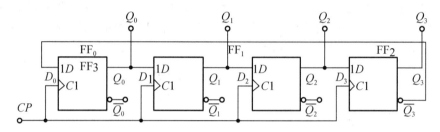

图 5.48　扭环形计数器电路图

该电路结构特点是 $D_0 = \overline{Q_{n-1}^n}$，即将 FF_{n-1} 的输出 $\overline{Q_{n-1}}$ 接到 FF_0 的输入端 D_0。扭环形计数器状态图如图 5.49 所示。

排列顺序：$Q_0^n Q_1^n Q_2^n Q_3^n \rightarrow$

0000 → 1000 → 1100 → 1110　　　0100 → 1010 → 1101 → 0110

↑　　有效循环　　↓　　　　　　↑　　无效循环　　↓

0001 ← 0011 ← 0111 ← 1111　　　1001 ← 0010 ← 0101 ← 1011

图 5.49　扭环形计数器状态图

能自启动的 4 位扭环形计数器如图 5.50 所示。

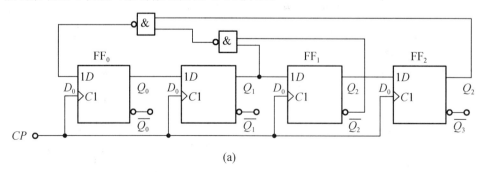

(a)

图 5.50　能自启动的 4 位扭环形计数器

排列顺序 $Q_0^n Q_1^n Q_2^n Q_3^n \longrightarrow$

0000→1000→1100→1110←1101←1010←0100←1001←0010

↑   有效循环   ↓   ↑

0001←0011←0111←1111   0101←1011←0110

(b)

图 5.50 能自启动的 4 位扭环形计数器（续）

(a)逻辑图   (b)状态图

3. 用移位寄存器构成脉冲序列发生器

图 5.51 是由 4 位双向移位寄存器 74LS194 组成的脉冲发生器。

当启动信号输入负脉冲时，G_2 的输出端 $S_1=1$，S_0 悬空，所以 $S_1S_0=11$。寄存器执行并行置数功能，即使 $Q_3Q_2Q_1Q_0=1110$；启动信号撤销后，G_2 输出为 0（因为 G_1 输出为 1）。此时，$S_1S_0=01$，开始执行右移功能。在移位过程中 G_1 的 4 个输入端总有一个为 0，所以 G_1 的输出总为 1，G_2 输出为 0，右移的时序图如图 5.52 所示。

由图 5.52 可知，寄存器各输出端按固定时序轮流输出低电平脉冲，该电路是一个四相序列脉冲发生器。

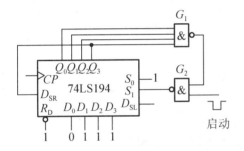

图 5.51 74LS194 组成的脉冲发生器

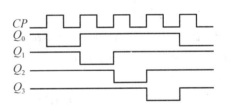

图 5.52 脉冲发生器的时序图

4. 由计数器和寄存器构成汽车尾部信号灯

由计数器和寄存器构成汽车尾部信号灯如图 5.53 所示。

汽车在夜间行驶过程中，其尾灯的变化规律如下：正常行驶时，车后 6 只尾灯全部点亮；左转弯时，左边 3 只灯依次从右向左循环闪动，右边 3 只灯熄灭；右转弯时，右边 3 只灯依次从左向右循环闪动，左边 3 只灯熄灭；当车辆停车时，6 只灯一明一暗同时闪动。

1）计数器 74LS192 的工作过程

计数器 74LS192 构成模为 3 的计数器，则 Q_0Q_1 的变化规律是 001001001 这一长度为 $P=3$ 的序列信号。

2）汽车正常行驶时

$L=0$，$R=0$，译码器 74LS138 的输出 $\overline{Y_0}$ 使 74LS194（Ⅰ）的 $Q_1Q_2Q_3$ 与 74LS194（Ⅱ）的 $Q_0Q_1Q_2$ 均为 111，故 6 只尾灯全亮。

3）汽车左转弯时

$L=0$，$R=1$，移位寄存器 74LS194（Ⅱ）的 $Q_0Q_1Q_2=000$，右灯 R_1、R_2 和 R_3 全部熄灭；而 74LS194（Ⅰ）的 $S_1S_0=10$，将进行左移操作。

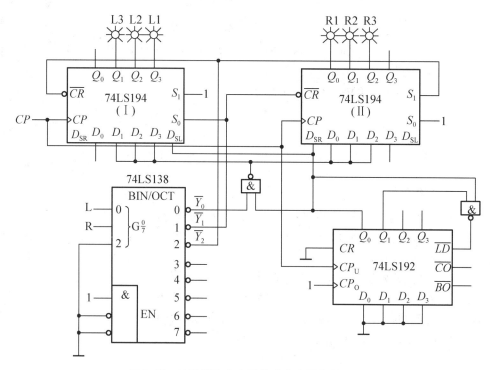

图 5.53 计数器和寄存器构成汽车尾部信号灯

4）汽车右转弯时

$L=1$，$R=0$，74LS194（Ⅰ）的 $Q_1Q_2Q_3=000$，左灯 L_1、L_2 和 L_3 全部熄灭；74LS194（Ⅱ）的 $S_1S_0=01$，将进行右移操作。

5）汽车暂停时

$L=1$，$R=1$，A、B、C 的数值完全由 74LS192 的 Q_0 来确定。当 $Q_0=0$ 时，6 只尾灯同时点亮；而当 $Q_0=1$ 时，6 只尾灯同时熄灭，以此交替进行。

技能实训 6　集成计数器及其应用

1. 实训目的

（1）掌握中规模集成计数器功能测试方法。

（2）掌握用集成触发器构成计数器的方法。

2. 实训设备

（1）+5V 直流电源。　　（2）双踪示波器。　　（3）连续脉冲源。

（4）单次脉冲源。　　　（5）逻辑电平开关。　　（6）0—1 指示器。

（7）译码显示器。　　　（8）74LS76、74LS161、74LS20 和 74LS00。

3. 实训原理

计数器是一个用以实现计数功能的时序部件，它不仅可用来计脉冲数，还常用作数字系统的定时、分频和执行数字运算以及其他特定的逻辑功能。

常用的计数器均有典型产品，不需自己设计，只要合理选用即可。

本实训选用四位二进制同步计数器 74LS161 作计数器，该计数器外加适当的反馈电路可以构成十六进制以内的任意进制计数器。其引脚排列图如图 5.54 所示，逻辑功能见表 5-9。它除具有二进制加法计数功能外，还具有预置数、清零、保持的功能。

本实训所需计数器是十进制计数器，必须对 74LS161 外加适当的反馈电路构成十进制计数器，状态变化在 0000~1001 间循环。

用反馈的方法构成十进制计数器一般有两种形式，即反馈置零法和反馈置数法。反馈置零法是利用清除端 $\overline{CR}$ 构成，即当 $Q_3Q_2Q_1Q_0=1010$（十进制数 10）时，通过反馈线强制计数器清零，如图 5.54(a) 所示。由于该电路会出现瞬间 1010 状态，会引起译码电路的误动作，因此很少被采用。反馈置数法是利用预置数端 $\overline{LD}$ 构成，把计数器输入端 $D_0D_1D_2D_3$ 全部接地，当计数器计到 1001（十进制数 9）时，利用 Q_3Q_0 反馈线使预置端 $\overline{LD}=0$，则当第十个 CP 到来时，计数器将 $D_0D_1D_2D_3=0$ 置入计数器，这样迫使计数器重新从零计数，克服反馈置零法的缺点。利用预置端 $\overline{LD}$ 构成的计数器电路如图 5.54(b) 所示。

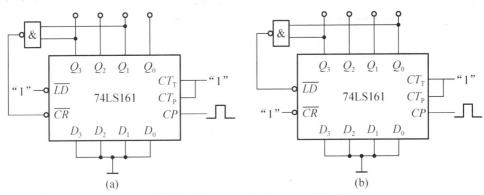

图 5.54 用 74LS161 构成十进制计数器
(a) 反馈置零法　(b) 反馈置数法

4. 实训内容与步骤

(1) 异步二进制加法计数器。利用 74LS76 按图 5.55 所示接线，组成一个 3 位异步二进制加法计数器，CP 信号可利用数字逻辑实训箱上的单次脉冲发生器或低频连续脉冲发生器产生，清 0 信号 $\overline{CR}$ 由逻辑电平开关控制，计数器的输出端 $Q_3Q_2Q_1Q_0$ 接逻辑电平显示输入插口，按表 5-15 进行测试并记录结果。

(2) 将图 5.55 电路中的低位触发器的 $\overline{Q}$ 端与高一位的 CP 端相连接，构成减法计数器并记录结果，并与表 5-15 比较。

(3) 测试 74LS161 的逻辑功能（计数、清除、置数、使能及进位等）。CP 选用手动单次脉冲或 1Hz 正方波，输出接发光二极管 LED 显示，并记录在表 5-16 中。

(4) 反馈置零法构成十进制计数器。按图 5.54(a) 接线，测试其功能，CP 信号可利用数字逻辑实训台上的单次脉冲发生器或低频连续脉冲发生器产生，计数器的输出信号接 LED 电平显示器，按表 5-17 进行测试并记录结果。

(5) 反馈置数法构成十进制计数器。按图 5.54(b) 接线，测试其功能，CP 信号可利用数字逻辑实训台上的单次脉冲发生器或低频连续脉冲发生器产生，计数器的输出信号接 LED 电平显示器，按表 5-18 进行测试并记录。

表 5-15 功能测试表

$\overline{R}$	CP	Q_2	Q_1	Q_0
0	X			
1	0			
1	1			
1	2			
1	3			
1	4			
1	5			
1	6			
1	7			
1	8			

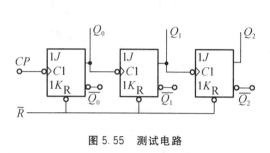

图 5.55 测试电路

表 5-16 功能测试记录表

输 入									输 出			
$\overline{R}_D$	$\overline{LD}$	CT_P	CT_T	CP	D_3	D_2	D_1	D_0	Q_3	Q_2	Q_1	Q_0
0	×	×	×	×	×	×	×	×				
1	0	×	×	↑	d_3	d_2	d_1	d_0				
1	1	0	×	×	×	×	×	×				
1	1	×	0	×	×	×	×	×				
1	1	1	1	↑	×	×	×	×				

表 5-17 测试记录表

CP	Q_3	Q_2	Q_1	Q_0
0				
1				
2				
3				
4				
5				
6				
7				
8				
9				
10				

表 5-18 测试记录表

CP	Q_3	Q_2	Q_1	Q_0
0				
1				
2				
3				
4				
5				
6				
7				
8				
9				
10				

5. 实训报告

(1) 整理实训测试结果，以 $N=10$ 为例，分别画出实训电路图，列出计数状态顺序表，画出工作波形。

(2) 总结 74LS161 的置零端和置数端的工作情况有何不同。

技能实训 7　移位寄存器及其应用

1. 实训目的

(1) 掌握中规模 4 位双向移位寄存器逻辑功能及使用方法。

(2) 熟悉移位寄存器的应用——构成环形计数器和实现数据的串行、并行转换。

2. 实训设备及器件

(1) +5V 直流电源。　　(2) 单次脉冲源。　　(3) 逻辑电平开关。
(4) 逻辑电平显示器。　(5) 74LS194×2(CC40194)、74LS00(CC4011) 和 74LS30 (CC4068)。

3. 实训原理

移位寄存器是一个具有移位功能的寄存器，是指寄存器中所存的代码能够在移位脉冲的作用下依次左移或右移。既能左移又能右移的称为双向移位寄存器，只需要改变左右移的控制信号便可实现双向移位要求。本实训选用的 4 位双向移位寄存器型号为 74LS194，其引脚排列如图 5.56 所示，逻辑功能见表 5-19。

移位寄存器应用很广，可构成移位寄存器型计数器、顺序脉冲发生器、串行累加器；可用作数据转换，即把串行数据转换为并行数据，或把并行数据转换为串行数据等。本实训研究移位寄存器用作环形计数器和数据的串并行转换。

4. 实训内容与步骤

1) 验证移位寄存器 74LS194 的逻辑功能

按图 5.56 接线，$\overline{CR}$、S_1、S_0、D_{SL}、D_{SR}、D_0、D_1、D_2、D_3 分别接至逻辑开关的输出插口，Q_0、Q_1、Q_2、Q_3 接至逻辑电平显示输入插口。CP 端接单次脉冲源。按表 5-19 所规定的输入状态逐项进行测试。

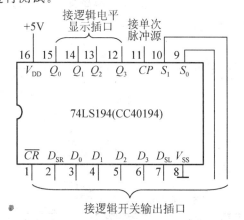

图 5.56　74LS194 逻辑功能测试

表 5-19 测试记录表

清除	模式		时钟	串行		输入				输出				功能总结
$\overline{CR}$	S_1	S_0	CP	D_{SL}	D_{SR}	D_0	D_1	D_2	D_3	Q_0	Q_1	Q_2	Q_3	
0	×	×	×	×	×	×	×	×	×					
1	1	1	↑	×	×	a	b	c	d					
1	0	1	↑	×	0	×	×	×	×					
1	0	1	↑	×	1	×	×	×	×					
1	0	1	↑	×	0	×	×	×	×					
1	0	1	↑	×	0	×	×	×	×					
1	1	0	↑	1	×	×	×	×	×					
1	1	0	↑	1	×	×	×	×	×					
1	1	0	↑	1	×	×	×	×	×					
1	0	0	↑	×	×	×	×	×	×					

(1) 清除：令 $\overline{CR}=0$，其他输入均为任意态，这时寄存器输出 Q_0、Q_1、Q_2、Q_3 应均为 0。清除后，置 $\overline{CR}=1$。

(2) 送数：令 $\overline{CR}=S_1=S_0=1$，送入任意 4 位二进制数，如 $D_0D_1D_2D_3=abcd$，加 CP 脉冲，观察 $CP=0$、CP 由 $0\to1$、CP 由 $1\to0$ 这 3 种情况下寄存器输出状态的变化，观察寄存器输出状态变化是否发生在 CP 脉冲的上升沿。

(3) 右移：清零后，令 $\overline{CR}=1$，$S_1=0$，$S_0=1$，由右移输入端 D_{SR} 送入二进制数码如 0100，由 CP 端连续加 4 个脉冲，观察输出情况，记录结果。

(4) 左移：先清零或预置，再令 $\overline{CR}=1$，$S_1=1$，$S_0=0$，由左移输入端 D_{SL} 送入二进制数码如 1111，连续加 4 个 CP 脉冲，观察输出端情况，记录结果。

(5) 保持：寄存器预置任意 4 位二进制数码 $abcd$，令 $\overline{CR}=1$，$S_1=S_0=0$，加 CP 脉冲，观察寄存器输出状态，记录结果。

2）环形计数器

参考图 5.45 电路，用并行送数法预置寄存器为某二进制数码（如 0100），然后进行右移循环，观察寄存器输出端状态的变化，记入表 5-20 中。

表 5-20 测试记录表

CP	Q_3	Q_2	Q_1	Q_0
0	0	1	0	0
1				
2				
3				
4				

3）实现数据的串并行转换

（1）串行输入、并行输出。按图 5.57 接线，进行右移串入、并出实训，串入数码自定；改接线路用左移方式实现并行输出。自拟表格，记录结果。

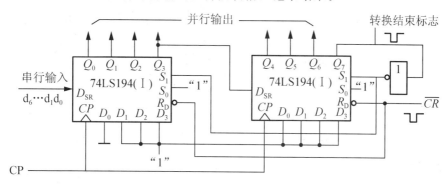

图 5.57　串行输入、并行输出电路

（2）并行输入、串行输出。按图 5.58 接线，进行右移并入、串出实验，并入数码自定；再改接线路用左移方式实现串行输出。自拟表格，记录结果。

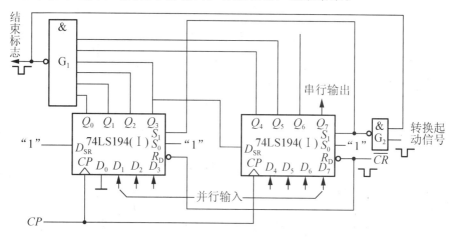

图 5.58　并行输入、串行输出电路

5．实训报告

（1）分析表 5-19 的实训结果，总结移位寄存器 74LS194 的逻辑功能。
（2）根据实训内容 2)的结果，画出 4 位环形计数器的状态转换图及波形图。
（3）分析串/并、并/串转换器所得结果的正确性。

课 题 小 结

（1）时序逻辑电路的特点：任一时刻输出状态不仅取决于当时的输入信号还与电路的原状态有关。因此时序电路中必须含有存储器件，它具有记忆功能。

（2）时序逻辑电路的分析方法：写出时钟方程、驱动方程、输出方程；求出状态方程；列出状态转换表(真值表)；画出时序图或状态转换图；写出逻辑功能说明。

（3）计数器是最常用的时序逻辑电路，它是用以统计输入时钟脉冲 CP 个数的电路。计数器不仅可以用来计数，还可用于定时、分频、产生节拍脉冲、进行数字运算等。计数器的种类很多，按计数器中的触发器是否同时翻转，可把计数器分为同步和异步两类；按照计数值增减情况可以分为加法计数器、减法计数器和可逆计数器；按计数器中数字的编码方式分二进制计数器、二-十进制计数器、循环码计数器等；按计数容量（即计数模）不同分十进制计数器、十二进制计数器、六十进制计数器等。

（4）用清零法或置数法能够把已有的 M 进制集成计数器产品构成 N（任意）进制的计数器。

（5）寄存器是数字系统常用的逻辑部件，它用来存放数码或指令等。它由触发器和门电路组成。一个触发器只能存放一位二进制数，存放 n 位二进制时需要 n 个触发器。寄存器分为数码寄存器和移位寄存器两种。

思考与练习

5.1 单项选择

（1）同步时序逻辑电路和异步时序逻辑电路比较其差异在于（　　）。

A. 没有触发器　　　　　　　　B. 没有统一的时钟脉冲控制

C. 没有稳定状态　　　　　　　D. 输出只与内部状态有关

（2）同步计数器和异步计数器比较，同步计数器的显著优点是（　　）。

A. 工作速度快　　　　　　　　B. 触发器利用率高

C. 电路简单　　　　　　　　　D. 不受 CP 控制

（3）下列电路中，不属于时序逻辑电路的是（　　）。

A. 计数器　　　B. 全加器　　　C. 寄存器　　　D. 分频器

（4）用 n 只触发器组成计数器，其最大计数模为（　　）。

A. n　　　　　B. $2n$　　　　C. n^2　　　　D. 2^n

（5）把一个五进制计数器与一个四进制计数器串联，可得到（　　）进制计数器。

A. 四　　　　　B. 五　　　　　C. 九　　　　　D. 二十

（6）4 位移位寄存器，现态为 1100，经左移 1 位后其次态为（　　）。

A. 0011 或 1011　B. 1000 或 1001　C. 1011 或 1110　D. 0011 或 1111

（7）下列功能的触发器中不能构成移位寄存器的是（　　）。

A. RS 触发器　　B. JK 触发器　　C. D 触发器　　D. T 和 T′触发器

（8）一个 5 位的二进制计数器，由 00000 状态开始，经过 75 个时钟脉冲后，此计数器的状态为（　　）。

A. 01011　　　B. 01100　　　C. 01010　　　D. 00111

（9）一个 4 位串行数据输入 4 位移位寄存器，时钟脉冲频率为 1kHz，转换为 4 位并行数据输出所需时间为（　　）。

A. 8ms　　　　B. 4ms　　　　C. 8μs　　　　D. 4μs

（10）图 5.59 所示为某时序逻辑电路的时序图，由此可判定该时序电路具有的功能是（　　）。

A. 十进制计数器　B. 九进制计数器　C. 四进制计数器　D. 八进制计数器

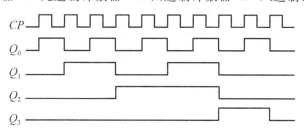

图 5.59　题 5.1(10)波形图

5.2　分析图 5.60 所示时序电路的逻辑功能，写出电路的驱动方程、状态方程和输出方程，画出电路的状态转换图，说明电路能否自启动。

5.3　试分析图 5.61 所示时序电路的逻辑功能，写出电路的驱动方程、状态方程和输出方程，画出电路的状态转换图，A 为输入逻辑变量。

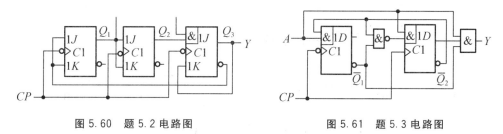

图 5.60　题 5.2 电路图　　　　　　图 5.61　题 5.3 电路图

5.4　试分析图 5.62 所示时序电路的逻辑功能，写出电路的驱动方程、状态方程和输出方程，画出电路的状态转换图，检查电路能否自启动。

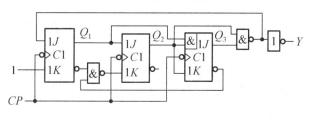

图 5.62　题 5.4 电路图

5.5　分析图 5.63 所示的时序电路，画出电路的状态转换图，检查电路能否自启动，说明电路实现的功能，A 为输入变量。

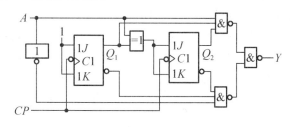

图 5.63　题 5.5 电路图

5.6　分析图 5.64 所示时序逻辑电路，写出电路的驱动方程、状态方程和输出方程，画出电路的状态转换图，说明电路能否自启动。

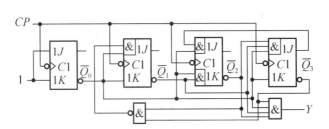

图 5.64 题 5.6 电路图

5.7 试画出用两片 74LS194 组成 8 位双向移位寄存器的逻辑图。

5.8 在图 5.65 所示电路中，若两个移位寄存器中的原始数据分别为 $A_3A_2A_1A_0 = 1001$，$B_3B_2B_1B_0 = 0011$，试问经过 4 个 CP 信号作用以后两个寄存器中的数据如何变化？这个电路完成什么功能？

5.9 分析图 5.66 所示的计数器电路，画出电路的状态转换图，说明这是多少进制的计数器。

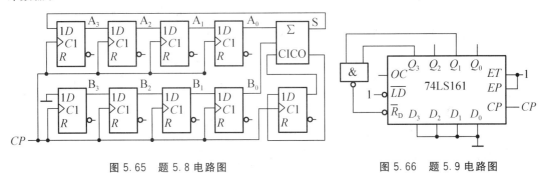

图 5.65 题 5.8 电路图　　　　　图 5.66 题 5.9 电路图

5.10 试用 4 位同步二进制计数器 74LS161 接成十三进制计数器，标出输入、输出端。可以附加必要的门电路。

5.11 用同步十进制计数芯片 74LS160 设计一个三百六十五进制的计数器，要求各位间为十进制关系，允许附加必要的门电路。

5.12 试用 74LS161 采用反馈预置法构成十进制计数器。（要求：有效循环状态为 0110、0111、1000、…、1110、1111、0110。）

5.13 试用两片异步二-五-十进制计数器 74LS90 组成二十四进制计数器。

5.14 采用反馈清零法将集成计数器 74LS161 构成十三进制计数器，画出逻辑电路图。

5.15 采用反馈置数法将集成计数器 74LS161 构成十二进制计数器，画出逻辑电路图。

5.16 试利用同步 4 位二进制计数器 74LS161 和 4 线-16 线译码器 74LS154 设计节拍脉冲发生器，要求从 12 个输出端顺序、循环地输出等宽的负脉冲。

课题 6

脉冲波形发生器及其应用

知识目标	了解脉冲信号波形及其参数的含义；熟悉555定时器的结构及基本功能；熟悉单稳态触发器的原理和功能；熟悉施密特触发器的特点；了解多谐振荡器的特点
技能目标	掌握产生脉冲波形的基本方法；能利用555定时器构成单稳态触发器、多谐振荡器、施密特触发器；能灵活应用单稳态触发器、多谐振荡器、施密特触发器

▶ 课题描述

在数字电路或数字信号系统中，常常需要各种各样的脉冲波形，例如时钟脉冲、控制过程中的定时信号等。那么各种脉冲波形是如何获取的呢？又如何去描述这些脉冲信号的特征呢？这就是本课题要研究的内容。

通过本课题的学习，不仅可以了解各种常用脉冲信号的波形及其特征，还能掌握脉冲波形的两种不同产生方法，即利用脉冲信号产生器直接产生或者对已有信号进行整形变换，使之满足系统的要求。

6.1 脉冲信号波形及其参数

1. 脉冲信号波形

脉冲信号是指一种持续时间极短的电压或电流波形，脉冲信号的波形多种多样，在数字系统中经常需要的是具有各种宽度、幅度、边沿陡峭的矩形脉冲信号。图 6.1 给出了几种常见的脉冲信号波形。

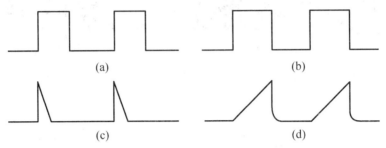

图 6.1　几种常见的脉冲信号波形
（a）矩形波　（b）方波　（c）尖脉冲　（d）锯齿波

2. 脉冲信号的参数

在数字电路中，要控制和协调整个系统的工作，常常需要时钟脉冲（CP）信号。数字电路中，基本工作信号是二进制的数字信号或两状态的逻辑信号，两状态逻辑信号只有 0、1 两种取值，用波形图表示就是矩形脉冲，如图 6.2 所示。

在图 6.2 所示的波形图中，标出了定量描述矩形脉冲的几个指标即脉冲信号的波形参数。

脉冲幅度 U_m——脉冲电压的最大变化幅度。

脉冲周期 T——周期性重复的脉冲序列中两个相邻脉冲相对应点上的时间间隔。有时也使用频率 f 表示单位时间内脉冲重复的次数。

脉冲宽度 t_w——从脉冲前沿上升到 $0.5U_m$ 处开始到脉冲后沿下降到 $0.5U_m$ 为止的一段时间，有时也称为脉宽。

上升时间 t_r——脉冲前沿从 $0.1U_m$ 上升到 $0.9U_m$ 所需的时间。

下降时间 t_f——脉冲后沿从 $0.9U_m$ 下降到 $0.1U_m$ 所需的时间。

占空比 D——脉冲宽度 t_w 与脉冲周期 T 之比。

对于理想矩形脉冲，其上升时间与下降时间相等，均视为零。

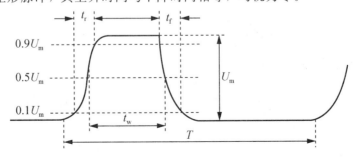

图 6.2　矩形脉冲及描述矩形脉冲的指标

6.2 555定时器的结构及基本功能

555定时器是一种中规模集成电路，以它为核心在其外部配上少量阻容元件，就可构成多谐振荡器、施密特触发器、单稳态触发器等。由于使用灵活、方便，因此555定时器在波形的产生与变换、测量与控制、家用电器、电子玩具等许多领域中都得到广泛应用。

555定时器根据内部器件类型可分为双极型和单极型两种，均有单或双定时器集成电路。双极型型号为555(单)和556(双)，电源电压使用范围为5~15V，输出电流可达200mA，可直接驱动继电器、发光二极管、扬声器、指示灯等；单极型型号为7555(单)和7556(双)，电源电压范围为3~18V，但输出电流仅1mA。

6.2.1 电路结构

图6.3(a)所示为555集成定时器的电路结构图，图6.3(b)是引脚排列图，其中T_H为电压比较器C_1的阈值输入端，$\overline{TR}$是电压比较器C_2的触发输入端。

555集成定时器由以下4个部分组成：

1. 分压器

3个阻值均为5kΩ的电阻串联起来构成分压器(555定时器因此而得名)，其作用是为后面的电压比较器C_1和C_2提供参考电压。C_1的同相输入端的参考电压为$U_+ = 2V_{CC}/3$，C_2的反相输入端参考电压为$U_- = V_{CC}/3$。如果在电压控制端VC另加控制电压，则可改变C_1、C_2的参考电压。工作中不使用VC端时，一般都通过一个0.01μF的电容接地，以旁路高频干扰。

2. 电压比较器

C_1、C_2是由运放构成的两个电压比较器。比较器有两个输入端，即同相输入端和反相输入端，分别标有"＋"、"－"号，其输入电压分别用U_+和U_-表示，当$U_+ > U_-$时，电压比较器输出高电平，当$U_+ < U_-$时，电压比较器输出低电平。两个输入端基本上不向外电路索取电流，即输入电阻趋于无穷大。

3. 基本RS触发器

在电压比较器之后，是由两个与非门组成的基本RS触发器，是专门设置的可从外部进行置0的复位端，当$\overline{R}=0$时，使$Q=0$，$\overline{Q}=1$。

4. 晶体管开关和输出缓冲器

晶体管T_D构成开关，其状态受$\overline{Q}$端控制，当$\overline{Q}$为0时T_D截止，$\overline{Q}$为1时T_D导通。输出缓冲器就是接在输出端的反相器G_3上，其作用是提高定时器的带负载能力及隔离负载对定时器的影响。

综上所述，555定时器不仅提供了一个复位电平$2V_{CC}/3$、置位电平$V_{CC}/3$，且可通过$\overline{R}$端直接从外部进行置0的基本RS触发器，而且还给出了一个状态受该触发器$\overline{Q}$端控制的晶体管开关，因此使用起来非常灵活。

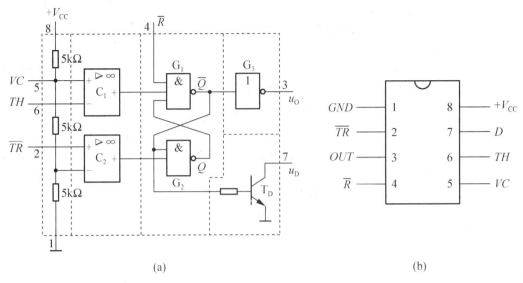

图 6.3 555 集成定时器
（a）电路结构　　（b）外部引线排列

6.2.2 基本功能

表 6-1 所列是 555 定时器的功能表，它全面反映了 555 定时器的基本功能，是后面分析 555 定时器各种应用电路的重要理论依据。

表 6-1　555 定时器的功能表

U_{TH}	$U_{\overline{TR}}$	$\overline{R}$	u_O	T_D 的状态
×	×	0	U_{OL}	导通
$>2V_{CC}/3$	$>V_{CC}/3$	1	U_{OL}	导通
$<2V_{CC}/3$	$>V_{CC}/3$	1	不变	不变
$<2V_{CC}/3$	$<V_{CC}/3$	1	U_{OH}	截止

由 555 定时器的电路图和功能表可以看出：

$\overline{R}=0$ 时，$\overline{Q}=1$，输出电压 $u_O=U_{OL}$ 为低电平，T_D 饱和导通。

$\overline{R}=1$、$U_{TH}>2V_{CC}/3$、$U_{\overline{TR}}>V_{CC}/3$ 时，C_1 输出低电平，C_2 输出高电平，$\overline{Q}=1$，$Q=0$，$u_O=U_{OL}$，T_D 饱和导通。

$\overline{R}=1$、$U_{TH}<2V_{CC}/3$、$U_{\overline{TR}}>V_{CC}/3$ 时，C_1、C_2 输出均为高电平，基本 RS 触发器保持原来状态不变，因此 u_O、T_D 也保持原来状态不变。

$\overline{R}=1$、$U_{TH}<2V_{CC}/3$、$U_{\overline{TR}}<V_{CC}/3$ 时，C_1 输出高电平，C_2 输出低电平，$\overline{Q}=0$，$Q=1$，$u_O=U_{OH}$，T_D 截止。

为了便于记忆，可以把 6 号引脚输入电压 $U_{TH}>2V_{CC}/3$ 作为 1 状态，$U_{TH}<2V_{CC}/3$ 为 0 状态；而把 2 号引脚输入电压 $U_{\overline{TR}}>V_{CC}/3$ 作为 1 状态，$U_{\overline{TR}}<V_{CC}/3$ 为 0 状态；这样在 $\overline{R}=1$ 时，就可以得出表 6-1 所列的 555 定时器的输入/输出逻辑规律：1、1 出 0；0、0 出 1；0、1 不变。

555定时器是一种用途广泛的多功能集成电路，只需要外接少量的R、C元件就可以构成单稳态触发器、多谐振荡器和施密特触发器等。由于555定时器有较好的带负载能力，使用方便灵活，因此获得了广泛的应用，表6-2给出了555定时器的3种典型应用。

后续内容将详细讨论555定时器的具体应用——组成各种结构简单、工作可靠的脉冲产生、整形电路。

表6-2　555定时器的3种典型应用电路

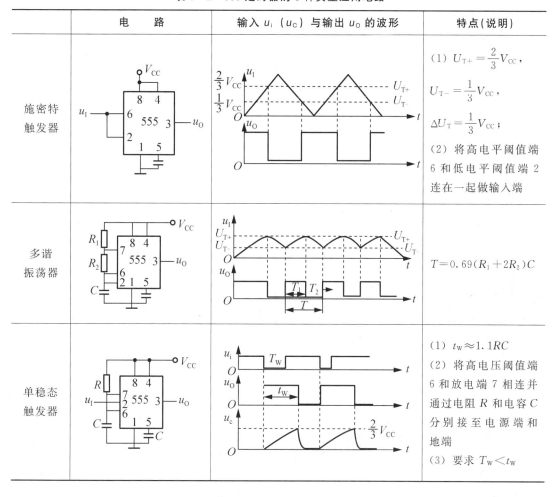

6.3　单稳态触发器

单稳态触发器是一种常用的脉冲整形电路。与一般双稳态触发器的区别在于：它只有一个稳态，另外有一个暂稳态。暂稳态是一种不能长久保持的状态，这时电路的电压和电流会随着电容器的充电与放电发生变化，而稳态时它们是不变的。

在单稳态触发器中，如果没有外加信号的触发，电路始终处于稳态；在外加触发信号的作用下，电路能从稳态翻转到暂稳态，经过一段时间后，又能自动返回到稳态。暂稳态持续时间的长短取决于电路自身参数，与外触发信号无关。

6.3.1 门电路构成的微分型单稳态触发器

1. 电路组成

如图 6.4(a)所示,门 G_1 的输出经微分电路 RC 接到门 G_2 的输入端,门 G_2 的输出直接耦合到 G_1 的输入端。电路处于稳态时,u_i 为高电平,u_{O1} 为低电平,为了使 u_{O2} 可靠为高电平,对于 TTL 芯片 74LS00 应选择 $R<R_{OFF}$,一般取 $R<0.7\text{k}\Omega$。但对于 CC4011 的 MOS 门输入阻抗高,外接电阻 R 的大小不会影响其稳态,则不受 R_{OFF} 限制。

2. 工作过程

电源接通后,在没有外来触发脉冲时(u_i 为高电平)电路处于稳定状态:$u_{O1}=U_{OL}$,$u_{O2}=U_{OH}$。为此,$R<R_{OFF}$(关门电阻)。根据稳态时的部分电路如图 6.4(c)所示的等效电路,可求非门 G_2 的输入电平,为了讨论方便,假定 $u_{I2}=U_{OL}$,则此时电容 C 上没有电压。

$$U_{I2}=\frac{R}{R+R_1}(U_{CC}-U_{BE}) \tag{6.1}$$

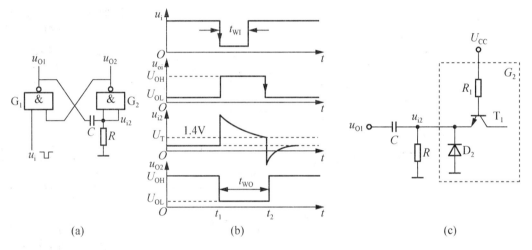

图 6.4 单稳态触发器
(a)微分型单稳态触发器的电路图 (b)波形图 (c)稳态时部分电路

在 t_1 时刻,当 u_i 为低电平时,使 u_{O1} 由低电平跳变到高电平,由于电容器 C 上的电压不能突变,u_{i2} 也由低电平跳变到高电平,使 G_2 门输出由高电平变为低电平,并返送到 G_1 门的输入端。这时 u_i 低电平信号撤消后,u_{O1} 仍可维持高电平,但此状态不可永久保持,故称暂稳态。

在 $t_1 \sim t_2$ 暂稳态期间,u_{O1} 对电容器 C 充电,使 u_{i2} 电位不断降低,当 u_{i2} 低于 U_T 时,u_{O2} 跳变为高电平,由于这时 u_i 已恢复至高电平,使 u_{O1} 恢复到稳态低电平。

整个工作过程如图 6.4(b)波形图所示。

6.3.2 555 定时器构成的单稳态触发器

1. 电路结构

将 555 定时器高电平触发端 T_H 与 D 端相连后接定时元件 R、C,从低电平触发端加入触发信号 u_I,则构成单稳态触发器,如图 6.5(a)所示。

2. 工作原理

设输入信号 u_I 为高电平，且大于 $V_{CC}/3$，根据表6-1可知，输出电压 u_O 为低电平，D端接通，因而电容两端即使原来电压不为零也会放电至零，即 $u_C=0$，电路处于稳态。

当 u_I 由高电平变为低电平且低于 $V_{CC}/3$ 时，u_O 由低电平跃变为高电平，D端关断，电路进入暂态。此后，电源通过 R 对电容 C 充电，当充电至电容上电压 u_C 也就是高电平触发端的电压 U_{TH} 略大于 $2V_{CC}/3$ 时，u_O 由高电平跃变为低电平，D端接通，电容通过D端很快放电，电路自动返回稳态，等待下一个触发脉冲的到来。u_I、u_C、u_O 的波形如图6.5(b)所示。

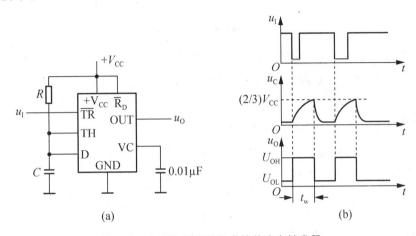

图6.5 由555定时器组成的单稳态触发器

(a)电路组成　(b)工作波形

从以上分析可知，单稳态触发器触发脉冲的高电平应大于 $2V_{CC}/3$，低电平应小于 $V_{CC}/3$，且脉冲宽度应小于暂态时间。输出脉冲的宽度 t_w 为暂态时间，它等于电容 C 上电压从0开始充电到 $2V_{CC}/3$ 所需的时间，即

$$t_w \approx RC\ln 3 \approx 1.1RC \tag{6.2}$$

调节 R 和 C 的值可以改变脉冲宽度 t_w，t_w 的值可调范围从几秒到几分钟。

6.3.3 集成单稳态触发器

单稳态触发器的应用很广泛，因而被做成集成器件。集成单稳态触发器在应用时，只需很少的外围元件(外接 R、C)即可实现输入脉冲上升沿或下降沿触发的控制、清零等功能；电路可以在多种触发条件下使用，且定时范围宽，电路稳定性好。

集成单稳态触发器通常可分为两类：非重触发型和可重触发型，其符号如图6.6所示。

图6.6 集成单稳态触发器

(a)可重触发型　(b)非重触发型

非重触发型即不可重触发单稳态触发器,是指在暂稳定时间 t_w 之内,若有新的触发脉冲输入,电路不会产生任何反应,如图 6.7 中 Q_1 波形所示。可重触发单稳态触发器是指在暂稳定时间 t_w 之内,若有新的触发脉冲输入,则可被新的触发脉冲重新触发,如图 6.7 中 Q_2 波形所示。

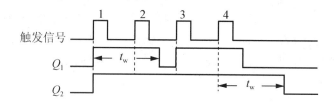

图 6.7 触发信号及输出波形

常用的集成单稳态触发器有 TTL 型的 74LS121、74LS122、74LS123、74LS221 及 CMOS 型的 CC14528 等。现以非重触发的单稳态触发器 74LS121 及可重触发的单稳态触发器 74LS122 为例进行介绍。

1. 非重触发型单稳态触发器 74LS121

非重触发的单稳态触发器 74LS121 的引脚排列图如图 6.8(a)所示。TR_{-A}、TR_{-B} 是两下降沿有效的触发信号输入端,TR_+ 是上升沿有效的触发信号输入端。Q 和 $\overline{Q}$ 是两个状态互补的输出端。R_{ext}/C_{ext}、C_{ext} 是外接定时电阻和电容的连接端,外接定时电阻 R($R=1.4\sim40\mathrm{k}\Omega$)接在 V_{CC} 和 R_{ext}/C_{ext} 之间,外接定时电容 C($C=10\mathrm{pF}\sim10\mathrm{\mu F}$)接在 C_{ext}(正)和 R_{ext}/C_{ext} 之间。74LS121 内部已设置了一个 $2\mathrm{k}\Omega$ 的定时电阻,R_{in} 是其引出端,使用时只需将 R_{in} 与 V_{CC} 连接起来即可,不用时则将 R_{in} 开路。

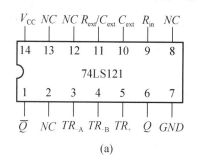 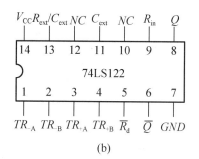

(a) (b)

图 6.8 集成单稳态触发器的引脚图

(a)74LS121 引脚图 (b)74LS122 引脚图

表 6-3 所列是 74LS121 的功能表。由表 6-3 可知,在下述情况下,电路可由稳态翻转到暂稳态。

(1) TR_{-A}、TR_{-B} 中有一个或两个为低电平,TR_+ 发生由 0 到 1 的正跳变。

(2) 若 TR_{-A}、TR_{-B} 和 TR_+ 全为高电平,TR_{-A}、TR_{-B} 中有一个或两个产生由 1 到 0 的负跳变。

如果 TR_{-A}、TR_{-B} 和 TR_+ 的状态保持不变,则电路会一直工作在稳定状态。74LS121 的输出脉冲宽度为

$$t_w \approx 0.7RC \tag{6.3}$$

表 6-3 74LS121 的功能表

输入			输出		说明
TR_{-A}	TR_{-B}	TR_+	Q	$\overline{Q}$	
0	×	1	0	1	保持稳态
×	0	1	0	1	
×	×	0	0	1	
1	1	×	0	1	
1	↓	1	⊓	⊔	下降沿触发
↓	1	1	⊓	⊔	
↓	↓	1	⊓	⊔	
0	×	↑	⊓	⊔	上升沿触发
×	0	↑	⊓	⊔	

2. 可重触发型单稳态触发器 74LS122

74LS122 是典型的可重触发型单稳态触发器，其引脚排列如图 6.8(b)所示。TR_{-A}、TR_{-B} 是两下降沿有效的触发信号输入端，TR_{+A}、TR_{+B} 是两个上升沿有效的触发信号输入端。Q 和 $\overline{Q}$ 是两个状态互补的输出端。R_{ext}/C_{ext}、C_{ext}、R_{in} 3 个引出端是供外接定时元件使用的，外接定时电阻 $R(R=5\sim50\text{k}\Omega)$、电容 C(无限制)的接法与 74LS121 相同。$\overline{R}_d$ 为直接复位输入端，低电平有效。74LS122 的功能表见表 6-4。

表 6-4 74LS122 的功能表

输入					输出		说明
$\overline{R}_d$	TR_{-A}	TR_{-B}	TR_{+A}	TR_{+B}	Q	$\overline{Q}$	
0	×	×	×	×	0	1	复位
×	1	1	×	×	0	1	
×	×	×	0	×	0	1	保持稳态
×	×	×	×	0	0	1	
1	0	×	↑	1	⊓	⊔	
1	0	×	1	↑	⊓	⊔	
1	×	0	↑	1	⊓	⊔	上升沿触发
1	×	0	1	↑	⊓	⊔	
↑	0	×	1	1	⊓	⊔	
↑	×	0	1	1	⊓	⊔	
1	1	↓	1	1	⊓	⊔	
1	↓	1	1	1	⊓	⊔	下降沿触发
1	↓	1	1	1	⊓	⊔	

当定时电容 $C>1000\text{pF}$ 时，74LS122 的输出脉冲宽度为

$$t_w \approx 0.32RC \tag{6.4}$$

6.3.4 应用举例

单稳态触发器应用很广，下面举几个简单例子加以说明。

1. 延时与定时

1）延时

前面讨论过单稳态触发器 u'_O 的下降沿滞后于 u_I 的下降沿的时间总是 t_w，这个 t_w 生动具体地反映了单稳态触发器的延时作用，如图 6.9 所示。

2）定时

在图 6.9 中，单稳态触发器的输出 u'_O 送给与门作为定时控制信号，当 $u'_O=U_{OH}$ 时，与门打开，$u_O=u_F$，当 $u'_O=U_{OL}$ 时，与门关闭，$u_O=U_{OL}$。显然，与门打开的时间是恒定不变的，就是单稳态触发器输出脉冲 u'_O 的宽度 t_w。

2. 整形电路

单稳态触发器能够把不规则的输入信号 u_I 整形成为幅度、宽度都相同的"干净"的矩形脉冲 u'_O，如图 6.10 所示。

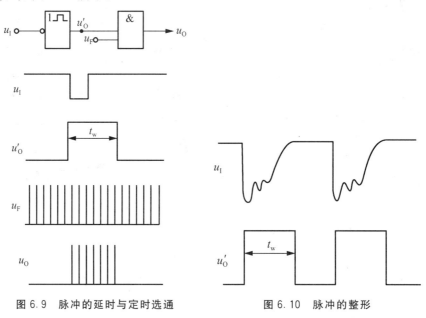

图 6.9　脉冲的延时与定时选通　　图 6.10　脉冲的整形

6.4　多谐振荡器

多谐振荡器是产生矩形波的自激振荡器。由于矩形波中除了基波外还包含了许多高次谐波，因此这类振荡器被称作多谐振荡器，又称方波发生器。这类电路不存在稳定状态，故又称无稳态电路，在接通电源后，不需要外加触发信号，电路在两个暂稳态之间作交替变化，产生矩形波输出。多谐振荡器常用作时钟脉冲源。

6.4.1　对称多谐振荡器

1. 由 CMOS 六反相器 CC4009UB 构成的多谐振荡器

由 CMOS 六反相器 CC4009UB 构成的多谐振荡器如图 6.11 所示。图中两个反相器之

间经 C_1 和 C_2 耦合形成正反馈回路。合理选择 R_{F1} 和 R_{F2} 使 G_1、G_2 工作在传输特性的转折区，这时，G_1 和 G_2 都工作在放大区。由于 G_1、G_2 的外电路对称，因此，又称其为电容反馈式对称多谐振荡器。

2. 工作过程

电路的工作波形如图 6.12 所示，读者可自行分析其具体工作过程。

3. 振荡周期的计算

取 $R_{F1}=R_{F2}=R_F$，$C_1=C_2=C$，$U_{TH}=1.4V$，$U_{OH}=3.6V$，$U_{OL}=0.3V$，则

$$T=2t_w \approx 1.4 R_F \cdot C \tag{6.5}$$

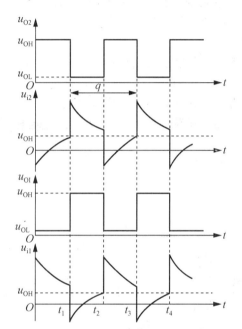

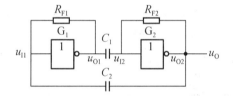

图 6.11 电容反馈式对称多谐振荡器

图 6.12 电容反馈式对称多谐振荡器工作波形

6.4.2 石英晶体振荡器

1. 石英晶体的选频特性

石英晶体有两个谐振频率，如图 6.13 所示。当 $f=f_s$ 时，为串联谐振，石英晶体的电抗 $X=0$；当 $f=f_p$ 时，为并联谐振，石英晶体的电抗无穷大。

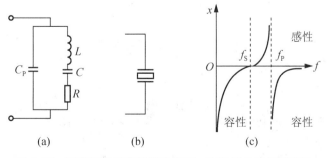

图 6.13 石英晶体振荡器等效电路、电路符号及频率特性

(a)等效电路 (b)电路符号 (c)频率特性

由晶体本身的特性决定：$f_s \approx f_p \approx f_0$（晶体的标称频率）

石英晶体的选频特性极好，f_0 十分稳定，其稳定度可达 $10^{-10} \sim 10^{-11}$。

2. 石英晶体多谐振荡器

1）串联式振荡器

石英晶体串联式振荡器的电路如图 6.14 所示。

R_1、R_2 的作用：使两个反相器在静态时都工作在转折区，成为具有很强放大能力的放大电路。对于 TTL 门，常取 $R_1 = R_2 = 0.7 \sim 2\text{k}\Omega$，若是 CMOS 门则常取 $R_1 = R_2 = 10 \sim 100\text{M}\Omega$；$C_1 = C_2$ 是耦合电容。

石英晶体工作在串联谐振频率 f_s 下，只有频率为 f_s 的信号才能通过，满足振荡条件。因此，电路的振荡频率为 f_s，与外接元件 R、C 无关，所以这种电路振荡频率的稳定度很高。

2）并联式振荡器

石英晶体并联式振荡器的电路如图 6.15 所示。

RF 是偏置电阻，保证在静态时使 G_1 工作转折区，构成一个反相放大器。

晶体工作在略大于 f_s 与 f_P 之间，等效一电感，与 C_1、C_2 共同构成电容三点式振荡电路。电路的振荡频率为 f_0。反相器 G_2 起整形缓冲作用，同时 G_2 还可以隔离负载对振荡电路工作的影响。

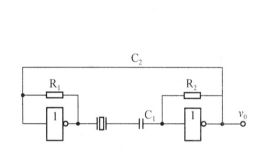

图 6.14 石英晶体串联式振荡器

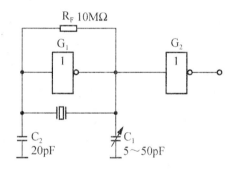

图 6.15 石英晶体并联式振荡器

6.4.3 555 定时器构成的多谐振荡器

1. 电路结构

将 555 定时器的 TH 端和 $\overline{\text{TR}}$ 端连在一起再外接电阻 R_1、R_2 和电容 C，便构成了多谐振荡器，如图 6.16(a)所示。该电路不需要外加触发信号，加电后就能产生周期性的矩形脉冲或方波。

2. 工作原理

接通电源，设电容电压 $u_C = 0$，而两个电压比较器的阈值电压分别为 $2V_{CC}/3$ 和 $V_{CC}/3$，所以 $U_{TH} = U_{TR} = 0 < V_{CC}/3$，根据表 6-1 可知，$u_O = U_{OH}$，且 D 关断。电源对电容 C 充电，充电回路为

$$+V_{CC} \to R_1 \to R_2 \to C \to \text{地}$$

随着充电过程的进行，电容电压 u_C 上升，当上升到 $2V_{CC}/3$ 时，u_O 从 U_{OH} 跃变为 U_{OL}，且 D 导通。此后电容 C 放电，放电回路为

$$C \to R_2 \to \text{放电管 D} \to \text{地}$$

随着放电过程的进行，u_C下降；当u_C下降到$V_{CC}/3$时，u_O从U_{OL}跃变为U_{OH}，且D再次关断，电容C又充电，充电到$2V_{CC}/3$又放电，如此周而复始，电路形成自激振荡。输出电压为矩形波，波形如图6.16(b)所示。

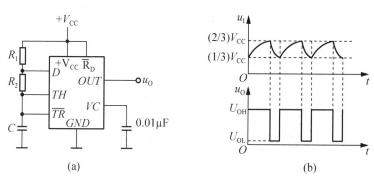

图6.16 由555定时器组成的多谐振荡器
(a)电路组成　(b)工作波形

矩形波的周期取决于电容的充放电时间常数τ，其充电时间常数为$(R_1+R_2)C$，放电时间常数约为R_2C，因而输出脉冲的周期约为

$$T \approx 0.7(R_1+2R_2)C \tag{6.6}$$

占空比为

$$D=(R_1+R_2)C/(R_1+2R_2)C \tag{6.7}$$

若$R_2 \gg R_1$，$D \approx 1/2$，输出的矩形脉冲近似为对称方波。

3. 改进电路

图6.16(a)所示电路占空比D固定不变，且始终大于50%，只需将电路改成如图6.17所示，就能得到占空比可调的多谐振荡器。

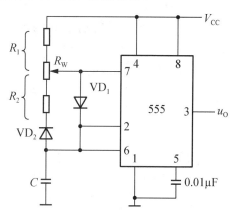

图6.17 占空比可调的多谐振荡器

在图6.17所示电路中，利用二极管VD_1、VD_2将电容C的充放电电路分开，且R_W是可调电位器，因而它就变成占空比可调的多谐振荡器。

在图6.17所示电路中，电源V_{CC}通过R_1、VD_1向C充电，充电时间为

$$T_1=0.7R_1C \tag{6.8}$$

电容C通过R_2、VD_2和放电管T_D放电，放电时间为

$$T_2 = 0.7 R_2 C \tag{6.9}$$

振荡周期为

$$T = T_1 + T_2 = 0.7(R_1 + R_2)C \tag{6.10}$$

占空比为

$$D = \frac{T_1}{T_1 + T_2} = \frac{R_1}{R_1 + R_2} \tag{6.11}$$

若取 $R_1 = R_2$,则 $D = 50\%$。

6.4.4 应用举例

1. 秒信号发生器

图 6.18 所示是一个秒信号发生器的逻辑电路图,CMOS 石英晶体多谐振荡器产生 $f = 32\,768\,\text{Hz}$ 的基准信号,经由 T' 触发器构成的 15 级异步计数器分频后,便可得到稳定度极高的秒信号。这种秒信号发生器可作为各种计时系统的基准信号源。

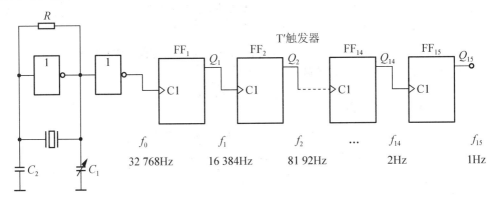

图 6.18 秒信号发生器逻辑电路图

2. 模拟声响电路

图 6.19(a)所示是用两个多谐振荡器构成的模拟声响电路。若调节定时元件 R_{A1}、R_{B1}、C_1 使振荡器 I 的 $f = 1\,\text{Hz}$,调节 R_{A2}、R_{B2}、C_2 使振荡器 II 的 $f = 1\,\text{kHz}$,那么扬声器就会发出呜呜的间隙声响。因为振荡器 I 的输出电压 u_{O1} 接到振荡器 II 中 555 定时器的复位端 $\overline{R}$,当 u_{O1} 为高电平时 II 振荡,为低电平时 555 定时器复位,II 停止振荡。图 6.19(b)所示是电路的工作波形。

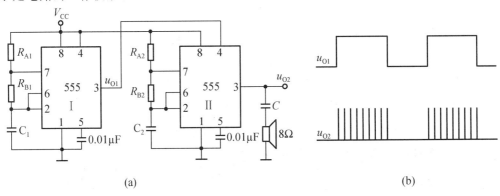

(a)   (b)

图 6.19 模拟声响电路
(a)电路图   (b)工作波形

6.5 施密特触发器

施密特触发器是脉冲波形变换中经常使用的一种整形电路，它能够将变化非常缓慢的正弦波、三角波以及其他一些周期性的输入脉冲波形变换成边沿陡峭的矩形脉冲，适合数字电路需要，另外，它还可以用作脉冲鉴幅器、比较器等。由于它具有迟滞回差特性，所以抗干扰能力也很强。施密特触发器在脉冲的产生和整形电路中应用很广。

施密特触发器是一种受输入信号电平直接控制的双稳态触发器。它有两个稳定状态，在外加信号的作用下，只要输入信号变化到某一电平时，电路就从一个稳定状态转换到另一个稳定状态，而且稳定状态的保持也与输入信号的电平密切相关。

施密特触发器与双稳态触发器都具有两个稳态，但在性能上有下面两个重要特点：

（1）施密特触发器属于电平触发，缓慢变化的信号也可作为输入信号，当输入信号达到某一特定值时，输出电平就会发生突变。

（2）输入信号从低电平上升时，电路状态转换时对应的输入电平与输入信号从高电平下降过程中对应的输入转换电平不同。

图 6.20(a)所示为施密特触发器反相输出的电压传输特性，图 6.20(b)所示为施密特触发器同相输出的电压传输特性，图 6.20(c)所示为施密特触发器的逻辑符号。

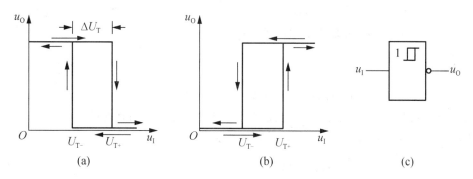

图 6.20　施密特触发器

(a)反相输出的传输特性　(b)同向输出的传输特性　(c)逻辑符号

以反相输出的施密特触发器为例，由电压传输特性可知，当输入电压 u_1 由小到大，达到或超过正向阈值电压 U_{T+} 时，输出电压 u_O 由高电平翻转为低电平。反之，当输入电压 u_1 由大到小，达到或小于负向阈值电压 U_{T-} 时，输出电压 u_O 由低电平翻转到高电平。正向阈值电压 U_{T+} 与负向阈值电压 U_{T-} 的差值 ΔU_T 称为回差电压，即

$$\Delta U_T = U_{T+} - U_{T-} \tag{6.12}$$

6.5.1　用门电路组成的施密特触发器

图 6.21 所示电路是由 TTL 门电路构成的施密特触发器，其中 VD 为电压偏移二极管，R_1、R_2 为分压电阻，电路的输出通过电阻 R_2 进行正反馈。下面我们来分析电路的工作原理。

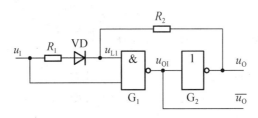

图 6.21 门电路构成的施密特触发器

假设在接通电源后电路输入为低电平 $u_I=U_{OL}$，则电路处于如下状态：$u_{O1}=U_{OH}$，$u_O=U_{OL}$。如果不考虑 G_1 门的输入电流，则 u_{I1} 的电压为

$$u_{I1}=\frac{(u_I-U_D-U_{OL})R_2}{R_1+R_2}+U_{OL}$$
$$=\frac{(u_I-U_D)R_2}{R_1+R_2}+\frac{U_{OL}R_1}{R_1+R_2}\approx\frac{(u_I-U_D)R_2}{R_1+R_2} \quad (6.13)$$

式中，U_D 为二极管的导通压降。当 u_I 上升到门电路的阈值电压 U_{TH} 时，由于 u_{I1} 的电压还低于 U_{TH}，电路仍然保持这个状态不变；随着 u_I 的继续升高，当 u_{I1} 也上升到 U_{TH} 时，电路将产生如下正反馈过程

$$u_I\uparrow\rightarrow u_{I1}\uparrow\rightarrow u_{O1}\downarrow\rightarrow u_O\uparrow$$

结果使电路的状态迅速翻转为：$u_{O1}=U_{OL}$，$u_O=U_{OH}$，这是电路的另一个稳定状态。那么这一时刻的输入电压 u_I 就是电路的正向阈值电压 U_{T+}，将 $u_I=U_{T+}$，$u_{I1}=U_{TH}$ 带入式(6.13)可得

$$U_{T+}=U_D+(1+R_1/R_2)U_{TH} \quad (6.14)$$

u_I 从 U_{T+} 再升高时，电路的状态不会发生改变。当 u_I 从高电平下降时，只要下降到 $u_I=U_{TH}$，由于电路中的正反馈作用，电路状态立刻发生翻转，回到初始的稳定状态。可见，电路的负向阈值电压 $U_{T-}=U_{TH}$。所以该电路的回差电压为

$$\Delta U_T=U_{T+}-U_{T-}=U_D+\frac{R_1}{R_2}U_{TH} \quad (6.15)$$

因此，通过改变电阻 R_1 和 R_2 的比值，可以调整回差电压。

6.5.2 555 定时器构成的施密特触发器

1. 电路结构

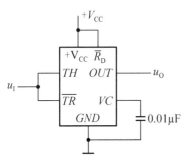

图 6.22 由 555 定时器组成的施密特触发器

将 555 定时器的 TH 端和 $\overline{TR}$ 端连在一起作为信号的输入端，便构成施密特触发器，如图 6.22 所示。

2. 工作原理

当 $u_I<V_{CC}/3$，即 $\overline{TR}$ 端电压 $U_{\overline{TR}}<V_{CC}/3$ 时，输出端 OUT 的电压 u_O 为高电平 U_{OH}，电路处于第一稳态。

只有当 u_I 升高到略大于 $2V_{CC}/3$，使 $U_{TH}>2V_{CC}/3$ 且 $U_{\overline{TR}}>V_{CC}/3$ 时，输出端 OUT 的电压 u_O 才跃变为低电平 U_{OL}，电路进入第二稳态。此后，u_I 再升高，u_O 状

态不变；只有当 u_1 下降到略小于 $V_{CC}/3$，即 $\overline{TR}$ 端电压小于 $V_{CC}/3$ 时，输出电压才又变为高电平，触发器回到第一稳态。可见阈值电压和回差电压分别为

$$U_{T-} = V_{CC}/3$$
$$U_{T+} = 2V_{CC}/3 \tag{6.16}$$
$$\Delta U_T = U_{T+} - U_{T-} = V_{CC}/3$$

若 u_1 为三角波，则 u_1 与 u_O 的波形如图 6.23(a)所示，说明施密特触发器可将非脉冲信号整形成标准幅值的脉冲信号；若 u_1 为幅值不等、宽度也不等的尖顶波，则 u_1 与 u_O 的波形如图 6.23(b)所示，说明施密特触发器可以作为鉴幅器，将幅值大于 $2V_{CC}/3$ 的尖顶波转换为标准幅值的矩形波。整形和鉴幅是施密特触发器的基本功能。

如果在电压控制端 VC 加直流电压 U_{VC}，便可以通过调节 U_{VC} 来改变回差电压 ΔU_T 的值。

此时

$$U_{T+} = U_{VC}$$
$$U_{T-} = U_{VC}/2 \tag{6.17}$$
$$\Delta U_T = U_{VC}/2$$

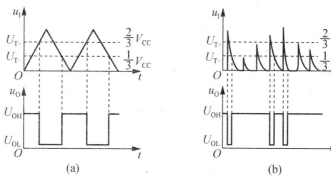

图 6.23 施密特触发器输入、输出电压波形分析

(a)输入为三角波　(b)输入为尖顶波

6.5.3 集成施密特触发器

施密特触发器因其性能良好，得到了广泛的应用，它可由分立元器件组成，也可由集成门电路组成。无论是集成 TTL 还是集成 CMOS 电路中都有施密特触发器产品。

图 6.24 所示是 CMOS 集成施密特触发器 CD40106(六反相器)和 CD4093(四 2 输入与非门)的引脚排列图。

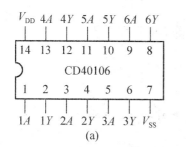 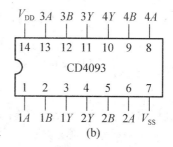

图 6.24 CMOS 集成施密特触发器引脚排列图

(a)CD40106 引脚排列图　(b)CD4093 引脚排列图

图 6.25 所示是 TTL 集成施密特触发器 74LS14(六反相器)和 74LS132(四输入与非门)的引脚排列图。

其中 74LS132 内部包括 4 个相互独立的两输入施密特触发器,每一个触发器都是以基本的施密特触发电路为基础,在输入端增加了与的功能,在输出端增加反向器,所以可以将其称为施密特触发的与非门。

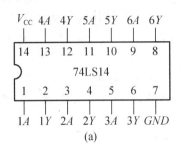 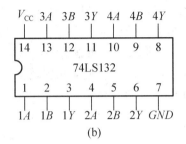

图 6.25 TTL 集成施密特触发器引脚排列图

(a)74LS14 引脚排列图　(b)74LS132 引脚排列图

74LS132 的输入信号 A、B 中只要有一个低于施密特触发器的负向阈值电平,输出 Y 就是高电平;只有当 A、B 同时高于正向阈值电平时,输出 Y 才为低电平。在使用 +5V 电源的条件下,集成施密特触发器 74LS132 的正向阈值电平 $U_{T+}=1.5\sim2.0\mathrm{V}$,负向阈值电平 $U_{T-}=0.6\sim1.1\mathrm{V}$,回差电压 ΔU_T 的典型值为 0.8V。

此外,还有两个以上多输入端的与非施密特触发器集成电路,如 74LS13 为二 4 输入与非施密特触发器。多输入与非施密特触发器可以作为多输入与非门使用,若作为整形电路使用,则只要在任意一个输入端接入被整形的信号,余下的输入端都接高电平即可。

6.5.4 应用实例

1. 接口与整形

1) 用作接口

图 6.26 所示电路中,施密特触发器用作 TTL 系统的接口,将缓慢变化的输入信号转换为符合 TTL 系统要求的脉冲波形。

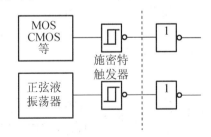

图 6.26 缓变输入波形的 TTL 系统接口

2) 脉冲整形

矩形波经过传输后波形往往会发生畸变,其中比较常见的有以下 3 种情况:

(1) 矩形波的边沿变缓。

(2) 在矩形波的边沿处产生振荡。

(4)矩形波被叠加上干扰。

无论哪一种情况，只要设置好合适的 U_{T+} 和 U_{T-}，均能获得满意的整形效果。

图 6.27 所示是用作整形电路的施密特触发器的输入、输出电压波形，它把不规则的输入信号整形成为矩形脉冲。

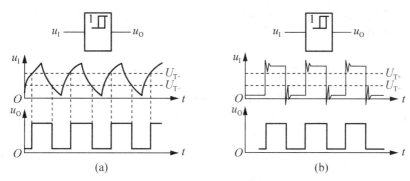

图 6.27 脉冲整形电路的输入、输出电压波形

(a)将锯齿波整形成标准矩形波　　(b)将干扰矩形波整形成标准矩形波

2．阈值探测、脉冲展宽和多谐振荡器

1）用作阈值电压探测器

图 6.28 所示是用作阈值电压探测器时施密特触发器的输入、输出电压波形，显然，凡是幅值达到 U_{T+} 的输入电压信号均可被探测出来并形成相应的输出脉冲。

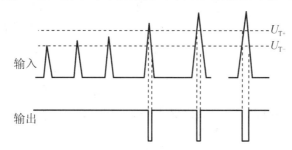

图 6.28 阈值电压探测器的输入、输出波形

2）用作脉冲展宽

图 6.29 所示是用施密特触发器构成的脉冲展宽器的电路及工作波形图。在图 6.29(a)所示电路中，当输入电压 u_I 为低电平 U_{IL} 时，集电极开路门输出三极管是截止的，施密特触发反相器的输入特性可以保证 A 点电位 u_A 为高电平，因此输出电压 u_O 为低电平 U_{OL}。

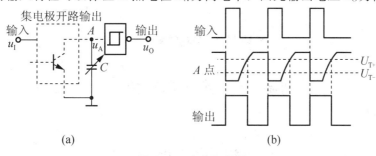

图 6.29 脉冲展宽器

(a)电路图　　(b)波形图

当 u_I 跳变到高电平 U_{IH} 时，三极管饱和导通，电容 C 迅速放电，u_A 很快下降到低电平，u_O 跳变到高电平 U_{OH}。

当 u_I 由 U_{IH} 跳变到 U_{IL} 时，三极管截止，电源 V_{CC} 通过施密特触发反相器的输入端电路对电容 C 充电，u_A 缓慢上升，当 u_A 升高到 U_{T+} 时，u_O 才会由 U_{OH} 跳变到 U_{OL}。因此，输出电压 u_O 的脉冲宽度比输入电压 u_I 的脉冲宽度显然要宽，而且改变电容 C 的大小可方便地调节展宽的程度。

3）用作多谐振荡器

图 6.30 所示是用施密特触发器构成的多谐振荡器，其工作原理比较简单。当施密特触发器反相器的输入端电压 u_I 为低电平时，其输出电压为 u'_O。

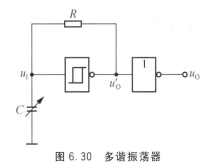

图 6.30 多谐振荡器

当 u_I 为高电平时，电容 C 充电，随着充电过程的进行，u_I 逐渐升高，当 u_I 上升到 U_{T+} 时，u'_O 由 U_{OH} 跳变到 U_{OL}，电容 C 放电，随着放电过程的进行，u_I 逐渐降低，当 u_I 下降到 U_{T-} 时，u'_O 由 U_{OL} 跳变到 U_{OH}，电容 C 又放电，……，如此周而复始，电路不停地振荡，在施密特触发器反相器的输出端所得到的便是接近矩形的脉冲电压 u'_O，再经过反相器整形，就可得到比较理想的矩形脉冲 u_O 了。

3. 脉冲幅度鉴别

利用施密特触发器的输出幅度取决于输入幅度的特点，可以将其用作脉冲幅度鉴别电路。如图 6.31 所示，在施密特触发器的输入端输入一系列幅度不等的矩形脉冲，根据施密特触发器的特点，对应于那些幅度大于 U_{T+} 的脉冲，电路有脉冲输出；而对于幅度小于 U_{T+} 的脉冲，电路则没有脉冲输出，从而达到幅度鉴别的目的。施密特触发器应用很广，上面仅是几个比较简单的例子。脉冲波形的产生及整形电路在仪器仪表、自动检测等领域都有着广泛的应用，综合应用实例这里就不再详细介绍了，读者有需要时可以查阅相关书籍。

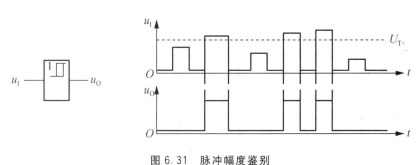

图 6.31 脉冲幅度鉴别

技能实训 8 555 定时器功能测试及应用

1. 实训目的

（1）熟悉 555 时基集成电路的内部结构、工作原理及其特点。

(2) 掌握555时基集成电路的基本应用。

2. 实训设备

(1) +5V 直流电源。　(2) 双踪示波器。　(3) 连续脉冲源。
(4) 单次脉冲源。　(5) 音频信号源。　(6) 数字频率计。
(7) 逻辑电平显示器。　(8) 555×2　2CK13×2　电位器、电阻、电容若干。
(9) 万用表。　(10) 电位器。

3. 实训原理

集成时基电路又称为集成定时器或555电路，是一种数字、模拟混合型的中规模集成电路，应用十分广泛。

1) 构成单稳态触发器

图6.32(a)为由555定时器和外接定时元件R、C构成的单稳态触发器。触发电路由C_1、R_1、VD构成，其中VD为钳位二极管。稳态时555电路输入端处于电源电平，内部放电开关管T导通，输出端OUT输出低电平，当有一个外部负脉冲触发信号经C_1加到2端，并使2端电位瞬时低于$\frac{1}{3}V_{CC}$时，低电平比较器动作，单稳态电路即开始一个暂态过程，电容C开始充电，V_C按指数规律增长。当V_C充电到$\frac{2}{3}V_{CC}$时，高电平比较器动作，比较器C_1翻转，输出V_0从高电平返回低电平，放电开关管T重新导通，电容C上的电荷很快经放电开关管放电，暂态结束，恢复稳态，为下个触发脉冲的到来作好准备，波形图如图6.32(b)所示。暂稳态的持续时间t_w(即延时时间)决定于外接元件R、C值的大小，$t_w=1.1RC$。

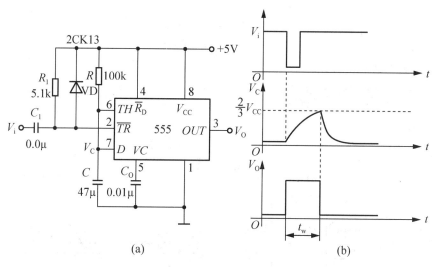

图6.32　单稳态触发器
(a)电路图　(b)波形图

通过改变R、C的大小，可使延时时间在几个微秒到几十分钟之间变化。当这种单稳态电路作为计时器时，可直接驱动小型继电器，并可以使用复位端(4脚)接地的方法来中止暂态，重新计时。此外尚需用一个续流二极管与继电器线圈并接，以防继电器线圈反电势损坏内部功率管。

2）构成多谐振荡器

图 6.33(a)所示为由 555 定时器和外接元件 R_1、R_2、C 构成的多谐振荡器，脚 2 与脚 6 直接相连。电路没有稳态，仅存在两个暂稳态，电路也不需要外加触发信号，利用电源通过 R_1、R_2 向 C 充电，以及 C 通过 R_2 向放电端 D 放电，使电路产生振荡。电容 C 在 $\frac{1}{3}V_{CC}$ 和 $\frac{2}{3}V_{CC}$ 之间充电和放电，其波形如图 6.33(b)所示。输出信号的时间参数是 $T = t_{w1} + t_{w2}$，$t_{w1} = 0.7(R_1 + R_2)C$，$t_{w2} = 0.7R_2C$，555 电路要求 R_1 与 R_2 均应大于或等于 1kΩ，但 $R_1 + R_2$ 应小于或等于 3.3MΩ。

外部元件的稳定性决定了多谐振荡器的稳定性，555 定时器配以少量的元件即可获得较高精度的振荡频率和较强的功率输出能力，因此这种形式的多谐振荡器应用很广。

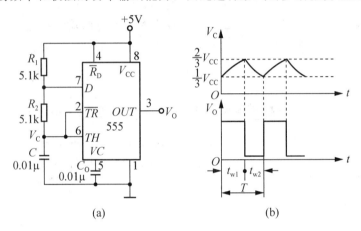

图 6.33　多谐振荡器
(a)电路图　　(b)波形图

3）组成施密特触发器

电路如图 6.34 所示，只要将脚 2、6 连在一起作为信号输入端即可得到施密特触发器。图 6.35 给出了 V_S、V_i 和 V_O 的波形图。

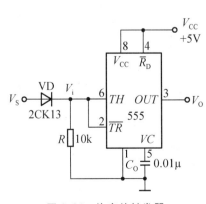

图 6.34　施密特触发器

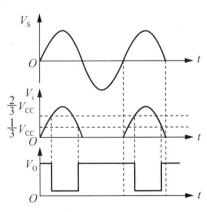

图 6.35　波形变换图

设被整形变换的电压为正弦波 V_s，其正半波通过二极管 VD 同时加到 555 定时器的 2 脚和 6 脚，得 V_i 为半波整流波形。当 V_i 上升到 $\frac{2}{3}V_{CC}$ 时，V_o 从高电平翻转为低电平；当 V_i 下降到 $\frac{1}{3}V_{CC}$ 时，V_o 又从低电平翻转为高电平。电路的电压传输特性曲线如图 6.36 所示。由图可知，回差电压 $\Delta V = \frac{2}{3}V_{CC} - \frac{1}{3}V_{CC} = \frac{1}{3}V_{CC}$

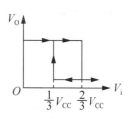

图 6.36　电压传输特性

4．实训内容

1）单稳态触发器

（1）按图 6.32 所示连线，取 $R=1\text{M}\Omega$，$C=4.7\mu\text{F}$，输入信号 V_i 由单次脉冲源提供，用双踪示波器观测 V_i、V_c、V_o 波形，测定幅度与暂稳时间。

（2）将 R 改为 1K，C 改为 $0.1\mu\text{F}$，输入端加 1kHz 的连续脉冲，观测波形 V_i、V_c、V_o，测定幅度及暂稳时间。

2）多谐振荡器

按图 6.33 所示接线，用双踪示波器观测 V_c 与 V_o 的波形，测定频率。

3）施密特触发器

按图 6.34 所示接线，输入信号由音频信号源提供，预先调好 V_s 的频率为 1kHz，接通电源，逐渐加大 V_s 的幅度，观测输出波形，测绘电压传输特性，算出回差电压 ΔV。

5．实训报告

（1）根据实训内容绘出观察到的波形。

（2）分析总结实训结果。

课 题 小 结

（1）555 定时器是一种多用途的单片集成电路，本课题首先介绍了定时器的电路组成及功能，然后重点介绍了由 555 定时器构成的单稳态触发器、多谐振荡器和施密特触发器。对定时器各种应用的讨论都是围绕表 6-1 进行的，因此对集成定时器的 3 种工作状态及其对应的输入电压必须熟练掌握。

（2）单稳态触发器有一个稳态和一个暂稳态。在外来触发信号的作用下，电路由稳态进入暂稳态，经过一段时间 t_w 后，自动翻转为稳定状态。t_w 的长短取决于电路中的定时元件 R、C 的参数。单稳态触发器主要用于脉冲定时和延迟控制。

（3）多谐振荡器是一种无稳态的电路。在接通电源后，它能够自动地在两个暂稳态之间不停地翻转，输出矩形脉冲电压。矩形脉冲的周期 T 以及高、低电平的持续时间长短取决于电路的定时元件 R、C 的参数。在脉冲数字电路中，多谐振荡器常用作产生标准时间信号和频率信号的脉冲发生器。

（4）施密特触发器是一种具有迟滞回差特性的双稳态电路，它的主要特点是能够对输入信号进行整形,将变化缓慢的输入信号整形成边沿陡峭的矩形脉冲。

(5) 应用555定时器还可以构成矩形脉冲发生器、可控方波发生器、分频电路等。

思考与练习

6.1 555定时器的工作原理是什么?

6.2 说明多谐振荡器的特点及用途。

6.3 简述由555定时器构成的多谐振荡器的工作原理。

6.4 在康复医学医疗过程中需要电脉冲刺激治疗仪,要求输出高电平脉宽不变,保持5ms,而脉冲频率可调,范围为10～100Hz,该脉冲信号源输出脉冲幅度为5V,试用CMOS型555定时器组成脉冲信号源。设电容参数选用1μF,画出电路图并确定电路中各电阻阻值和电位器的阻值(选用标称值)。

6.5 集成单稳态触发器可以分为哪两种不同的类型?其区别是什么?

6.6 如何使用555定时器构成单稳态触发器?

6.7 施密特触发器有何用途?

6.8 试分析单稳态触发器与基本RS触发器在工作原理上的区别。

6.9 分析图6.37所示电路的工作原理。

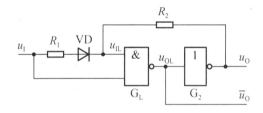

图6.37 题6.9电路图

6.10 画出脉冲展宽电路,并阐述其工作过程。

6.11 图6.38所示为用555定时器构成的多谐振荡器,其主要参数如下:$V_{DD}=10V$,$C=0.1\mu F$,$R_A=20k\Omega$,$R_B=80k\Omega$,求它的振荡周期,并画出 u_C、u_O 的波形。

6.12 图6.39所示为一个由555定时器构成的占空比可调的振荡器,试分析其工作原理。若要求占空比为50%,应如何选择电路中的有关元件参数?该振荡器频率如何计算?

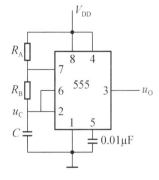

图6.38 题6.11电路图

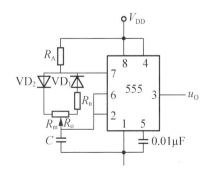

图6.39 题6.12电路图

6.13 图 6.40 所示为秒信号发生器，分析其工作原理。

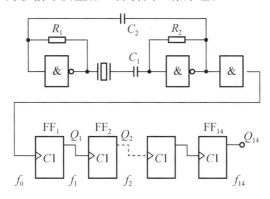

图 6.40 题 6.13 电路图

6.14 图 6.41 是一个用施密特触发器构成的单稳态触发器，输入 u_i 为一串方波脉冲，设输出脉冲的宽度 $t_w < \dfrac{T}{2}$，试定性画出 u_A、u_o 的波形。

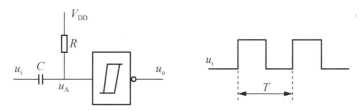

图 6.41 题 6.14 电路图

6.15 由施密特触发器构成的脉冲延迟电路如图 6.42 所示，设输入电压 u_i 为矩形脉冲，试分别定性画出电容 C 上的电压 u_C 和输出电压 u_o 的波形。

6.16 图 6.43 是一个简易触摸开关电路，当手触摸金属片时，发光二极管 LED 点亮，经过一定时间后，LED 熄灭，试分析其工作原理。若图中 $R=100\mathrm{k}\Omega$，$C=50\mu\mathrm{F}$，$R_1=1\mathrm{k}\Omega$，LED 约亮多长时间？

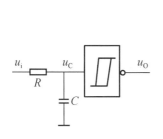

图 6.42 题 6.15 电路图

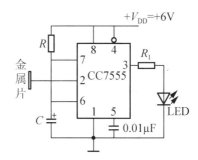

图 6.43 题 6.16 电路图

课题 7

数/模、模/数转换及其应用

知识目标	了解 A/D、D/A 转换的含义及 A/D 转换的步骤；熟悉 $R-2R$ 倒 T 型电阻网络的结构和基本原理；掌握双积分型 A/D 转换器、逐次逼近型 A/D 转换器的原理
技能目标	掌握 D/A 和 A/D 转换器的主要参数；能熟练应用集成芯片 DAC0832 和集成芯片 ADC0809

课题描述

数字系统特别是计算机的应用范围越来越广，它们处理的都是不连续的数字信号，处理后的结果也是数字信号。然而实际所遇到的许多物理量，如语音、温度、压力、流量、亮度等都是在数值上和时间上连续变化的模拟量，这些物理量经传感器转换后的电压或电流也是连续变化的模拟信号，这些模拟信号不能直接送入数字系统处理，需要把它们先转换成相应的数字信号，然后才能输入数字系统进行处理。处理后的数字信息也必须转换成模拟量送到执行元件中才能对控制对象实行实时控制，进行必要的调整，这一过程如图 7.1 所示。

课题7 数/模、模/数转换及其应用

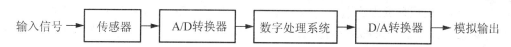

图 7.1 典型的数字控制系统框图

图 7.1 中，A/D 转换器简称 ADC(Analog to Digital Converter)，就是把输入的模拟量转换成数字量的电路，而 D/A 转换器简称 DAC(Digital to Analog Converter)，就是把输入的数字量转换成模拟量(电压或电流)输出的电路。它们都是数字系统中必不可少的组成部分，本课题将研究 DAC 及 ADC 的基本工作原理及应用。

ADC 被广泛应用于数字式电压表、温度仪表及其他数字式检测仪表中。目前在无线电通信、遥感、遥测、遥控等远距离信息传输中，采用数字信号进行传输，具有保密性好、抗干扰能力强等特点。本课题将首先研究 D/A 转换器，这是由于 DAC 比 ADC 简单些，而且在 ADC 中有时也要用到 DAC。

7.1 D/A 转换器

7.1.1 D/A 转换原理

1. D/A 转换过程

D/A 转换器的输入量是 n 位二进制数 $D=d_{n-1}d_{n-2}\cdots d_1 d_0$。$D$ 可以按位权展开为十进制数

$$D=d_{n-1}\times 2^{n-1}+d_{n-2}\times 2^{n-2}+\cdots+d_1\times 2^1+d_0\times 2^0 \tag{7.1}$$

D/A 转换器的输出量是和输入的数字量成正比的模拟量 A(电压或电流)即

$$A=Kd=K(d_{n-1}\times 2^{n-1}+d_{n-2}\times 2^{n-2}+\cdots+d_1\times 2^1+d_0\times 2^0) \tag{7.2}$$

式中，K 为 D/A 转换器的比例系数，K 可以由转换电路的条件确定。

D/A 转换的过程是：把输入的二进制数字量中为 1 的各位，按其不同的位权值，分别转换成对应的模拟量(如电流值)，再把这些代表若干位权值的各个模拟量相加求和，即可得到与输入数字量的大小成正比的模拟量(如电压量)，从而实现数字量向模拟量的转换。输入到 DAC 的数字信息可以是原码，也可以是反码或补码。图 7.2 所示是原码输入的三位二进制 DAC 的转换特性，它具体而形象地反映了对 DAC 的基本要求。

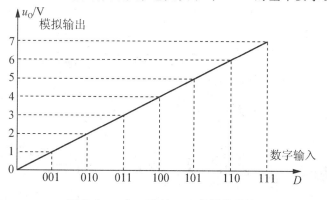

图 7.2 三位二进制 DAC 的转换特性

DAC 输出模拟量的大小与输入数字量大小成正比。两个相邻数码转换出的电压值之间的差值是信息所能分辨的最小量(1LSB);最大输入数字量对应的输出电压值(绝对值)用 FSR 表示。

2. D/A 转换器的一般组成

D/A 转换器主要由数字寄存器、模拟电子开关、译码网络(也叫位权网络)、求和运算放大器和基准电压源 V_{REF}(或恒流源)组成,如图 7.3 所示。用存放在数字寄存器中的数字量的各位数码,分别控制对应位的模拟电子开关,使数码为 1 的位在位权网络上产生与其位权成正比的电流值,再由运算放大器对各电流值求和并转换成电压值。

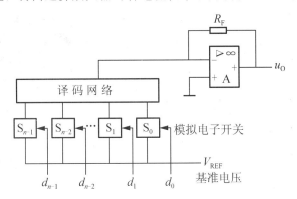

图 7.3 DAC 的原理图

3. D/A 转换器的分类

D/A 转换器通常根据译码网络的不同,分为多种 D/A 转换器,如权电阻网络、T 形电阻网络、倒 T 形电阻网络和权电流型等。不同类型的 DAC 主要是位权网络不同,下面介绍几种典型的 DAC。

7.1.2 权电阻网络 DAC

1. 电路结构

图 7.4 所示是 4 位权电阻网络 D/A 转换器的原理图,它由权电阻网络、4 个模拟开关和 1 个求和放大器组成。

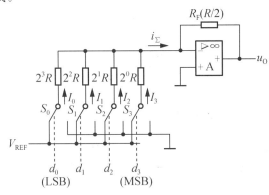

图 7.4 权电阻网络 DAC

2. 工作原理

S_3、S_2、S_1 和 S_0 是 4 个电子开关，它们的状态分别受输入代码 d_3、d_2、d_1 和 d_0 的取值控制，代码为 1 时开关接到参考电压 V_{REF} 上，代码为 0 时开关接地。故 $d_i=1$ 时有支路电流 I_i 流向求和放大器，$d_i=0$ 时支路电流为零。

求和放大器是一个接成负反馈的运算放大器。根据"虚断"的结论有：$(0-u_O)/R_F = i_\Sigma$，即

$$u_O = -R_F i_\Sigma = -R_F(I_3 + I_2 + I_1 + I_0) \qquad (7.3)$$

而根据"虚地"的结论有

$$I_3 = \frac{V_{REF}}{R} d_3 \quad (d_3 = 1 \text{ 时 } I_3 = V_{REF}/R,\ d_3 = 0 \text{ 时 } I_3 = 0)$$

$$I_2 = \frac{V_{REF}}{2R} d_1$$

$$I_1 = \frac{V_{REF}}{2^2 R} d_1$$

$$I_0 = \frac{V_{REF}}{2^3 R} d_0$$

将它们代入式(7.3)并取 $R_F = R/2$，则得到

$$u_O = -\frac{V_{REF}}{2^4}(d_3 2^3 + d_2 2^2 + d_1 2^1 + d_0 2^0) \qquad (7.4)$$

将上述分析结果推广一下，则对于 n 位的权电阻网络 D/A 转换器，当反馈电阻为 $R/2$ 时，输出电压的计算公式可以写为

$$u_O = -\frac{V_{REF}}{2^n}(d_{n-1} 2^{n-1} + \cdots + d_1 2^1 + d_0 2^0) = -\frac{V_{REF}}{2^n} N_{10} \qquad (7.5)$$

上式表明，输出的模拟电压正比于输入的二进制数码所对应的十进制数 N_{10}，从而实现了从数字量到模拟量的转换。

当 $D_n = 0$ 时，$u_O = 0$；当 $D_n = 11\cdots11$ 时，$u_O = (2^n-1)V_{REF}/2^n$。故 u_O 的最大变化范围是

$$0 \sim -(2^n-1)V_{REF}/2^n。$$

3. 电路的改进

这个电路的优点是结构比较简单，所用的电阻元件数很少；缺点是各个电阻的阻值相差较大，尤其在输入信号的位数较多时，这个问题就更加突出。例如当输入信号增加到 8 位时，如果取权电阻网络中最小的电阻 $R = 10\text{k}\Omega$，那么最大的电阻阻值将达到 $2^7 R = 1.28\text{M}\Omega$，两者相差 128 倍之多。要想在极为宽广的阻值范围内保证每个电阻都有很高的精度是十分困难的，尤其对制作集成电路更加不利。

为了克服这个缺点，在输入数字量的位数较多时可以采用如图 7.5 所示的双级权电阻网络。在双级权电阻网络中，每一级仍然只有 4 个电阻，它们之间的阻值之比还是 1：2：4：8。可以证明，只要取两级间的串联电阻 $R_S = 8R$，即可得到

$$u_O = -\frac{V_{REF}}{2^8}(d_7 2^7 + d_6 2^6 + d_5 2^5 + \cdots + d_1 2^1 + d_0 2^0) = -\frac{V_{REF}}{2^8} N_{10} \qquad (7.6)$$

可见，所得结果与式(7.5)相同。由于电阻的最大值与最小值相差仅为 8 倍，所以图 7.5 仍为一种可取的方案。

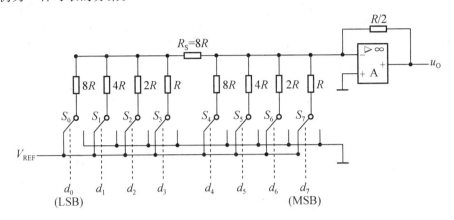

图 7.5　双级权电阻网络 D/A 转换器

7.1.3　R-2R 倒 T 型电阻网络 DAC

1. 电路结构

图 7.6 所示是 4 位倒 T 形电阻网络 D/A 转换器，图中 R、$2R$ 两种电阻构成了倒 T 形电阻网络，S_3、S_2、S_1、S_0 是 4 个电子模拟开关，A 是求和放大器，V_{REF} 是基准电压源。开关 S_3、S_2、S_1、S_0 的状态受输入代码 d_3、d_2、d_1、d_0 的状态控制，当输入的 4 位二进制数的某位代码为 1 时，相应的开关将电阻接到运算放大器的反相输入端；当某位代码为 0 时，相应的开关将电阻接到运算放大器的同相输入端。

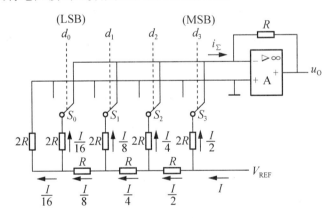

图 7.6　4 位倒 T 形电阻网络 D/A 转换器

2. 工作原理

图 7.7 为输入数字信号 $d_3d_2d_1d_0=1111$ 时的等效电路。根据运算放大器的"虚地"概念不难看出，从虚线 AA'、BB'、CC'、DD' 处向左看进去的电路等效电阻均为 R，电源的总电流为 $I=V_{REF}/R$，第一级支路流入运放的电流为 $I/2$。由以上分析不难看出，每经过一级节点，支路的电流衰减一半，根据输入数字量的数值，流入运放"虚地"的总电流为

$$i_\Sigma = I(d_3 \times \frac{1}{2} + d_2 \times \frac{1}{4} + d_1 \times \frac{1}{8} + d_0 \times \frac{1}{16})$$

$$= \frac{V_{REF}}{2^4 R}(d_3 \times 2^3 + d_2 \times 2^2 + d_1 \times 2^1 + d_0 \times 2^0)$$

因此输出电压可表示为

$$u_O = -i_\Sigma R = -\frac{V_{REF}}{2^4}(d_3 \times 2^3 + d_2 \times 2^2 + d_1 \times 2^1 + d_0 \times 2^0)$$

如果是 n 位的 D/A 转换器，则 u_O 的表达式为

$$u_O = -\frac{V_{REF}}{2^n}(d_{n-1} \times 2^{n-1} + d_{n-2} \times 2^{n-2} + \cdots + d_1 2^1 + d_0 2^0)$$

$$= -\frac{V_{REF}}{2^n} N_{10} \tag{7.7}$$

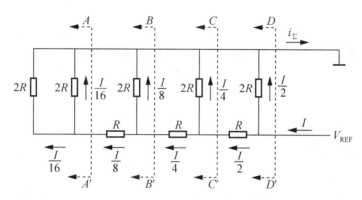

图 7.7　计算倒 T 形电阻网络支路电流的等效电路

倒 T 形电阻网络 D/A 转换器的特点是：模拟开关在"虚地"和地之间转换，不论开关状态如何变化，各支路的电流始终不变，因此，不需要电流建立时间。各支路电流直接流入运算放大器的输入端，不存在传输时间差，因而提高了转换速度，并减小了动态过程中输出电压的尖峰脉冲。

倒 T 形电阻网络 D/A 转换器是目前生产的 D/A 转换器中速度较快的一种，也是用得最多的一种。

7.1.4　权电流型 D/A 转换电路

由于运算放大器的输入阻抗多数情况下可以近似认为无穷大，所以流过 R_F 的电流近似等于 i_Σ。由图 7.8 得

$$u_O \approx R_F \cdot i_\Sigma$$

$$= R_F \left(\frac{I}{2} d_3 + \frac{I}{4} d_2 + \frac{I}{8} d_1 + \frac{I}{16} d_0\right)$$

$$= \frac{R_F I}{2^4} \sum_{i=0}^{3} 2^i \cdot d_i = \frac{R_F I}{2^4} \cdot N_{10} \tag{7.8}$$

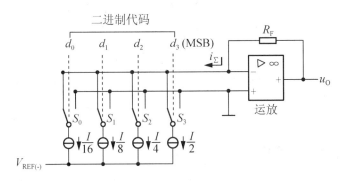

图 7.8 权电流型 D/A 转换电路原理图

7.1.5 D/A 转换器的主要技术指标

1. 分辨率

分辨率用于描述 D/A 转换器对输入量微小变化的敏感程度。它是输入数字量在只有最低有效位(LSB)为 1(即为 00…01)时的输出电压 U_{LSB} 与输入数字量为全 1(即为 11…11)时的输出满量程电压 U_{FS} 之比。将 00…01 和 11…11 代入式(7.2),可得 U_{LSB} 和 U_{FS},因此对于 n 位的 DAC,其分辨率 S 为

$$S = U_{LSB}/U_{FS} = 1/(2^n - 1) \tag{7.9}$$

例如 10 位 D/A 转换器的分辨率为 $1/(2^{10}-1)$。如果输出模拟电压满量程为 10V,那么 10 位 DAC 能够分辨的最小电压为 $10/1023 \approx 0.009775V$;而 8 位 D/A 转换器能够分辨的最小电压为 $10/255 \approx 0.039215V$。可见位数越高,DAC 分辨输出电压的能力越强。所以有时也用输入数码的位数来表示分辨率,例如 10 位 DAC 的分辨率为 10 位。

分辨率表示 D/A 转换器在理论上可以达到的精度。

2. 转换精度

转换精度通常用转换误差和相对精度来描述。

转换误差是在对应给定的满刻度数字量情况下,D/A 转换器实际输出值与理论值之间的误差。该误差是由于 D/A 转换器的增益误差、零点误差、线性误差和噪声等共同引起的。

相对精度是在满刻度已校准的情况下,整个刻度范围内对于任一数码的模拟量输出与其理论值之差。对于线性的 D/A 转换器,相对精度就是非线性度。相对精度有两种方法表示,一种是用数字量最低有效位的位数 LSB 表示,另一种是用该偏差的相对满刻度值的百分比表示。例如某 DAC 精度为 ±0.1%,满量程 $U_{FS}=10V$,则该 DAC 的最大线性误差电压

$$U_E = \pm 0.1\% \times 10V = \pm 10mV$$

对于 n 位 DAC,精度为 ±LSB,其最大可能的线性误差电压

$$U_E = \pm \frac{1}{2} \times \frac{1}{2^n} U_{FS} = \pm \frac{1}{2^{n+1}} U_{FS}$$

转换精度和分辨率是两个不同的概念,即使 D/A 转换器的分辨率很高,但由于电路的稳定性不好等原因,也可能使电路的转换精度不高。换句话说为了获得高精度的 DAC,

单纯选用高分辨率的 DAC 器件是远远不够的，还必须考虑采用高稳定性的基准电压和低漂移运放等，此外，必要时还应考虑动态时转换误差。例如数码从 0111 变到 1000 时，若最高位先从 0 变为 1，则在此瞬间数码全为 1，输出将产生一个尖峰脉冲，因此要在尖峰脉冲消失后，再取输出电压。

3. 转换速度

转换速度由转换时间决定，转换时间是指数据变化量是满度值(输入由全 0 变为全 1 或全 1 变为全 0)时，输出电压达到规定误差范围(±LSB/2)时所需的时间。

4. 线性误差

由于种种原因，DAC 的实际转换特性与理想转换特性之间是有偏差的，这个偏差就是线性误差，如图 7.9 所示。理想转换特性是线性的，而实际转换特性大都是非线性的，它们之间误差的最大值称为线性误差。

线性误差一般也用 LSB 的分数形式给出，好的 DAC 线性误差应小于±LSB。

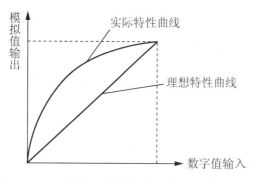

图 7.9　线性误差示意图

5. 温度灵敏度

这项指标表明 DAC 受温度变化影响的特性。它是指在数字量输入不变的情况下，模拟输出信号随温度的变化。一般 DAC 的温度灵敏度为±50ppmV/℃，ppm 为百万分之一。

6. 建立时间

指输入数字量从零变到最大时其模拟输出达到满刻度值的±LSB 对应的值时所需要的时间。电流型的 DAC 转换较快，电压输出的 DAC 较慢，主要是运算放大器的响应时间不同。在实际应用中，要正确选用 DAC，使它的转换时间小于数字输入信号发生变化的周期。

7. 电源灵敏度

这项指标反映 DAC 对电源电压变化的灵敏程度。它又称为电源抑制比，其值等于满量程电压变化百分数与电源变化的百分数之比。

8. 输出电平

不同型号 DAC 的输出电平相差较大，一般 DAC 为 5～10V，而高压输出型 DAC 可达 24～30V；电流型 DAC 输出电流相差也较大，低至几毫安，高至几个安培。

7.1.6 集成DAC

根据转换速度、位数的不同,集成DAC有多种型号。这里只介绍其中的一种。集成DAC0832是用CMOS工艺制成的8位DAC转换芯片。其数字输入端有双重缓冲功能,可根据需要接成不同的工作方式,特别适用于要求几个模拟量同时输出的场合。它与微处理器接口很方便。

1. DAC0832的主要技术指标

分辨率：　　　　　8位
转换时间：　　　　≤1μs
单电源：　　　　　5～15V
线性误差：　　　　≤±0.2%LSB
温度灵敏度：　　　20ppmV/℃
功耗：　　　　　　20mW

2. DAC0832的内部结构

DAC0832的内部结构如图7.10所示。

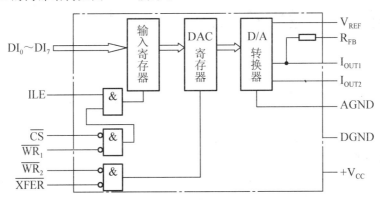

图7.10　DAC0832内部结构图

DAC0832内部由一个八位输入寄存器、一个八位DAC寄存器、一个八位DAC转换器、逻辑控制电路以及输出电路的辅助元件R_{FB}等组成。D/A转换器采用倒T型$R-2R$电阻网络。由于DAC0832有两个可以分别控制的数据寄存器,所以在使用时有较大的灵活性,可以接成双缓冲、单缓冲或直接输入等工作方式。DAC0832中无运算放大器,且是电流输出,使用时需外接运算放大器。

3. DAC0832的引脚功能

DAC0832的引脚排列图如图7.11所示。各引脚的功能如下：

ILE：输入锁存允许信号,输入高电平有效。

$\overline{CS}$：片选信号,输入低电平有效。它与ILE结合起来可以控制是否起作用。

$\overline{WR_1}$：写信号1,输入低电平有效。在$\overline{WR_1}$和ILE为有效电平时,用它将数据输入并锁存于输入寄存器中。

$\overline{WR_2}$：写信号2，输入低电平有效。在为有效电平时，用它将输入寄存器中的数据传送到八位DAC寄存器中。

$\overline{XFER}$：传输控制信号，输入低电平有效，用它来控制DAC0832是否起作用。在控制多个DAC0832同时输出时特别有用。

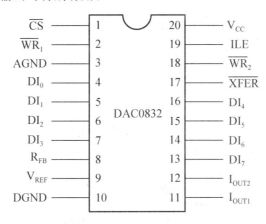

图7.11　DAC0832引脚排列图

$DI_7 \sim DI_0$：八位数字量输入端。

V_{REF}：基准(参考)电压输入端。一般此端外接一个精确、稳定的电压基准源。V_{REF}可在$-10 \sim +10V$范围内选择。

R_{FB}：反馈电阻。反馈电阻被制作在芯片内，用作外接运算放大器的反馈电阻，它与内部的$R-2R$电阻相匹配。

I_{OUT1}：模拟电流输出1，接运算放大器反相输入端。其大小与输入的数字量$DI_7 \sim DI_0$成正比。

I_{OUT2}：模拟电流输出2，接地。其大小与输入的数码取反后的数字量$DI_7 \sim DI_0$成正比，$I_{OUT1}+I_{OUT2}=$常数。

V_{CC}：电源输入端(一般为$+5 \sim +15V$)。

DGND：数字地。

AGND：模拟地。

4. DAC0832的工作方式

DAC0832内部有两个寄存器，所以它可以有双缓冲型、单缓冲型和直通型3种工作方式。如果工作在直通方式，则没有锁存功能；如果工作在缓冲方式，则有一级或二级锁存能力。

双缓冲方式：DAC0832内部有两个八位寄存器，可以进行双缓冲操作，即在对某数转换的同时，又可以进行下一数据的采集，故转换速度较高。这一特点特别适用于要求多片DAC0832的多个模拟量同时输出的场合。在各片的ILE置为高电平和$\overline{WR_1}$为低电平的控制下，有关数据分别被输入一个相应的DAC0832的八位输入寄存器。当需要进行同时模拟输出且$\overline{CS}$、$\overline{XFER}$均为低电平的作用下，把各输入寄存器中的数据同时传送给各自的DAC寄存器。各个D/A转换器同时转换，同时给出模拟输出量。

单缓冲方式：在不要求多片 D/A 同时输出时，可以采用单缓冲方式，使两个寄存器之一始终处于直通状态，这时只需一次操作，因而可以提高 D/A 的数据吞吐量。

直通方式：如果两级寄存器都处于常通状态，这时 D/A 转换器的输出将跟随数字输入随时变化，这就是直通方式。这种情况是将 DAC0832 直接应用于连续反馈控制系统中，作数字增量控制器使用。

5. DAC0832 与微机的连接

图 7.12 所示为 DAC0832 与 80X86 计算机系统连接的典型电路，它属于单缓冲方式，图中的电位器用于满量程调整。

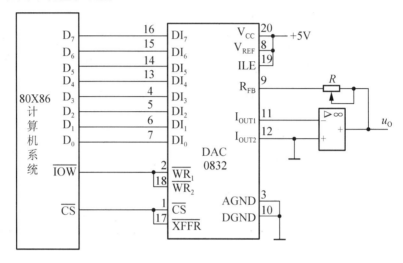

图 7.12　DAC0832 与 80X86 计算机系统连接的典型电路

DAC0832 在输入数字量为单极性数字时，输出电路可接成单极性工作方式；在输入数字量为双极性数字时，输出电路可接成双极性工作方式。所谓单极性输出是指微处理机输出到 D/A 转换器的代码为 00H～FFH，经 D/A 转换器输出的模拟电压要么全为负值，要么全为正值。输出极性总与基准电压的极性相反。所谓双极性输出是指微处理机输出到 DAC 的数字量有正负之分，经 D/A 转换器输出的模拟电压也有正负极性之分。如控制系统中对电动机的控制，正转和反转对应正电压和负电压。

7.2　A/D 转换器

A/D 转换器的功能是将输入的模拟电压量 u_1 转换成相应的数字量 D，D 为 n 位二进制代码 $d_{n-1}\cdots d_1 d_0$。

A/D 转换器的种类很多，按工作原理可分为直接型和间接型两大类。直接型不需要经过中间变量就能把输入的模拟电压信号直接转换为输出的数字代码，常用的电路有并联比较型和反馈比较型。而间接型 A/D 转换器，首先是将输入的模拟电压信号转换成一个中间变量（时间或频率），然后再将中间变量转换成数字量。其分类可大致归纳如下：

$$\text{A/D 转换器}\begin{cases}\text{直接型}\begin{cases}\text{并联比较型}\\\text{反馈比较型}\begin{cases}\text{计数型}\\\text{逐次渐进型}\end{cases}\end{cases}\\\text{间接型}\begin{cases}\text{电压时间变换(V-T)型-积分型}\\\text{电压频率变换(V-F)型}\end{cases}\end{cases}$$

下面首先介绍 A/D 转换的一般原理和步骤，再以最常用的并联比较型、逐次渐近型和双积分型为例介绍 A/D 转换器的工作原理。

7.2.1 A/D 转换的一般步骤

ADC 的输入电压信号 u_I 在时间上是连续量，而输出的数字量 D 是离散的，所以进行转换时必须按一定的频率对输入的信号 u_I 进行采样，得到采样信号 u_S，并在两次采样之间使 u_S 保持不变，从而保证将采样值转化成稳定的数字量。因此，A/D 转换过程是通过采样、保持、量化、编码 4 个步骤完成的。通常采样和保持用同一个电路实现，量化和编码也是在转换过程同时实现的。

1. 采样与保持

采样是将在时间上连续变化的模拟量转换成时间上离散的模拟量，如图 7.13 所示。可以看到，为了用采样信号 u_S 准确地表示输入信号 u_I，必须有足够高的采样频率 F_S，采样频率 F_S 越高就越能准确地反映 u_I 的变化。那么如何来确定采样频率呢？

对任何模拟信号进行谐波分析时，均可以表示为若干正弦信号之和，若谐波中最高频率为 F_{iMAX}，则根据采样定理，采样频率应满足：$F_S \geqslant 2F_{iMAX}$

此时，采样信号 u_S 就能准确地反映输入信号 u_I。

由于采样时间极短，采样输出 u_S 为一串断续的窄脉冲。而要把一个采样信号数字化需要一定时间，因此在两次采样之间应将采样的模拟信号存储起来以便进行数字化，这一过程称为保持。

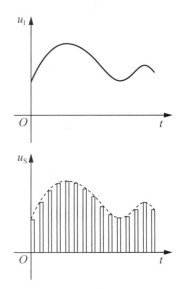

图 7.13 对输入模拟信号的采样

2. 量化与编码

数字信号不仅在时间上是离散的，而且在数值上的变化也是不连续的。也就是说，任何一个数字量的大小都是以某个最小数量单位的整数倍来表示的。因此，在用数字量表示采样电压时也必须把它化成这个最小数量单位的整数倍，所规定的最小数量单位称为量化单位，用 Δ 表示。将量化的结果用二进制代码表示称为编码。这个二进制代码就是 A/D 转换的输出信号。

输入模拟电压通过采样/保持后转换成阶梯波，其阶梯幅值仍然是连续可变的，所以它就不一定能被量化单位 Δ 整除，因而不可避免地会引起量化误差。对于一定的输入电压范围，输出数字量的位数越高，Δ 就越小，因此量化误差也越小。而对于一定的输入电压范围、一定位数的数字量输出，不同的量化方法，量化误差的大小也不同。量化的方法有两种，下面将分别说明。

设输入电压 u_I 的范围为 $0 \sim U_M$，输出为 n 位的二进制代码。现取 $U_M = 1\text{V}$，$n = 3$。

第一种量化方法：取 $\Delta = U_M/2^n = (1/2^3)\text{V} = (1/8)\text{V}$，规定 0Δ 表示 $0\text{V} \leqslant u_I < (1/8)\text{V}$，对应的输出二进制代码为 000；$1\Delta$ 表示 $(1/8)\text{V} \leqslant u_I < (2/8)\text{V}$，对应的输出二进制代码为 001，…，$7\Delta$ 表示 $(7/8)\text{V} \leqslant u_I \leqslant 1\text{V}$，对应的输出二进制代码为 111，如图 7.14(a)所示。显然，这种量化方法的最大量化误差为 Δ。

第二种量化方法：取 $\Delta = 2U_M/(2^{n+1} - 1) = (2/15)\text{V}$，并规定 0Δ 表示 $0\text{V} \leqslant u_I < (1/15)\text{V}$，对应的输出二进制代码为 000；$1\Delta$ 表示 $(1/15)\text{V} \leqslant u_I < (3/15)\text{V}$，对应的输出二进制代码为 001，…，$7\Delta$ 表示 $(13/15)\text{V} \leqslant u_I \leqslant 1\text{V}$，对应的输出二进制代码为 111，如图 7.14(b)所示。显然，这种量化方法的最大量化误差为 $\Delta/2$，实际电路中多采用这种量化方法。

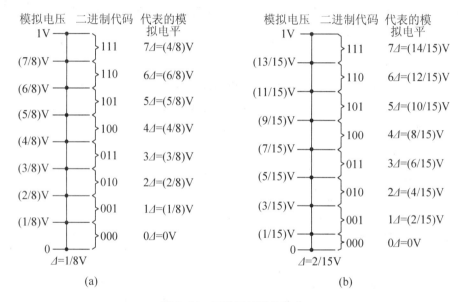

图 7.14　两种不同量化误差

7.2.2 采样保持电路

采样保持电路实现 A/D 转换的采样和保持两个步骤，其基本形式如图 7.15(a)所示。它由 N 沟道 MOS 管 T 作为采样开关、存储电容 C 和运放等组成。当采样控制信号 u_S 为高电平时，T 导通，输入信号 u_I 经电阻 R_1 向电容 C 充电。取 $R_1 = R_F$ 且忽略运放的净输入电流，则充电结束后 $u_O = u_C = u_I$。采样控制信号 u_S 跃变为低电平后，MOS 管 T 截止，由于电容 C 上的电压 u_C 保持基本不变，即采样的结果被保持下来直到下一个采样控制信号的到来。可以看出电容 C 的漏电流越小，运放的输入阻抗越大，u_O 保持的时间越长。

显然，采样过程是一个充电过程，且 R_1 越小，充电时间越短，采样频率越高；在充电过程中，电路的输入电阻为 R_1，为使电路从信号源索取的电流小些，则要求输入电阻大；因此采样速度与输入阻抗产生了矛盾。下面介绍在图 7.15(a)所示电路基础上改进而得的电路，如图 7.15(b)所示。A_1 和 A_2 是两个运放，采样控制信号 u_L 通过驱动电路 L 控制开关 S。$u_L=1$ 时，开关 S 闭合。A_1 和 A_2 工作在单位增益的电压跟随状态，则 $u_I = u'_O = u_C = u_O$；$u_L=0$ 时，开关 S 断开。由于电容 C 没有放电回路，u_C 保持 u_I 不变，所以输出 u_O 也保持 u_I 不变。

开关 S 断开，电路处于保持阶段，如果 u_I 变化，u'_O 可能变化非常大，甚至会超过开关电路能够承受的电压，因此用二极管 D_1、D_2 构成保护电路。当 u'_O 比保持电压 u_O 高（或低）一个二极管的压降 U_D 时，D_1（或 D_2）导通，从而使 $u'_O = u_O + U_D$（或 $u'_O = u_O - U_D$）。在开关 S 闭合时 $u'_O = u_O$，所以 D_1 和 D_2 不导通，保护电路不起作用。

由于电路在采样开关与输入信号之间加一级运放 A_1，提高了输入阻抗，同时由于运放 A_1 输出阻抗小，使电容充放电过程加快，从而提高了采样速度。

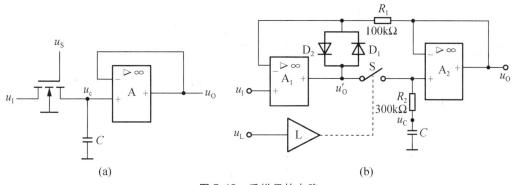

图 7.15 采样保持电路
（a）基本采样/保持电路　（b）改进采样/保持电路

7.2.3 并联比较型 A/D 转换器

图 7.16 所示为并联比较型 A/D 转换器电路结构图，它由电压比较器、寄存器和代码转换电路 3 部分组成。输入为 $0 \sim V_{REF}$ 间的模拟电压，输出为三位二进制数码 $d_2 d_1 d_0$。这里略去了采样保持电路，假定输入的模拟电压 u_I 已经是采样保持电路的输出电压了。

电压比较器中量化电平的划分采用图 7.14(b)所示的方式，用电阻链把参考电压 V_{REF} 分压，得到从 $\frac{1}{15}V_{REF}$ 到 $\frac{13}{15}V_{REF}$ 之间 7 个比较电平，量化单位为 $\Delta = \frac{2}{15}V_{REF}$。然后，把这 7 个比较电平分别接到 7 个电压比较器 $C_1 \sim C_7$ 的输入端作为比较基准。同时将输入的模拟电压同时加到每个比较器的另一个输入端上与这 7 个比较基准进行比较。

若 $u_I < \frac{1}{15}V_{REF}$，则所有比较器的输出全是低电平，CP 上升沿到来后，寄存器中所有的触发器（$FF_1 \sim FF_7$）都被置成 0 状态。

若 $\frac{1}{15}V_{REF} \leqslant u_I < \frac{3}{15}V_{REF}$，则只有 C_1 输出为高电平，CP 上升沿到达后 FF_1 被置 1，其余触发器被置 0。

依此类推，便可列出 u_I 为不同电压时寄存器的状态，见表 7-1。不过寄存器输出的是一组 7 位的二值代码，还不是所要求的二进制数，因此必须进行代码转换。

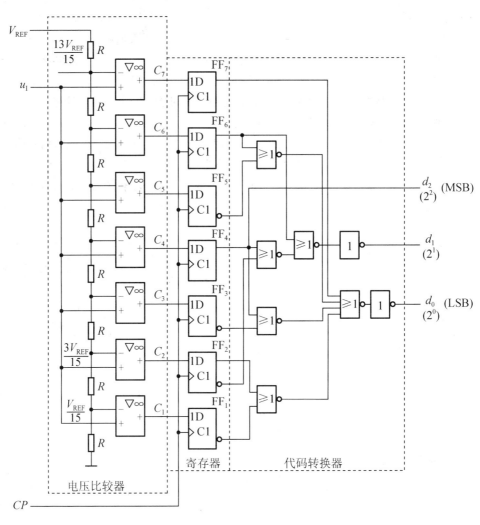

图 7.16 并联比较型 A/D 转换器电路结构图

表 7-1 图 7.16 电路的代码转换表

输入模拟电压	寄存器状态（代码转换器输入）							数字输入输出		
u_1	Q_7	Q_6	Q_5	Q_4	Q_3	Q_2	Q_1	d_2	d_1	d_0
$\left(0 \sim \frac{1}{15}\right)V_{REF}$	0	0	0	0	0	0	0	0	0	0
$\left(\frac{1}{15} \sim \frac{3}{15}\right)V_{REF}$	0	0	0	0	0	0	1	0	0	1
$\left(\frac{3}{15} \sim \frac{5}{15}\right)V_{REF}$	0	0	0	0	0	1	1	0	1	0
$\left(\frac{5}{15} \sim \frac{7}{15}\right)V_{REF}$	0	0	0	0	1	1	1	0	1	1
$\left(\frac{7}{15} \sim \frac{9}{15}\right)V_{REF}$	0	0	0	1	1	1	1	1	0	0

续表

输入模拟电压	寄存器状态（代码转换器输入）							数字输入输出		
$\left(\frac{9}{15}\sim\frac{11}{15}\right)V_{REF}$	0	0	1	1	1	1	1	1	0	1
$\left(\frac{11}{15}\sim\frac{13}{15}\right)V_{REF}$	0	1	1	1	1	1	1	1	1	0
$\left(\frac{13}{15}\sim 1\right)V_{REF}$	1	1	1	1	1	1	1	1	1	1

代码转换器是一个组合逻辑电路，根据表 7-1 可以写出代码转换电路输出与输入间的逻辑函数式

$$\begin{cases} d_2 = Q_4 \\ d_1 = Q_6 + \overline{Q}_4 Q_2 \\ d_0 = Q_7 + \overline{Q}_6 Q_5 + \overline{Q}_4 Q_3 + \overline{Q}_2 Q_1 \end{cases} \tag{7.10}$$

按照式(7.10)即可得到图 7.16 中的代码转换电路。

并联比较型 A/D 转换器的转换精度主要取决于量化电平的划分，分得越细（亦即 Δ 取得越小），精度越高。不过分得越细使用的比较器和触发器数目越大，电路越复杂。此外，转换精度还受参考电压的稳定度和分压电阻相对精度以及电压比较器灵敏度的影响。

并联比较型 A/D 转换器的最大优点是转换速度快。如果从 CP 信号的上升沿算起，图 7.16 所示电路完成一次转换所需要的时间只包括一级触发器的翻转时间和三级门电路的传输延迟时间。目前，输出为八位的并联比较型 A/D 转换器转换时间可以达到 50ns 以内，这是其他类型 A/D 转换器所无法做到的。

另外，并联比较型 A/D 转换器可以不用附加采样保持电路，因为比较器和寄存器这两部分也兼有采样和保持功能。

并联比较型 A/D 转换器的缺点是需要用很多的电压比较器和触发器。从图 7.16 所示电路不难得知，输出为 n 位二进制代码的转换器中应当有 (2^n-1) 个电压比较器和 (2^n-1) 个触发器。电路的规模随着输出代码位数的增加而急剧膨胀。如果输出为 10 位二进制代码，则需用 $(2^{10}-1)=1023$ 个比较器和 1023 个触发器以及一个规模相当庞大的代码转换电路。

7.2.4 逐次渐近型 A/D 转换器

逐次渐近型 A/D 转换器又称逐次逼近型 A/D 转换器，其转换过程类似用天平称未知物体重量的过程。假设砝码的重量满足二进制关系，即一个比另一个重量小一半，称重时，将各种重量的砝码从大到小逐一放在天平上加以试探，经天平比较加以取舍，一直到天平基本平衡为止。这样就以一系列二进制砝码的重量之和表示被称物体的重量。

逐次渐近型 A/D 转换器的原理框图如图 7.17 所示，主要包括寄存器、D/A 转换器、电压比较器、顺序脉冲发生器(脉冲源)及相应的控制电路。

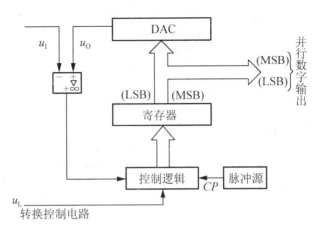

图 7.17 逐次渐近型 A/D 转换器的原理框图

转换开始前先将寄存器清零,所以加给 D/A 转换器的数字量也是全 0,转换控制信号 u_L 变为高电平时开始转换,在时钟脉冲作用下,首先将寄存器最高位置 1,使寄存器的输出为 100…00,这个数字量被 D/A 转换器转换成相应的模拟电压 u_O,送到比较器与输入电压 u_I 进行比较,如果 $u_O > u_I$,说明数字过大,应将这个 1 清除;如果 $u_O \leq u_I$,说明数字还不够大,这个应该保留。然后再将次高位置 1,并按上述方法确定这位的 1 是否保留。这样逐位比较下去,直到最低位为止。这时寄存器里的数码就是所求的输出数字量。

根据上述原理构成的 3 位逐次渐近型 A/D 转换器的逻辑电路如图 7.18 所示。图中 3 个同步 RS 触发器 F_A、F_B、F_C 作为寄存器,$FF_1 \sim FF_5$ 构成的环形计数器作为顺序脉冲发生器,控制电路由门电路 $G_1 \sim G_9$ 组成。

设参考电压 $V_{REF} = 5V$,待转换的模拟电压 $u_I = 3.2V$。工作前先将寄存器 F_A、F_B、F_C 清零,同时使环形计数器置成 $Q_1Q_2Q_3Q_4Q_5 = 10000$ 状态。转换控制信号 u_L 变成高电平以后,转换开始。

(1) 第一个 CP 脉冲的上升沿到来时,因 $Q_1 = 1$,所以 $CP = 1$ 期间 F_A 被置 1,F_B、F_C 保持 0 状态,这时寄存器的状态 $Q_A Q_B Q_C = 100$ 加到三位 D/A 转换器的输入端,并在 D/A 转换器的输出端得到相应的模拟电压 $u_O = 5V \times 2^2 / 2^3 = 2.5V$,因为 $u_O < u_I$,比较器的输出 $u_B = 0$ 为低电平,同时环形计数器的状态为 $Q_1Q_2Q_3Q_4Q_5 = 01000$。

(2) 第二个 CP 脉冲的上升沿到来时,因 $Q_2 = 1$,所以 F_B 被置 1,由于 $u_B = 0$ 为低电平,封锁了与门 G_1,Q_2 不能通过门 G_1 使 F_A 置 0,故 Q_A 仍为 1,因此 $Q_A Q_B Q_C = 110$,经 D/A 转换器转换后得到相应的模拟电压 $u_O = 5V \times (2^1 + 2^2)/2^3 = 3.75V$,因为 $u_O > u_I$ 比较器的输出 $u_B = 1$ 为高电平,同时环形计数器的状态为 $Q_1Q_2Q_3Q_4Q_5 = 00100$。

(3) 第三个 CP 脉冲到来时,因 $Q_3 = 1$,所以 F_C 被置 1,由于 $u_B = 1$,与门 G_2 被打开,Q_3 通过门 G_2 使 F_B 置 0,此时由于 $Q_1 = Q_2 = 0$,故 F_A 保持 1 状态。因此 $Q_A Q_B Q_C = 101$,经 D/A 转换器转换后得到相应的模拟电压 $u_O = 5V \times (2^0 + 2^2)/2^3 = 3.125V$,因为 $u_O < u_I$,比较器的输出 u_B 为低电压,同时环形计数器的状态为 $Q_1Q_2Q_3Q_4Q_5 = 00010$。

(4) 第四个 CP 脉冲到来后,由于比较器的输出电压 $u_B = 0$,封锁了与门 $G_1 \sim G_3$,且 $Q_1 \sim Q_3 = 0$,故 $F_A F_B F_C$ 保持原态,即 $Q_A Q_B Q_C = 101$。同时环形计数器的状态为 $Q_1Q_2Q_3Q_4Q_5 = 00001$。$Q_5 = 1$,打开三态门,输出转换结果 $D_2 D_1 D_0 = 101$。

(5) 第五个 CP 脉冲到来后，环形计数器的状态为 $Q_1Q_2Q_3Q_4Q_5=10000$，返回初始状态。同时，由于 $Q_5=0$，门 G_6、G_7、G_8 被封锁，转换输出信号随之消失。

常用的逐次渐近型 A/D 转换器有 8、10、12 和 14 位等电路。其优点是精度高、转换速度快，由于它的转换时间固定，简化了与计算机的同步，所以常常用作微机接口。

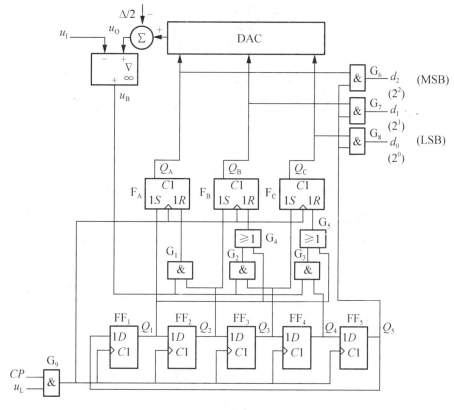

图 7.18　3 位逐次渐近型 A/D 转换器的逻辑电路

7.2.5　双积分型 A/D 转换器

双积分型 A/D 转换器属于电压时间变换型转换器，它是经过中间变量间接实现 A/D 转换的。它通过两次积分，采样阶段在固定时间 T_1 内对 u_1 积分，比较阶段对基准电压 $-V_{REF}$ 进行反向积分，其工作原理框图如图 7.19 所示。它由基准电压 $-V_{REF}$、积分器 A_1、过零比较器 A_2、计数器、控制电路和控制开关组成。其中，开关 S_1 由控制逻辑电路的状态控制，以便将被测模拟电压 u_1 和基准电压 $-V_{REF}$ 分别接入积分器 A 进行积分。过零比较器用来监测积分器输出电压的过零时刻。当积分器输出 $u_O \leqslant 0$ 时，比较器的输出 u_B 为高电平。时钟脉冲送入计数器计数；当 $u_O>0$ 时，比较器的输出 u_B 为低电平，计数器停止计数。

双积分型 A/D 转换器在一次转换过程中要进行两次积分。

第一次积分为采样阶段。控制逻辑电路使开关 S_1 接至模拟电压 u_1，在固定时间 T_1 内进行积分。积分结束时积分器的输出电压 u_O 与模拟电压 u_1 的大小成正比，如图 7.20 所示。当采样结束时，通过控制逻辑电路使开关 S_1 改接到基准电压 $-V_{REF}$ 上。

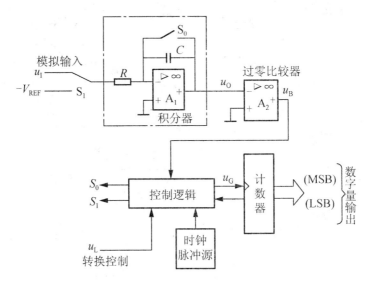

图 7.19 双积分型 ADC 工作原理框图

第二次积分为比较阶段。积分器对基准电压 $-V_{REF}$ 进行反向积分。积分器的输出电压开始回升，经时间 T_2 后回到 0，比较器输出为 0，停止计数，比较阶段的时间间隔 T_2 与采样结束时积分器的输出电压 u_O 成正比，如图 7.20 所示，因此 T_2 与输入模拟电压 u_1 成正比。

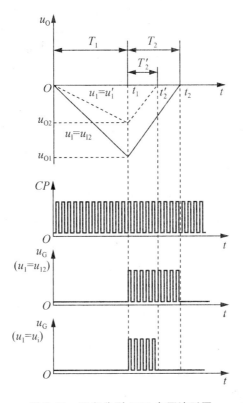

图 7.20 双积分型 ADC 电压波形图

图 7.21 为双积分型 A/D 转换器的逻辑电路。转换开始前，转换器控制信号 $u_L = 0$ 为

低电平，将 n 位二进制计数器和附加触发器 FF_A 均置 0。同时 S_0 闭合，积分电容 C 充分放电。当 $u_L=1$ 为高电平以后，S_0 断开，S_1 接到输入信号 u_1 的一侧，转换开始。

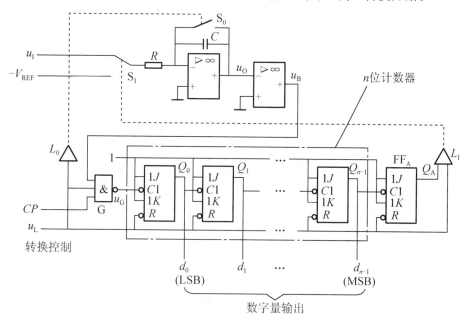

图 7.21 双积分型 A/D 转换器的逻辑电路

第一阶段为定时积分，积分时间为 T_1。第二阶段为反向积分，并在积分的同时进行计数。

第一次积分：积分器对 u_1 在固定时间 T_1 内进行积分。即

$$u_{O1}(t) = -\frac{1}{RC}\int_0^{T_1} u_1 dt = -\frac{u_1}{RC}T_1 \tag{7.11}$$

式中，u_1 为 T_1 时间内输入模拟电压的平均值。因为 $u_{O1}(t) \leqslant 0$，比较器输出 $u_B=1$ 为高电平，将门 G 打开，计数器以周期为 T_C 的时钟脉冲从 0 开始计数，当计到其最大容量 $N_1 = 2^n$ 时，计数器回到 0 状态，同时附加触发器 FF_A 的 $Q=1$，使开关 S_1 转接到基准电源 $-V_{REF}$ 上，第一次积分结束。此时

$$T_1 = N_1 T_C = 2^n T_C$$

因为 $2^n T_C$ 不变，即 T_1 固定，所以积分器的输出电压 $u_{O1}(t)$ 与输入模拟电压的平均值成正比。即

$$u_{O1}(t) = -\frac{u_1}{RC}T_1 = -\frac{2^n TC}{RC}u_1 \tag{7.12}$$

第二次积分：$u_{O1}(t)$ 转换成与之成正比的时间间隔 T_2。由于开关 S_1 接至 $-V_{REF}$ 上，积分器开始反向积分，计数器又开始从 0 计数，经过时间 T_2 后积分电压升到 0，比较器输出 u_B 为低电平，将门 G 封锁，停止计数，转换结束。由于在采样结束时，电容器已充有电压 $u_{O1}(t)$，所以此时积分器输出电压为

$$u_{O2}(t) = u_{O1}(t) - \frac{1}{RC}\int_{T_1}^{T_2}(-V_{REF})dt = 0 \tag{7.13}$$

而

$$-\frac{1}{RC}\int_{T_1}^{T_2}(-V_{REF})\,dt = \frac{V_{REF}}{RC}T_2$$

所以

$$\frac{u_1}{RC}T_1 = \frac{V_{REF}}{RC}T_2 \qquad (7.14)$$

即

$$T_2 = \frac{T_1}{V_{REF}}u_1 = \frac{2^n T_C}{V_{REF}}u_1 \qquad (7.15)$$

由式(7.15)可以看出，第二次积分的时间间隔 T_2 与输入电压在 T_1 时间间隔内的平均值 u_1 成正比。在 T_2 时间间隔内计数器所计的数 N_2 为

$$N_2 = \frac{T_2}{T_C} = \frac{2^n}{V_{REF}}u_1 \qquad (7.16)$$

N_2 与输入电压 u_1 在 T_1 时间间隔内的平均值成正比。只要 $u_1 < V_{REF}$，转换器就可以将模拟电压转换为数字量。当 $V_{REF} = 2^n$ V 时，$N_2 = u_1$，计数器所计的数在数值上就等于被测电压。

双积分型 A/D 转换器与逐次渐近型 A/D 转换器相比，最大的优点是它具有较强的抗干扰能力。由于双积分型 A/D 转换器采用了测量输入电压在采样时间 T_1 内的平均值的原理，因此对于周期等于 T_1 或 $T_1/n(n=1,2,3,\cdots)$ 的对称干扰(所谓对称干扰是指整个周期内平均值为零的干扰)从理论上讲具有无穷大的抑制力。在工业系统中，当选择 T_1 为 20ms 的整数倍时，对 50Hz 工频干扰信号具有很强的抑制能力。另外，因为两次积分采用同一积分器完成，所以转换结果及精度与积分器的有关参量 R、C 等无关，同时电路比较简单。其缺点是工作速度较低，一般为 1ms 左右。尽管如此，在要求速度不高的场合，如数字式仪表等，双积分型 A/D 转换器的使用仍然十分广泛。

集成双积分型 ADC 品种有很多，大致分成二进制输出和 BCD 输出两大类，图 7.22 所示是 BCD 码双积分型 A/D 转换器的框图，它是一种 $3\frac{1}{2}$ 位 BCD 码 A/D 转换器。这一芯片输出数码的最高位(千位)仅为 0 或 1，其余 3 位均由 0～9 组成，故称为 $3\frac{1}{2}$ 位。$3\frac{1}{2}$ 位的 3 表示完整的 3 个数位有十进制数码 0～9，$\frac{1}{2}$ 的分母 2 表示最高位只有 0、1 两个数码，分子 1 表示最高位显示的数码最大为 1，显示的数值范围为 0000～1999。同类产品有 ICL7107、7109、5G14433 等。双积分型 A/D 转换器一般外接配套的 LED 显示器件或 LCD 显示器件，可以将模拟电压 u_1 用数字量直接显示出来。

为了减少输出线，译码显示部分采用动态扫描的方式，按时间顺序依次驱动显示器件，利用位选通信号及人眼的视觉暂留效应，就可将模拟量对应的数字量显示出来。

这种双积分型 A/D 转换器的优点是利用较少的的元器件就可以实现较高的的精度(如 $3\frac{1}{2}$ 位折合 11 位二进制)；一般输入都是直流或缓变的直流量，抗干扰性能很强。广泛用于各种数字测量仪表、工业控制柜面板表、汽车仪表等方面。

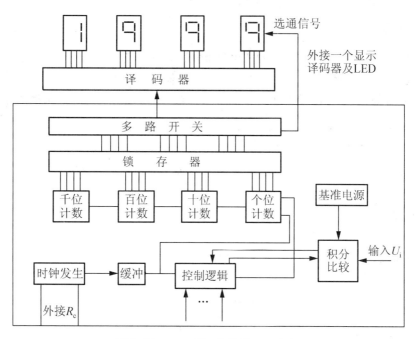

图 7.22　BCD 码双积分型 ADC 框图

7.2.6　A/D 转换器的主要技术指标

1. 分辨率

分辨率用于描述 A/D 转换器对输入量微小变化的敏感程度。A/D 转换器的输出是 n 位二进制代码，因此在输入电压范围一定时，位数越多，量化误差也就越小，转换精度也越高，分辨能力也越强。但分辨率仅仅表示 A/D 转换器在理论上可以达到的精度。

2. 转换精度

转换精度常用转换误差来描述。它表示 A/D 转换器实际输出的数字量与理想输出数字量的差别，通常用最低位的位数表示。转换误差是综合性误差，它是量化误差、电源波动以及转换电路中各种元件所造成的误差的总和。

实际的转换精度和分辨率是两个不同的概念。分辨率很高，但由于电路的稳定性不好等原因，可能使电路的转换精度并不高。

3. 转换速度

转换速度用完成一次转换所需要的时间来表示。它是从接到转换控制信号起到输出端得到稳定的数字输出为止所需的时间。如 ADC0801，当 CP 的频率 $f=640 \text{kHz}$ 时，转换速度为 $100 \mu s$，转换时间越短，说明转换速度越快。

总体来说，直接型 A/D 转换器的转换速度较间接型 A/D 转换器快，但转换精度和抗干扰能力都不及间接型 A/D 转换器。

此外，还有电源抑制量化误差、偏移误差、功率损耗等指标，这里不再一一介绍。

7.2.7 集成 ADC

集成 ADC 型号有很多，其中 ADC0809 集成 A/D 转换器是用 CMOS 工艺制成的 8 通道逐次渐近型 A/D 转换器。该器件具有与微处理器兼容的控制逻辑，可以直接与 80X86 系列、51 系列等微处理器接口相连，应用比较广泛，这里以此为例简单介绍一下集成 ADC。

1. ADC0809 的主要技术指标

分辨率：　　　8 位
精度：　　　　8 位
转换时间：　　$\leqslant 100\mu s$
输入电压范围：5～15V
温度灵敏度：　20ppmV/℃
功耗：　　　　15mW

2. ADC0809 的内部结构及工作原理

ADC0809 的内部结构如图 7.23 所示，由两部分组成。

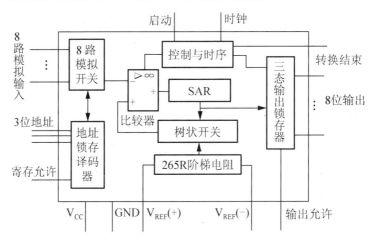

图 7.23　ADC0809 内部结构图

第一部分：8 路模拟通道选择开关、地址锁存器和译码器。

第二部分：比较器、8 位逐次渐近寄存器 SAR、8 位树形 D/A 转换电路、控制逻辑、三态输出缓冲锁存器。

ADC0809 工作原理如下。

由 A_0、A_1、A_2 及 ALE 选择 8 个模拟量之一，并通过通道选择开关加至比较器一端，由 START 信号启动 A/D 转换且 SAR 清零，在 CLOCK 控制下，将 SAR 从高位到低位逐次置 1，并将每次置位后的 SAR 送至 D/A 转换器转换成与 SAR 中数字量成正比的模拟量，DAC 的输出加至比较器的另一端与输入的模拟电压进行比较，若 $u_1 \geqslant u_0$，保留 SAR 中该位的 1，若 $u_1 < u_0$，该位清零，经过 8 次比较（8 个 CLOCK）后，SAR 中的 8 位数字量即是结果，在 OE 有效的情况下，将 SAR 中 8 位二进制数输出至锁存器，并通过 $D_7 \sim D_0$ 输出，同时发出 EOC 转换结束信号。

3. ADC0809 的引脚功能

ADC0809 的引脚排列图如图 7.24 所示,各引脚功能如下。

$IN_0 \sim IN_7$：8 路模拟电压输入,电压范围为 $0 \sim 5V$。可由 8 路模拟开关选择其中任何一路送至 8 位 A/D 转换电路进行转换。

ALE：地址锁存允许信号,它是一个正脉冲信号。在脉冲的上升沿将三位地址 A_0、A_1、A_2 存入锁存器。

CLOCK：时钟脉冲输入。控制 A/D 转换速度,频率范围是 $10kHz \sim 1MHz$。

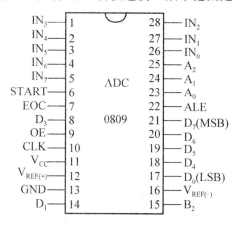

图 7.24　ADC0809 引脚排列图

START：A/D 转换启动信号,为一正脉冲信号。在 START 的上升沿,将逐次比较寄存器清零,在 START 的下降沿,开始转换。

EOC：A/D 转换结束信号,高电平有效。

OE：输出允许信号,OE 有效时将打开输出缓冲器,使转换结果出现在 $D_7 \sim D_0$ 端。

V_{CC}：芯片工作电压,+5V。

$D_7 \sim D_0$：数字量输出端。

$V_{REF(+)}$、$V_{REF(-)}$：基准(参考)电压的正负极。

GND：地端。

A_0、A_1、A_2：3 个地址信号输入端,构成三位地址码,用以选择 8 个模拟量之一。地址输入与选通的通道对应关系见表 7-2。

表 7-2　地址输入与选通的通道对应关系

地　址　码			对应的输入通道
A_0	A_1	A_2	
0	0	0	IN_0
0	0	1	IN_1
0	1	0	IN_2
0	1	1	IN_3
1	0	0	IN_4
1	0	1	IN_5
1	1	0	IN_6
1	1	1	IN_7

4. ADC0809 与微机的连接

在 ADC0809 典型应用中，它与微处理器的连接如图 7.25 所示。

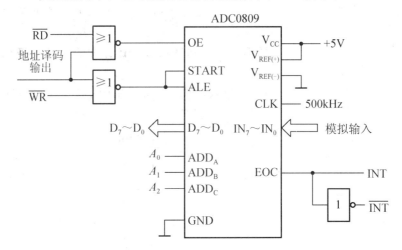

图 7.25　ADC0809 与微处理器的连接

集成 ADC 型号还有很多，例如 AD7524 是 CMOS 单片低功耗 8 位 D/A 转换器，采用倒 T 型电阻网络结构。型号中的"AD"表示美国的模拟器件生产公司的代号，图 7.26 所示为其典型实用电路。

图中供电电压 V_{DD} 为 $+5 \sim +15V$，$D_0 \sim D_7$ 为输入数据，可输入 TTL/CMOS 电平。$\overline{CS}$ 为片选信号，$\overline{WR}$ 为写入命令，V_{REF} 为参考电源，可正、可负，I_{OUT} 是模拟电流输出，一正一负。A 为运算放大器，将电流输出转换为电压输出，输出电压的数值可通过接在 16 脚与输出端的外接反馈电阻 R_{FB} 进行调节。16 脚内部已经集成了一个电阻，所以外接的 R_{FB} 可为零，即将 16 脚与输出端短路。AD7524 的功能表见 7-3。

当片选信号 $\overline{CS}$ 与写入命令 $\overline{WR}$ 为低电平时，AD7524 处于写入状态，可将 $D_0 \sim D_7$ 的数据写入寄存器并转换成模拟电压输出。当 $R_{FB}=0$ 时，输出电压与输入数字量的关系如下。

$$U_o = \pm \frac{V_{REF}}{2^8}(D_7 \times 2^7 + D_6 \times 2^6 + \cdots + D_1 \times 2^1 + D_0 \times 2^0) \qquad (7.17)$$

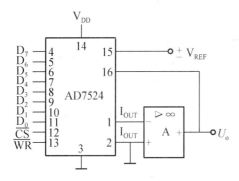

图 7.26　AD7524 典型实用电路

表 7-3　AD7524 功能表

$\overline{CS}$	$\overline{WR}$	功能
0	0	写入寄存器，并行输出
0	1	保持
1	0	保持
1	1	保持

集成 ADC 型号举不胜举，不同精度、不同位数的如具有内部采样/保持电路的逐次渐进型 ADC：8 位的 AD7575，MAX166；10 位的 ADC2034；12 位的 AD574A、AD7896

等，读者可以根据具体需要合理选用。

7.3 DAC 和 ADC 应用举例

自然界中很多信号都是模拟量，传感器可以拾取并使之转化成电信号，但是模拟量不便于传输、处理，在通信、遥测、遥控等领域通常采用数字信号传输信息，数字信号在抗干扰能力和保密性等方面都远远强于模拟信号，这就需要把模拟信号转换成数字信号，最后输出模拟信号实现控制功能。为了使数字测量设备能够测量模拟量并且对被测数据及时进行分析和处理，然后存储、显示、打印其测试结果，这都离不开 A/D 转换器和 D/A 转换器。例如用计算机对粉状货物（水泥、面粉等）和颗粒状货物进行称重包装，图 7.27 所示为电脑包装秤原理框图，称重传感器首先把待包装物体的重量转换成模拟的电压或电流信号输出，这个微弱的模拟电信号经过放大以后进行 A/D 转换，变成数字量传输给微机处理，微机输出的数字信号再经过 D/A 转换变成模拟信号，进行功率放大后驱动料门开关动作，进行自动包装。

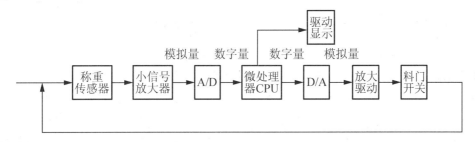

图 7.27 电脑包装秤框图

计算机多媒体系统只能处理数字信息，为了使它能够处理声音、图像、视频等多媒体信息，首先需要把模拟信号转换成数字信号，音频、视频的采集和输出都离不开 A/D 和 D/A 电路。

数据采集和控制系统是对生产过程或科学实验中的各种物理量进行实时采集、测试、处理，并可将相应的量输出以构成反馈控制系统。

数据采集和控制系统多种多样，但其基本工作过程相似，即汇集被测控对象的各种模拟量，通过 A/D 转换器转换为数字信号，再通过计算机、数字信号处理芯片等对所采集的信号进行加工处理，再通过 D/A 转换器转换成相应的模拟量，实现所需的控制。

本节主要介绍数据采集系统的组成，模/数和数/模转换器等集成电路的使用，以及通过简要介绍一种温度控制器说明电子电路小系统的设计过程。

7.3.1 数据采集系统的技术要求

设计一个温度控制器来控制一个加热器，当环境温度达到设定值时，加热器自动断电。电路应包括以下几点。

（1）测温和控制范围：18～65℃。
（2）控温精度：≤1℃。
（3）电路具有显示温度环节和超温报警指示环节。
（4）采用单片机作为控制电路，采用继电器作为执行机构。

7.3.2 系统方框图

本系统由集成温度传感器、放大电路、A/D 转换器、单片机、D/A 转换器、控制驱动电路、加热器、锁存器、译码显示电路、键盘接口电路、数据存储器 RAM 和程序存储器 EPROM 等部分组成。温度控制器的方框图如图 7.28 所示。

传感器采用集成温度传感器 AD590，AD590 是按 K 氏度标定的电流型温度传感器。温度每变化 1K，电流就变化 1μA。经过放大电路的放大，在温度达到最高温度时，放大电路的输出可以达到 A/D 转换器所需要的最大模拟量数值。模拟信号送入 A/D 转换器，变换成数字信号后，将数字量送往单片机。

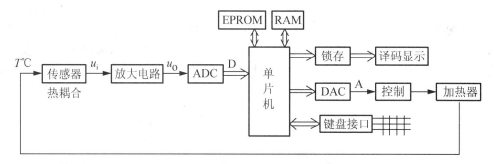

图 7.28 温度控制器的方框图

单片机将传输过来的数字信号存入单片机中的存储器，如果数据量大，可以转存到外挂的 RAM 中。从数据传感器测得的信号经单片机处理后通过 LED 数码管显示实时温度。通过键盘，用户可设置温度的上限值，当温度超过上限时，单片机通过可控硅控制加热器停止工作，并报警显示温度值，直到温度下降到允许范围内。单片机的运行程序应事先存放在 EPROM 之中。在上面的方框图中，主要包括的元器件如下。

单片机最小系统	1 套，	温度传感器 AD590	1 个
运算放大器 LM324	1 片，	共阴极 LED 译码管	4 个
LED 驱动器 MC14495	4 片，	八输入与非门 74LS30	1 片
非门 74LS04	1 片，	固态继电器	1 个
NPN 三极管 9013	1 个，	电阻及导线	若干

7.3.3 电路设计

本设计采用 80C52 单片机对加热器实行自动控制，系统主要包括温度测量、键盘显示、输出控制 3 部分，现分别介绍如下。

1. 温度测量电路

温度测量是整个控制系统的关键，控制的可靠性取决于温度测量的精度。AD590 是一种输出电流信号的高精度温度传感器，测量范围从 50℃ 到 +100℃，为了便于对信号进行放大，先利用一个电阻将所测的电流信号转化为电压信号。AD590 在制造时按照 K 氏度标定，即在 0℃ 时的电流为 273μA，温度每增加 1℃，电流随之增加 1μA，为了使温度为 0℃ 时输出电压为 0V，应加入一偏移量来抵消 0℃ 时 AD590 的输出。

在图 7.29 所示的电路中，DW233 是标准稳压二极管，因 $I_{RW} = I_0 + I_{R_3}$。在一定温度

条件下 I_0 是固定的,例如 0℃ 时 $I_0=273\mu A$。调节 RW 可改变其中的电流 I_{RW},使 0℃ 时的 $I_{R_3}=I_{RW}-I_0=273\mu A-273\mu A=0\mu A$,于是 A_1 的输出 $U_{O1}=0V$。若温度等于 65℃,AD590 的电流 $I_0=273+65=338\mu A$,而 I_{RW} 仍然等于 $273\mu A$,增加的 $65\mu A$ 电流由 I_{R_3} 提供,于是 $I_{R_3}=65\mu A$,$U_{O1}=I_{R_3}\times R_3=650mV$,对应 65℃。由此可以确定电路的温度电压转换当量为 10mV/℃。

由于此时所得的电压信号幅度较小,在进行 A/D 转换以前需进行放大,由图中运放 A_2 构成的同相比例放大电路来完成。

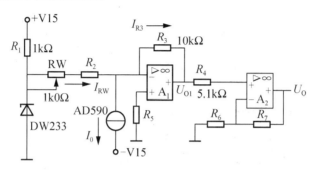

图 7.29 测量电路

2. 数据采集电路

电压信号通过 A_2 放大后送入模/数转换器 ADC0809 输入端,单片机采集 ADC0809 的输出数字信号进行处理转化为温度值进行显示。

采集电路如图 7.30 所示。外部传感器将采集来的数据(图中即 in0 端)送入模/数转换器 ADC0809,模/数转换器将模拟数据转换为数字信息然后送到数据线上,单片机通过对地址的选择可以分别选通各个通道并读取信息。图 7.30 中,Y3 为单片机地址信号,$\overline{WR}$

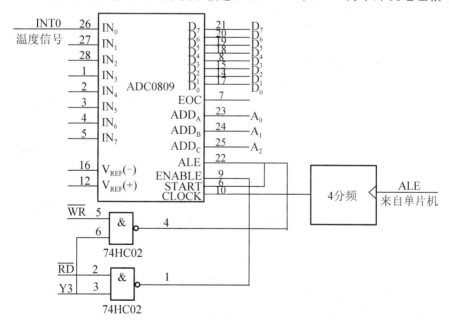

图 7.30 数据采集电路

和 $\overline{RD}$ 分别是单片机的写信号和读信号。当 Y3 和 $\overline{WR}$ 同时为低电平时，与非门输出高电平，即 ADC0809 的 ALE 和 START 为高电平，控制 ADC0809 转换开始；当 Y3 和 $\overline{RD}$ 为低电平时，ADC0809 的 ENABLE 为高电平，则 ADC0809 处于读数状态。4 分频电路时钟端所接的 ALE 信号即单片机的 ALE 输出，频率为单片机输入晶振频率的 1/6，一般单片机晶振频率为 12MHz，则 ALE 信号的频率为 2MHz，而 ADC0809 的工作频率为 10.1280kHz，若选取 500kHz，则需将单片机的 ALE 进行 4 分频。

3. 键盘显示电路

为对系统中必要的参数作输入设定，设置了 5 个键，分别完成的功能如下所述。

(1) 设置——此键按下后，可以设置系统温度的上限值。

(2) 工作——此键按下的同时，加热器开始工作，LED 每隔 200ms 显示一次加热器内的温度。

(3) 移动——在设置状态下，此键每按一次，标志显示右移一位（可循环移动）。

(4) 修改——对设置温度的当前位上的值作修改，按键一次，数据增 1。

(5) 确定——系统保存对温度上限值所作的修改。

键盘接线电路图如图 7.31 所示。键盘接单片机 P1 口，并且与八输入与非门相连接，然后通过非门接入单片机的 INT0 中断口，当有按键按下时系统响应中断同时查询 P1 口状态以确定键盘值并作处理。

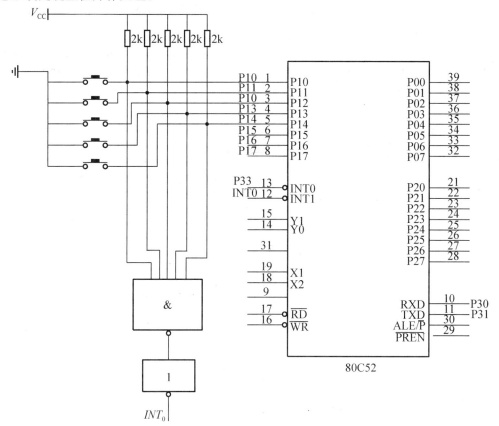

图 7.31 单片机键盘接线电路图

4. 输出控制电路

单片机 P17 口经 74HC04 接 NPN 型三极管的基极，继电器的输出端接 220V 交流电源带动的负载。作为一种开关电路，当 P17 输出低电平时加热器停止工作，输出高电平时加热器正常加热。输出电路接反相器是为了在单片机复位时，能够保证继电器的断开状态。（因为单片机各个复位引脚都是高电平有效）

单片机每隔 200ms 对温度信号进行采集一次并与温度的上限进行比较，若超过上限值，则控制加热器停止工作，并且显示报警，基本电路图如图 7.32 所示。

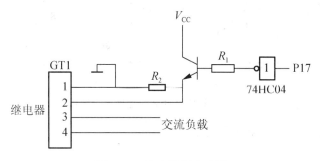

图 7.32 输出控制电路图

技能实训 9　D/A、A/D 转换器

1. 实训目的

（1）了解 D/A 和 A/D 转换器的基本工作原理和基本结构。
（2）掌握大规模集成 D/A 和 A/D 转换器的功能及其典型应用。

2. 实训设备及器件

（1）+5V、±15V 直流电源。　（2）双踪示波器。　（3）计数脉冲源。
（4）逻辑电平开关。　　　　　（5）逻辑电平显示器。（6）直流数字电压表。
（7）DAC0832、ADC0809、μA741、电位器、电阻和电容若干。

3. 实训原理

在数字电子技术的很多应用场合往往需要把模拟量转换为数字量，称为模/数转换器（A/D 转换器，ADC）；或把数字量转换成模拟量，称为数/模转换器（D/A 转换器，DAC）。完成这种转换的电路有多种，特别是单片大规模集成 A/D、D/A 转换器的问世，为实现上述转换提供了极大的方便。使用者可借助于手册提供的器件性能指标及典型应用电路正确使用这些器件。本实训将采用大规模集成电路 DAC0832 实现 D/A 转换，ADC0809 实现 A/D 转换。

1）D/A 转换器 DAC0832

DAC0832 是采用 CMOS 工艺制成的单片电流输出型 8 位数/模转换器，图 7.33 是 DAC0832 的逻辑框图及引脚排列。

DAC0832 的引脚功能说明如下。

$D_0 \sim D_7$：数字信号输入端。

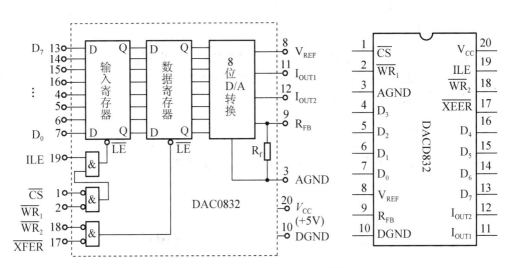

图 7.33 DAC0832 的逻辑框图及引脚排列

ILE：输入寄存器允许，高电平有效。

$\overline{CS}$：片选信号，低电平有效。

$\overline{WR_1}$：写信号 1，低电平有效。

$\overline{XFER}$：传送控制信号，低电平有效。

$\overline{WR_2}$：写信号 2，低电平有效。

I_{OUT1}、I_{OUT2}：DAC 电流输出端。

R_{FB}：反馈电阻，是集成在片内的外接运放的反馈电阻。

V_{REF}：基准电压（－10～＋10）V。

V_{CC}：电源电压（＋5～＋15）V。

DAC0832 输出的是电流，要转换为电压还必须经过一个外接的运算放大器，实训线路如图 7.34 所示。

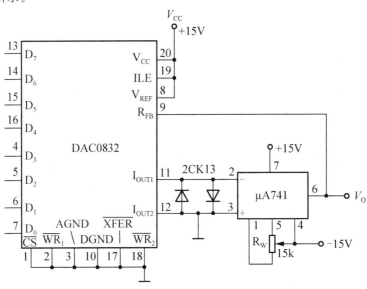

图 7.34 D/A 转换器实训线路

2) A/D 转换器 ADC0809

ADC0809 是采用 CMOS 工艺制成的单片 8 位 8 通道逐次渐近型模/数转换器,其逻辑框图及引脚排列如图 7.35 所示。器件的核心部分是 8 位 A/D 转换器,它由比较器、逐次渐近寄存器、D/A 转换器及控制和定时 5 部分组成。

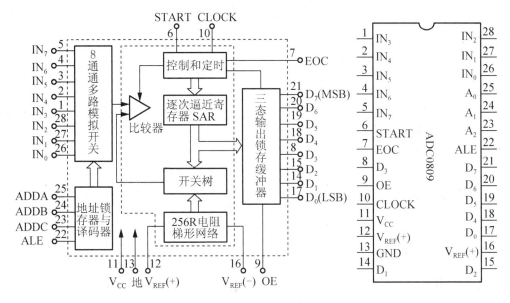

图 7.35 ADC0809 逻辑框图及引脚排列

ADC0809 的引脚功能说明如下。

$IN_0 \sim IN_7$:8 路模拟信号输入端。

A_2、A_1、A_0:地址输入端。

ALE:地址锁存允许输入信号,在此脚施加正脉冲,上升沿有效,此时锁存地址码,从而选通相应的模拟信号通道,以便进行 A/D 转换。

START:启动信号输入端,应在此脚施加正脉冲,当上升沿到达时,内部逐次逼近寄存器复位,在下降沿到达后,开始 A/D 转换。

EOC:转换结束输出信号(转换结束标志),高电平有效。

OE:输入允许信号,高电平有效。

CLOCK(*CP*):时钟信号输入端,外接时钟频率一般为 640kHz。

V_{CC}:+5V 单电源供电。

$V_{REF(+)}$、$V_{REF(-)}$:基准电压的正极、负极。一般 $V_{REF(+)}$ 接 +5V 电源,$V_{REF(-)}$ 接地。

$D_7 \sim D_0$:数字信号输出端。

(1) 模拟量输入通道选择。8 路模拟开关由 A_2、A_1、A_0 3 地址输入端选通 8 路模拟信号中的任何一路进行 A/D 转换,地址译码与模拟输入通道的选通关系见表 7-4。

(2) D/A 转换过程。在启动端(START)加启动脉冲(正脉冲),D/A 转换即开始。如将启动端(START)与转换结束端(EOC)直接相连,转换将是连续的,在用这种转换方式时开始应在外部加启动脉冲。

表7-4 地址译码与模拟输入通道的选通关系

被选模拟通道		TN_0	TN_1	TN_2	TN_3	TN_4	TN_5	TN_6	TN_7
地址	A_2	0	0	0	0	1	1	1	1
	A_1	0	0	1	1	0	0	1	1
	A_0	0	1	0	1	0	1	0	1

4. 实训内容与步骤

1) D/A 转换器——DAC0832

(1) 按图 7.34 所示接线，电路接成直通方式，即 $\overline{CS}$、$\overline{WR_1}$、$\overline{WR_2}$、$\overline{XFER}$ 接地；ALE、V_{CC}、V_{REF} 接 +5V 电源；运放电源接 ±15V；$D_0 \sim D_7$ 接逻辑开关的输出插口，输出端 V_0 接直流数字电压表。

(2) 调零，令 $D_0 \sim D_7$ 全置零，调节运放的电位器使 μA741 输出为零。

(3) 按表 7-5 所列的输入数字信号，用数字电压表测量运放的输出电压 V_0，并将测量结果填入表 7-5 中，并与理论值进行比较。

表7-5 测量记录表

输入数字量								输入模拟量 V_0/V
D_7	D_6	D_5	D_4	D_3	D_2	D_1	D_0	$V_{CC}=+5V$
0	0	0	0	0	0	0	0	
0	0	0	0	0	0	0	1	
0	0	0	0	0	0	1	0	
0	0	0	0	0	1	0	0	
0	0	0	0	1	0	0	0	
0	0	0	1	0	0	0	0	
0	0	1	0	0	0	0	0	
0	1	0	0	0	0	0	0	
1	0	0	0	0	0	0	0	
1	1	1	1	1	1	1	1	

2) A/D 转换器——ADC0809

按图 7.36 所示接线。

(1) 8 路输入模拟信号 1～4.5V 由 +5V 电源经电阻 R 分压组成；变换结果 $D_0 \sim D_7$ 接逻辑电平显示器输入插口，CP 时钟脉冲由计数脉冲源提供，取 $f=100kHz$；$A_0 \sim A_2$ 地址端接逻辑电平输出插口。

(2) 接通电源后，在启动端(START)加一正单次脉冲，下降沿一到即开始 A/D 转换。

(3) 按表 7-6 的要求观察，记录 $IN_0 \sim IN_7$ 8 路模拟信号的转换结果，并将转换结果换算成十进制数表示的电压值，并与数字电压表实测的各路输入电压值进行比较，分析误差原因。

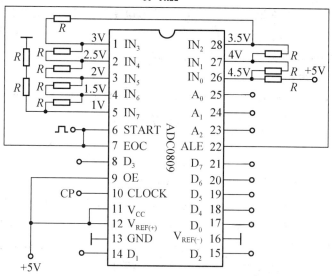

图 7.36 ADC0809 实训线路

表 7-6 数据记录表

被选模拟通道	输入模拟量	地 址			输出数字量							
IN	V_1(V)	A_2	A_1	A_0	D_7	D_6	D_5	D_4	D_3	D_2	D_1	D_0	十进制
IN_0	4.5	0	0	0								
IN_1	4.0	0	0	1								
IN_2	3.5	0	1	0								
IN_3	3.0	0	1	1								
IN_4	2.5	1	0	0								
IN_5	2.0	1	0	1								
IN_6	1.5	1	1	0								
IN_7	1.0	1	1	1								

5. 实训报告

(1) 绘制好完整的实训线路和所需的实训记录表格。

(2) 整理实训数据,分析实训结果。

课 题 小 结

(1) 本课题介绍了 D/A 转换和 A/D 转换的基本概念和原理。D/A 转换就是将数字量转换为相应的模拟量,A/D 转换就是将模拟量转换为相应的数字量。D/A 转换和 A/D 转换是沟通数字量和模拟量的桥梁。

(2) D/A 转换器的工作原理都是利用线性电阻网络来分配数字量各位的权,使输出电流与数字量成正比。在各种 D/A 转换器中倒 T 形电阻网络 DAC 结构简单、转换速度快、精度高,是目前使用较多的一种类型。

(3) 集成芯片 DAC0832 是 8 位倒 T 形电阻网络 D/A 转换器,应用广泛,要求熟练掌握其特性和典型应用电路。

(4) 评价 DAC 和 ADC 的主要技术指标是转换精度和转换速度,也是挑选转换器电路的主要依据,在选择方案时,要综合考虑性价比,不可一味追求不必要的高精度和高速度。

(5) 将模拟量转换为数字量的基础是采样定理,只要采样频率大于模拟信号最高频率的两倍($F_S \geq 2F_{iMAX}$)即可不失真地重现原来的输入信号。

(6) 模/数转换包括采样、保持、量化、编码 4 个过程。其工作原理都是将输入的模拟电压与基准电压直接或间接比较,转换成数字量输出。量化、编码的方案很多,本课题主要介绍了 3 种比较典型的 ADC。逐次渐近型、并联比较型的转换速度快,精度容易保证,调整方便。双积分型的工作速度低,但是其精度高,抗干扰性强,测量仪表中应用较多。

(7) 集成芯片 ADC0809 是 8 位 8 通道逐次渐近型 A/D 转换器,分辨率较高,应了解其引脚功能及使用方法。

思考与练习

7.1 试述 A/D 和 D/A 的转换原理。

7.2 根据日常生活接触,试列举 2～3 种应用了 A/D 和 D/A 转换器的电子产品。

7.3 若要求将数字量转换成模拟量的分辨率 LSB=1 时的电压为 5mV,最大满刻度输出电压为 10V,试求该电路输入数字量的位数为多少? 基准电压为多大?

7.4 某 D/A 转换器当 $n=8$ 时,最大输出电压为 5V,试求分辨率对应的输出电压和基准电压。

7.5 常用的 A/D 转换器有哪些类型? 各有何有特点?

7.6 权电阻网络 D/A 转换器在应用时为什么要外接运算放大器?

7.7 A/D 转换包含哪些过程?

7.8 A/D 转换器的分辨率和转换精度与什么有关?

7.9 在 4 位逐次逼近型 A/D 转换器中,设 $U_R=10V$,$U_i=8.2V$,试说明逐次比较的过程和转换结果。

7.10 在 8 位 A/D 转换器中,若 $U_R=4V$,当输入电压分别为 $U_i=3.9V$、$U_i=3.6V$、$U_i=1.2V$ 时,输出的数字信号是多少(用二进制数表示)?

7.11 某 D/A 转换器要求 12 位二进制能代表 0.12V,问此二进制数的最低位代表几伏?

7.12 在倒 T 型电阻网络 D/A 转换器中,当 $d_7 \sim d_0=1010$ 时,设 $U_R=10V$,$R_F=R$ 试计算输出电压 U_O。

7.13 比较并联比较型 A/D 转换器、逐次渐近型 A/D 转换器和双积分型 A/D 转换器的优缺点，并指出它们各自的适用场合。

7.14 n 位的 D/A 转换器，参考电压为 V_{REF}，则输出电压的最大增量是多少？最小增量是多少？最大增量与最小增量在表达式上有什么关系？

7.15 相同的输入数据，保持 DAC0832 的参考电压不变，如何改变输出电压的大小？

7.16 在双积分型 A/D 转换器中，若 $|u_I|>|V_{REF}|$，试问转换过程中将会产生什么现象？

7.17 4 位倒 T 形 D/A 转换器中，给定 $V_{REF}=5V$，试计算：

（1）输入数字量的 $d_3d_2d_1d_0$ 每一位均为 1 时的输出端产生的电压值。

（2）输入为全 0 和 1000 时对应的输出电压值。

7.18 在倒 T 形电阻网络 D/A 转换器中，若 $n=10$，$V_{REF}=10V$，$R_F=R$，输入数字量 $D=0110111001$，求输出电压 u_O 数值。

7.19 对于一个 8 位 D/A 转换器：

（1）若最小输出电压增量为 0.02V，试问当输入代码为 01001101 时，输出电压 u_O 为多少伏？

（2）其分辨率用百分数表示是多少？

7.20 已知双积分型 A/D 转换器中，计数器由 8 位二进制数组成，时钟频率为 10kHz，求完成一次转换所需的最长时间是多少？

课题 8

半导体存储器、可编程逻辑器件及其应用

知识目标	了解存储器定义和衡量存储器性能的主要指标；熟悉存储器电路组成和原理；了解可编程逻辑器件的结构、分类及基本原理
技能目标	掌握存储器容量的扩展方法，能根据实际需要选择合适的存储器；熟练应用可编程逻辑器件

课题描述

半导体存储器是当今数字系统中不可缺少的部件，它用于存储各种程序、数据和资料。我们日常在与计算机打交道的过程中会接触到各式各样的存储设备，如早期的软磁盘、磁带，到现在的光盘、优盘、硬盘、内存条、数码相机所用的 SM 存储卡及其手机 TF 卡等，五花八门，如图 8.1 所示。

课题8 半导体存储器、可编程逻辑器件及其应用

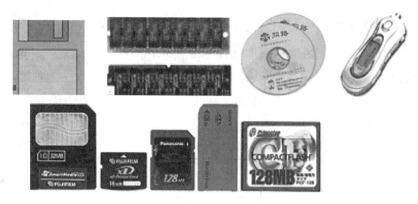

图 8.1 各种媒介的存储器

不管样式如何变化，基本作用都一样。存储器是计算机(包含其他数字系统)中专门用来存储程序和数据的设备，一般将存储器硬件设备和管理存储器的软件一起合称为存储系统。存储器是计算机中存储信息的核心部件。

存储器种类很多，但其基本的存储单元由触发器或其他记忆元件构成。我们称由半导体器件构成基本存储单元的存储器为半导体存储器。半导体存储器具有集成度高、价格低、体积小、耗电省、可靠性高和外围接口电路简单等优点。从存取功能上可分为随机存取存储器 RAM(Random Access Memory)和只读存储器 ROM(Read Only Memory)两大类。

可编程逻辑器件是近年来迅速发展起来的一种新型逻辑器件，用户可以通过相应的编程器和软件对这种芯片灵活地编写所需的逻辑程序。它的灵活性和通用性使其成为研制和设计数字系统的最理想器件。

本课题将对半导体存储器和可编程逻辑器件展开研究。

8.1 随机存取存储器 RAM

随机存取存储器 RAM 又称读/写存储器，在计算机中是不可缺少的部分。RAM 在电路正常工作时可以随时读出数据，也可以随时改写数据，但停电后数据丢失。因此，RAM 的特点是使用灵活方便，但数据易丢失。它适用于需要对数据随时更新的场合，如用于存放计算机中各种现场的输入、输出数据、中间结果以及与外存交换信息等。

根据工作原理的不同，RAM 又分为静态随机存储器 SRAM(Static RAM)和动态随机存储器 DRAM(Dynamic RAM)两大类。它们的基本电路结构相同，差别仅在于存储电路的构成。

SRAM 的存储电路以双稳态触发器为基础，状态稳定，只要不掉电，信息就不会丢失，其优点是不需刷新(即每隔一定时间重写一次原信息)，缺点是集成度低；DRAM 的存储电路以电容为基础，电路简单，集成度高，但也存在问题，电容中电荷由于漏电会逐渐丢失，因此 DRAM 需定时刷新。下面以 SRAM 为例介绍 RAM 的基本结构和工作原理。

8.1.1 RAM 的基本结构及工作原理

随机存取存储器 RAM 的结构框图如图 8.2 所示，主要由存储矩阵、地址译码器和读/写控制电路 3 部分组成。

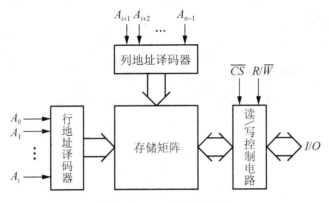

图 8.2　RAM 的结构框图

存储矩阵是整个电路的核心，它由许多存储单元排列而成。地址译码器根据输入地址码选择要访问的存储单元，通过读/写控制电路对其进行读/写操作。

地址译码器一般都分成行译码器和列译码器两部分。行地址译码器将输入地址代码的若干位译成某一条字线的输出高、低电平信号，从存储矩阵中选中一行存储单元；列地址译码器将输入地址代码的其余几位译成某一根输出线上的高、低电平信号，从字线选中的一行存储单元中再选一位（或几位），使这些被选中的单元与读/写控制电路、输入/输出端接通，以便对这些单元进行读/写操作。

读/写控制电路用于控制电路的工作状态。当读/写控制信号 $R/\overline{W}=1$ 时，执行读操作，将存储单元里的数据送到输入/输出端上；当读/写控制信号 $R/\overline{W}=0$ 时，执行写操作，加到输入/输出端上的数据被写入存储单元中。

在读/写控制电路上均另有片选输入信号 $\overline{CS}$：当 $\overline{CS}=0$ 时，RAM 处于工作状态；当 $\overline{CS}=1$ 时，所有的输入/输出端都为高阻状态，因而不能对 RAM 进行读/写操作。

8.1.2 存储单元

静态存储单元是以静态触发器为核心，利用触发器的自保持功能来存储数据。图 8.3 所示是由 6 只 N 沟道增强型 MOS 管组成的静态存储单元，其中 $T_1 \sim T_4$ 组成基本的触发器；T_5 和 T_6 是配合基本触发器的门控管，起模拟开关的作用，受控于行地址译码器的输出；T_7 和 T_8 决定是否与输入/输出电路相连，受控于列地址译码器的输出。从图 8.3 中可以看出，只有当相应的行、列地址被选中为 1 时，$T_5 \sim T_8$ 同时导通，存储单元才与输入/输出电路连通，此时的读/写操作才对该存储单元有效。

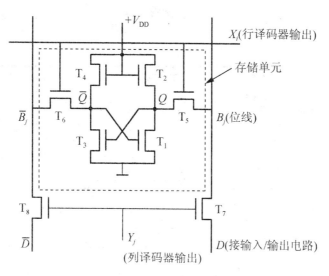

图 8.3 MOS 管组成的静态存储单元

8.1.3 RAM 的扩展

从前面的分析可知,若一片 RAM 的地址线个数为 N,数据线个数为 M,则在这片 RAM 中可以确定的字数(存储单元的个数)为 2^N,该片的存储容量为 $2^N \times M$(位)。单片 RAM 的的容量是有限的,对于一个大容量的存储系统,则可由若干片 RAM 组合在一起扩展而成。扩展的方法分为位扩展、字扩展和字、位扩展 3 种。

1. 位扩展

位扩展是指增加存储字长,或者说增加数据位数。例如,以 2114 静态 RAM 为例,1 片 2114 的存储容量为 1K×4 位,则两片 2114 即可组成 1K×8 位的存储器,如图 8.4 所示。图中两片 2114 的地址线 $A_9 \sim A_0$ 都分别连在一起,其中一片的数据线作为高 4 位 $D_7 \sim D_4$,另一片的数据线作为低 4 位 $D_3 \sim D_0$,这样便构成了一个 1K×8 位的存储器。

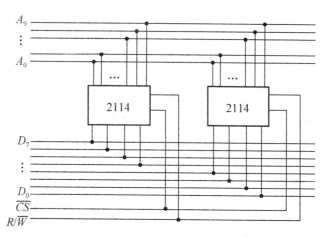

图 8.4 由两片 1K×4 位的存储芯片组成的 1K×8 位的存储器

又如，将 8 片 16K×1 位的 RAM 芯片连接可组成一个 16K×8 位的存储器，如图 8.5 所示。

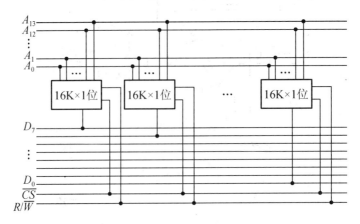

图 8.5 由 8 片 16K×1 位的存储芯片组成 16K×8 位的存储器

2. 字扩展

字扩展是指增加存储器字的数量，或者增加 RAM 内存储单元的个数。例如，用两片 1K×8 位的存储芯片可组成一个 2K×8 位的存储器，即存储器字数增加了一倍，如图 8.6 所示，将 A_{10} 用作片选信号。由于存储芯片的片选输入端要求低电平有效，故当 A_{10} 为低电平 0 时有效，选中左边的 1K×8 位存储芯片；当 A_{10} 为高电平 1 时，经反相器反相后有效，选中右边的 1K×8 位存储芯片。

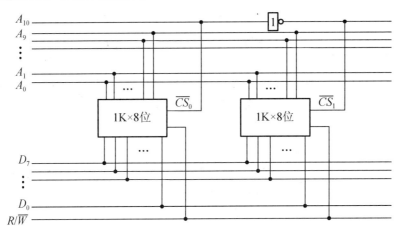

图 8.6 由两片 1K×8 位的存储芯片组成 2K×8 位的存储器

3. 字、位扩展

字、位扩展是指既增加存储字的数量，又增加存储字长。图 8.7 所示为用 8 片 1K×4 位的 RAM 芯片组成 4K×8 位的存储器。

由图 8.7 可知，每两片构成一个 1K×8 位的存储器，4 组两片便构成 4K×8 位的存储器。地址线 A_{11}、A_{10} 经片选译码器得 4 个片选信号分别用于选择其中一个 1K×8 位的存储芯片。$R/\overline{W}$ 为读/写控制信号。

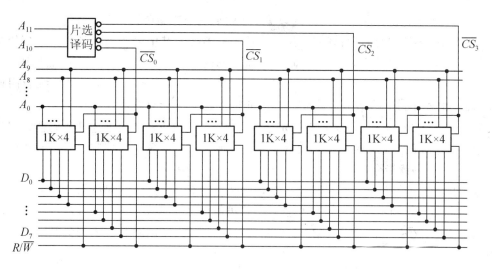

图 8.7 由 8 片 1K×4 位的储存芯片组成 4K×8 位的存储器

8.1.4 RAM 与微型计算机系统的连接

RAM 大都作为计算机系统的存储部件使用。从 RAM 外部看,其引脚可分为 3 组:地址线、数据线和读/写控制线。而微型计算机系统通常也可将其系统总线分为地址总线、数据总线和控制总线 3 组。所以,RAM 在与微机系统相连接时,将 RAM 的地址线与微机系统的地址总线相连,RAM 的数据线与系统数据总线相连,RAM 的读/写控制线与系统控制总线中有关读/写的控制线相连,如图 8.8 所示。

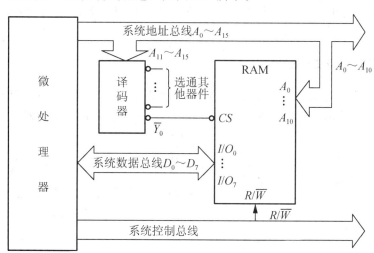

图 8.8 RAM 与微机系统连接系统图

由于微机系统的地址线除了要能够选择存储器各存储单元之外还要选择其他器件,所以一般微机系统的地址总线数目要多于存储器的地址线数目。假设微机系统地址总线为 16 根,即 $A_0 \sim A_{15}$,数据总线为 8 根,即 $D_0 \sim D_7$,并设 RAM 存储容量为 2K×8 位,则该片 RAM 有 11 根地址线 $A_0 \sim A_{10}$,8 根数据线 $I/O_0 \sim I/O_7$。由于 RAM 的数据总线是双向、三态的,故可以直接与系统的数据总线相连。系统地址总线的低 11 位 $A_0 \sim A_{10}$ 可直接与 RAM 的 11 根地址线相连,用于选取 RAM 内部各个存储单元。系统地址总线中剩余的 5 根地址线 $A_{11} \sim A_{15}$ 另外进行译码,用于选通不同器件,其中的一个地址代码分配给本片 RAM,从而形成该片 RAM 芯片地址。例如,假设分配给本片 RAM 的地址代码 $A_{15} \sim A_{11} = 00000$,则该片 RAM 所占的地址空间为 0000H~07FFH。当计算机系统访问该片 RAM 时,由程序指令给出指定地址,该地址将出现在地址总线上,其中,$A_{15} \sim A_{11}$ 经译码后使 $\overline{CS}=0$,选中本片 RAM,而给定地址 $A_{10} \sim A_0$ 则由 RAM 内部地址译码器译码后确定选中哪一个存储单元,再根据发出的指令是读或写,由计算机的控制总线给出相应的读/写信号。如果是读指令,则 $R/\overline{W}=1$,选定存储单元中的数据将被送上数据总线,计算机从数据总线上接收数据;如果是写指令,则 $R/\overline{W}=0$,计算机发到数据总线上的数据在 $R/\overline{W}$ 的控制下写入到存储单元中。当指令中给出的地址不是本片 RAM 时,对 $A_{15} \sim A_{11}$ 译码的结果使本片 $\overline{CS}=1$,本片 RAM 的数据线 $I/O_0 \sim I/O_7$ 呈高阻态,不影响其他芯片正常工作。

8.2 只读存储器 ROM

通常把使用时只读出不写入的存储器称为只读存储器(ROM)。ROM 中的信息一旦写入就不能进行修改,其信息在断电后仍然保留,一般用于存放微程序、固定子程序、字母符号阵列等系统信息。

ROM 也需要地址译码器、数据读出电路等组成部分,但其电路比较简单。制作 ROM 的半导体材料有二极管、MOS 管和三极管等。因制造工艺和功能不同,ROM 可分为掩膜 ROM、可编程 ROM(PROM)、可擦写可编程 ROM(EPROM)和电可擦可编程 ROM(E^2PROM)等。

8.2.1 ROM 的结构及工作原理

一般的 ROM 是掩膜 ROM。这类 ROM 由生产厂家做成,用户不能修改。ROM 是由存储阵列、地址译码器、读出电路 3 部分构成,其结构框图如图 8.9 所示。

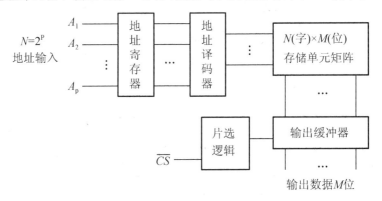

图 8.9 ROM 的结构框图

ROM 的种类很多,按使用的器件类型分有二极管 ROM、三极管 ROM 和 MOS 管 ROM 3 种,它们的工作原理都有些类似。现以 MOS 管存储器为例来说明 ROM 的结构及工作原理，图 8.10 所示为 MOS 管 ROM 示意图。图中的存储矩阵有两条字线和两条位线，字线与位线有 4 个交叉点，每个交叉点都有一只 MOS 管，根据特定的编码设计要求，在制作 ROM 时控制 MOS 管是否与字线、位线相连接，接上为 0，未接上为 1。根据图 8.10 所示的电路连接，其编码阵列如图 8.10 右侧所示。当地址译码器译出地址为 0 时，字线 1 为低电平，VT_{11} 和 VT_{10} 断开，无任何输出；字线 0 为高电平，VT_{01} 和 VT_{00} 接通，由于 VT_{01} 和位线 1 不相通，位线 1 上保持高电位，读出数据 1；VT_{00} 接通，位线 0 上的电流自 V_{DD} 流向 VT_{00}，所以位线 0 上保持低电位，读出数据 0。在数据寄存器中保存的完整数据为 10。在存储矩阵中，存储单元是存 1 还是存 0 完全取决于用户事先编制好的程序或所要存放的数据，但是，电路一旦做好之后内容就不能更改，即只能读出不能写入，即使断电，信息也不会消失。

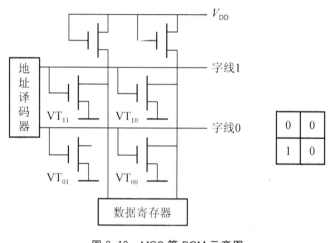

图 8.10　MOS 管 ROM 示意图

8.2.2　PROM

在实际使用过程中，用户希望根据自己的需要填写 ROM 的内容，因此产生了可编程 ROM(Programmable ROM，PROM)。其电路结构与固定只读存储器一样，也是由地址译码器、存储矩阵和输出部分组成。存储器件的原理图和 PROM 的符号分别如图 8.11(a)、(b)、(c)所示。PROM 与一般 ROM 的主要区别是：PROM 在出厂时其内容均为 0 或 1，用户在使用时可以按照自己的需要，将程序和数据利用工具(用光或电的方法)写入 PROM 中，一次写入后不可修改。

PROM 相当于由用户完成 ROM 生产中的最后一道工序——向 ROM 中写入编码，但在工作状态下，仍然只能对其进行读操作。出厂时所有的熔丝都是连通的，所存内容全为 1。在写入用户需要的内容时，只需将要改写为 0 的单元通以足够大的电流，使熔丝烧断即可。可见，PROM 的内容一旦写入就无法再更改。由于在写入时与正常工作时的电流值不一样，因而在实际应用中，写入 PROM 中的数据是通过专用编程器自动完成的，每个 PROM 只能写入一次。一个三态输出的 1024×4 位 PROM 的电路符号如图 8.11(c)所示，每个外引线上侧的数字是引脚号。

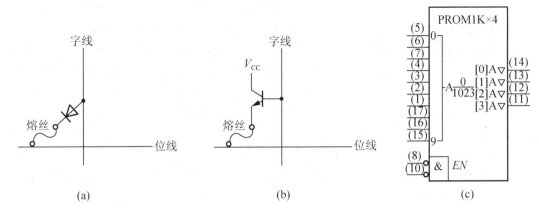

图 8.11 熔丝型的 PROM 的存储单元和电路符号

8.2.3 EPROM

为了适应程序调试的要求，针对一般 PROM 的不可修改特性设计出可以多次擦写的可编程 ROM(EPROM——Erasable Programmable ROM)，其特点是可以根据用户的要求用工具擦去 ROM 中存储的原有内容，重新写入新的编码。擦除和写入可以多次进行。同其他 ROM 一样，其中保存的信息不会因断电而丢失。

早期的 EPROM 是利用紫外线擦除，即 UVEPROM(UltrA Violer EPROM)，其存储元件常用浮置栅型 MOS 管组成。出厂时全部置 0 或 1，由用户通过高压脉冲写入信息。擦除时通过其外部的一个石英玻璃窗口，利用紫外线的照射使浮栅上的电荷获得高能而泄漏，恢复原有的全 0 或全 1 状态，允许用户重新写入信息。这种 EPROM 芯片，平时必须用不透明胶纸遮挡住石英窗口，以防因光线进入而造成信息流失。

可擦除可编程 ROM 可以多次擦除多次编程，适合于需要经常修改存储内容的场合。根据擦除方式的不同，可分为紫外线可擦除可编程 ROM 和电信号可擦除可编程 ROM。一般提到 EPROM，是指在紫外线照射下能擦除其存储内容的 ROM。20 世纪 80 年代问世的快闪存储器(Flash Memory 称为"闪存")是一种电信号可擦除可编程 ROM。

EPROM 存储单元采用"叠栅注入 MOS 管"，其存储一位信息的结构逻辑符号和构成的存储单元如图 8.12(a)、(b)、(c)所示。从图 8.12(a)知，SIMOS 管有两个重叠的栅极，上面的栅极 G_c 称为控制栅极，与字线相连，控制读出和写入，下面的栅极 G_f 称为浮栅，埋在 S_iO_2 绝缘层内，处于电悬浮状态，不与外部导通，注入电荷后可长期保存。

EPROM 芯片封装出厂时，所有存储单元的浮栅均无电荷，可认为全部存储了数据"1"。要写入数据"0"，即用户编程时，必须在 SIMOS 管的漏栅之间加上约 25V 的高电压，这时发生雪崩击穿现象，产生大量的高能电子。若同时在控制栅极 G_c 上加 25V、50ms 的高压正脉冲，则在 G_c 正脉冲电压的吸引下，部分高能电子穿过 S_iO_2 层到达浮栅，被浮栅俘获，

浮栅注入电荷，注入电荷后的浮栅可看作写入"0"，而原来没有注入电荷的浮栅相当于为"1"。当高压去掉以后，由于浮栅被高电压包围，电子很难泄漏，所以可以长期保存。在正常工作时，栅极 G_c 加+5V 电压，该 SIMOS 管不导通，所存储的内容只能读出，

不能写入。但是当紫外线照射 SIMOS 管时，浮栅上的电子形成光电流而泄放，又恢复到编程前状态，即可将其存储的内容擦除。

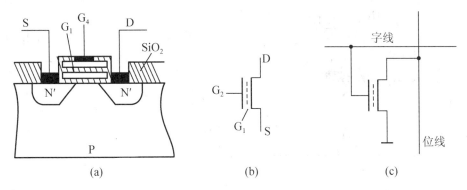

图 8.12　SIMOS 管的结构及存储单元
(a)SIMOS 管的结构　(b)逻辑符号　(c)EPROM 存储单元

在实际应用中，利用专门的编程器和擦除器对芯片进行写入和擦除操作，擦除达到一定次数后，S_iO_2 绝缘层将永久性击穿，芯片损坏，所以应尽量减少重写次数。同时应注意用保护膜遮盖窗口，防止受到阳光或日光灯照射，引起芯片内的内容丢失。

目前，常用的 EPROM 有 2716(2K×8 位)、2732(4K×8 位)、2764(8K×8 位)、27128(16K×8 位)、27256(32K×8 位)等。图 8.13 所示是 27256 的引脚排列图。

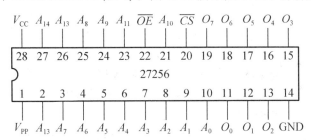

图 8.13　EPROM 27256 引脚排列图

正常使用时，$V_{CC}=+5V$，V_{PP} 接 +5V。在进行编程时，V_{PP} 接编程电平 +25V。$\overline{OE}$ 为输出使能端，用来决定是否将 ROM 的输出送到总线上，低电平有效，当 $\overline{OE}=0$ 时，输出可以使能；当 $\overline{OE}=1$ 时，输出被禁止，ROM 输出端为高阻态。$\overline{CS}$ 为片选端，用来决定 ROM 是否工作，低电平有效。可见，ROM 输出能否被使能，同时取决于 $\overline{OE}$ 和 $\overline{CS}$ 的状态，只有当 $\overline{OE}$ 和 $\overline{CS}$ 均为低电平 0 时，ROM 输出使能，否则将被禁止，输出端为高阻态。

目前，最常用的 EPROM 是通过电气方法擦除其中的已有内容，通常称为电可擦除可编程 ROM(E^2PROM——Electrically EPROM)，擦除时间短且工作可靠是其最突出的特点，已逐渐替代了 EPROM。

8.2.4　E^2PROM

为了克服 EPROM 擦除操作复杂、速度慢、不能按"位"擦除、只能进行整体擦除的缺点，一种用低压电信号便可擦除的 E^2PROM 问世，它有 28.系列、28C.系列，如 28C256 等。

E^2PROM 存储单元采用浮栅隧道氧化层 MOS 管(即 FLoTox 管),结构和存储单元分别如图 8.14(a)、(c)所示。

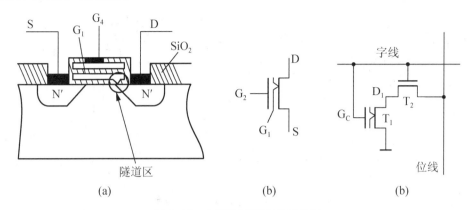

图 8.14 电擦除可编程存储单元

(a)浮栅隧道氧化层 MOS 管　　(b)逻辑符号　　(c)E^2PROM 的存储单元

FLoTox 管与前述 SIMOS 管的区别是:FLoTox 管的浮栅与漏极之间有一个极薄(厚度在 20nm 以下)的氧化层区域(称作隧道区)。当漏极接地,控制栅加上足够高的电压且隧道区的电场强度足够大时(大于 10MV/cm),漏极和浮栅间将出现导电隧道,电子可穿过绝缘层到达浮栅,向浮栅注入电流,使浮栅带上负电荷,这种现象称为"隧道效应"。反之,控制栅接地,漏极接上正的高电压,与上述过程相反,浮栅放电,电荷将泄漏掉。因此,利用浮栅是否存有负电荷能区分浮栅存储的数据是"1"还是"0"。

根据存储单元 FLoTox 管还是各电极所加的电压不同,有读出、写入和擦除 3 种不同的工作状态。如图 8.14(c)所示,读出时,控制栅极加+3V 以上的电压,字线供给+5V 电压,这时 T_2 管导通,若浮栅上存有负电荷(FLoTox 管的浮栅上充有负电荷代表存储单元存储的数据为"1"),则在"位线"上可读出"1",否则读出"0"。写入时,在要写入"0"的存储单元的控制栅上加低电平,同时相应的字线和位线上加 20V 左右、10ms 宽的正脉冲,使浮栅上存储的电荷通过隧道泄漏掉,即完成了写入"0"的操作。擦除时,漏极加低电平,控制栅和要擦除的单元的字线上加 20V、10ms 宽的正脉冲,即可使存储单元恢复到写入"0"以前的状态,完成擦除操作。

E^2PROM 的优点是:编程和擦除都是利用电信号完成的,所需电流小,可以不需要专门的编程器和擦写器,可一次全部擦除,也可按位擦除,适用于科研或试验等场合。一般的 E^2PROM 芯片可擦写 $1×10^2 \sim 1×10^4$ 次,数据可保存 $5 \sim 10$ 年。

8.2.5 FLASH

快闪存储器(FLASH)实质上是一种快速擦除的 E^2PROM,俗称"U 盘"。其电路结构和存储单元分别如图 8.15(a)、(c)所示。与图 8.14(a)的不同点是:FLASH 的浮栅与衬底间氧化层厚度更薄(E^2PROM 的厚度为 $30 \sim 40$nm,FLASH 的厚度为 $10 \sim 15$nm),而且浮栅与源区重叠部分由源区横向扩散形成,面积极小,使得浮栅与源区间的电容比浮栅与控制栅极间的电容小得多,使得快闪存储器在性能上比 E^2PROM 更好。

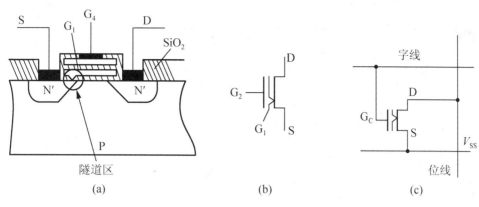

图 8.15 快闪存储器的存储单元

(a) 快闪存储器的叠栅图　(b) 逻辑符号　(c) 快闪存储器的存储单元

存储单元叠栅 MOS 管根据各极所加的电压不同,快闪存储器也有读出、写入和擦除 3 种不同的工作状态。读出时,字线接 +5V 高电平,若浮栅上有负电荷,则读出 "1",否则读出 "0"。写入时,位线接 +5V 左右的高电平,源极接地,在要写入的存储单元的控制栅上加 12V 左右、10ms 宽的正脉冲,给浮栅充电即可完成 "写" 操作。擦除时,控制栅接地,源极 V_{ss} 加 12V 左右、100ms 宽的正脉冲,浮栅电荷经隧道区释放,即可擦除存储单元的内容。由于片内所有叠栅 MOS 管的源极连在一起,擦除时将擦除芯片中各存储单元的内容。

快闪存储器的优点是:具有非易失性,断电后仍能长久保存信息,不需要后备电源,而且集成度高、成本低、写入或擦除速度快等。

8.2.6 ROM 芯片应用举例

从 ROM 电路结构图可知,其译码器的输出是输入变量的最小项,而每一位数据的输出是若干个最小项之和。因此,任何形式的组合逻辑函数(与或函数式)均能通过向 ROM 写入相应的数据来实现。

由于 EPROM 和 E²PROM 除编程和擦除方法不同外,在使用时并无本质区别。因此,下面仅以 PROM 为例讨论其在组合逻辑电路中的应用。

【应用实例 8.1】

试用 PROM 实现 4 位二进制码到 Gray 码的转换。

解:4 位二进制码到 Gray 码的码组转换真值表见表 8-1。若将 4 位二进制码转换为 Gray 码,则 $A_3 \sim A_0$ 为 4 个输入变量,$D_3 \sim D_0$ 为 4 个输出函数。很显然 PROM 的容量至少应为 16k×4 位,由表 8-1 可得 PROM 的阵列图如图 8.16 所示。

图 8-1　4 位二进制码到 Cray 码转换真值表

A_3	A_2	A_1	A_0	D_3	D_2	D_1	D_0
0	0	0	0	0	0	0	0
0	0	0	1	0	0	0	1
0	0	1	0	0	0	1	1

续表

A_3	A_2	A_1	A_0	D_3	D_2	D_1	D_0
0	0	1	1	0	0	1	0
0	1	0	0	0	1	1	0
0	1	0	1	0	1	1	1
0	1	1	0	0	1	0	1
1	0	0	0	1	1	0	0
1	0	0	1	1	1	0	1
1	0	1	0	1	1	1	1
1	0	1	1	1	1	1	0
1	1	0	0	1	0	1	0
1	1	0	1	1	0	1	1
1	1	1	0	1	0	0	1
1	1	1	1	1	0	0	0

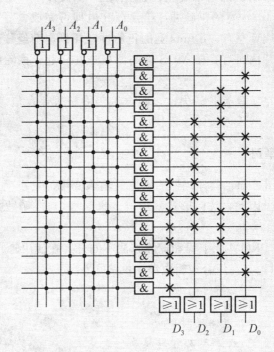

图 8.16 4 位二进制码转换为格雷码的 PROM 阵列图

【应用实例 8.2】

试用 ROM 设计组合逻辑电路,已知函数 $F_1 \sim F_4$ 如下,画出相应的 PROM 阵列结构图。

$F_1(A, B, C, D) = \overline{A}\,\overline{B} + \overline{B}\,\overline{D} + A\,\overline{C}D + BCD$

$F_2(A, B, C, D) = \overline{A}\,\overline{D} + BC\,\overline{D} + A\,\overline{B}\,\overline{C}D$

$F_3(A, B, C, D) = \overline{A}B\,\overline{C} + \overline{A}CD + A\,\overline{C}D + ABC$

$F_4(A, B, C, D) = A\overline{C} + \overline{A}C + \overline{B} + \overline{D}$

解：(1) 确定输入变量数(A, B, C, D)，输出端为$(F_1、F_2、F_3、F_4)$。

(2) 将函数化为最小项之和$\sum_i m_i$的形式。

$F_1 = \sum m(0, 1, 2, 3, 7, 8, 9, 10, 13, 15)$

$F_2 = \sum m(0, 2, 4, 6, 9, 14)$

$F_3 = \sum m(3, 4, 5, 7, 9, 13, 14, 15)$

$F_4 = \sum m(0, 1, 2, 3, 4, 6, 7, 8, 9, 10, 11, 12, 13, 14)$

(3) 确定矩阵的容量：$N = 8 \times 16 + 4 \times 16 = 192$（存储单元）。

(4) 确定各存储单元的内容。根据 PROM 的"与阵列"固定、"或阵列"可以编程的特点，可知"与阵列"为全译码阵列，而"或阵列"和函数 $F_1 \sim F_4$ 有关，按照函数 F_1 到 F_4 的顺序，其相应的内在单元分别有 10，6，8，14 等单元的内容为 1。

(5) 画出相应的 PROM 阵列图，如图 8.17 所示。

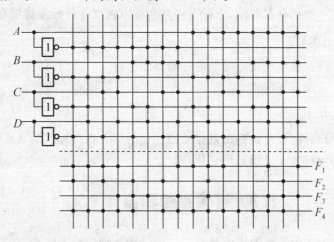

图 8.17 用 ROM 实现函数 $F_1 \sim F_4$

8.2.7 衡量存储器性能的技术指标

不管 RAM 还是 ROM 都是用来存储信息的，那么如何衡量一个存储器的性能好坏呢？通常评价存储器性能的主要指标有以下几个。

1. 存储容量

衡量存储容量的常用单位为字节(B)、千字节(KB)、兆字节(MB)和吉字节(GB)，它们之间的关系如下。

$1\text{KB} = 1024\text{B} = 2^{10}\text{B}$

$1\text{MB} = 1024\text{KB} = 1048576\text{B} = 2^{20}\text{B}$

$1\text{GB} = 1024\text{MB} = 1048576\text{KB} = 1073741824\text{B} = 2^{30}\text{B}$

存储器的最大容量可以由存储器地址码的位数确定，若地址码位数为 N，即可以产生

2^N 个不同的地址码,那么存储器的最大容量为 2^NB。一般来说,存储器容量越大,允许存放的程序和数据就越多,从而就越有利于提高计算机的处理能力。

目前,一般用于办公的个人计算机的内存通常在几千兆字节左右,外存中的硬盘容量通常在几百吉字节左右。

2. 存取时间

信息存入存储器的操作称为写操作,信息从存储器取出的操作称为读操作。存取时间是描述存储器读/写速度的重要参数,通常用 T_A 来表示。为了提高内存的工作速度使之与 CPU 的速度匹配,总是希望存取时间越短越好。

读/写周期是指存储器完成一次存取操作所需的时间,即存储器进行两次连续独立地操作(读/写)所需的时间(读/写操作时间)。通常也称为存储周期,用 T_M 表示;通常 T_M 比 T_A 稍大,原因是存储器进行读写操作之后需要短暂的稳定时间,另外有些存储器电路刷新需要时间。

存取速度是指每秒从存储器读写信息的数量,用 B_M 表示。设 W 为存储器传送的数据宽度(位或字节),则有 $B_M = W/T_A$,单位为 b/s 或 B/s。

在存储器中,一般用存取时间、读/写周期和存取速度等指标来衡量存储器的性能。

3. 可靠性

存储器的可靠性是指在规定的时间内存储器无故障工作的情况,一般用平均无故障时间来衡量。平均无故障时间(MTBF)越长,表示存储器的可靠性越好。

4. 性能/价格比

性能/价格比简称性/价比,是衡量存储器性能的综合性指标。通常根据对存储器提出的不同用途、不同环境要求进行对比选择。

8.3 可编程逻辑器件 PLD

一个逻辑系统可以由标准逻辑电路组成,即利用各种功能的集成芯片组合出需要的逻辑电路。用这种方法组成的逻辑系统需要大量的逻辑芯片,设计烦琐且设计周期长,难以达到最优化设计。可编程逻辑器件的出现使设计观念发生了改变,设计工作变得非常容易,因而得到迅速发展及应用。

随着集成电路和计算机技术的发展,数字系统经历了分立元件、小规模集成 SSI (Small Scale Integration)、中规模集成 MSI(Medium Scale Integration)、大规模集成 LSI (Large Scale Integration)到超大规模集成 VLSI(Very Large Scale Integration)的过程。继中小规模集成的通用器件之后发展起来的新器件——专用集成电路 ASIC(Application Specific Integrated Circuit)是采用 LSI 和 VLSI 工艺制造的数字逻辑器件,它是专门为某一领域或为专门用户而设计制造的集成电路。

作为 ASIC 的一个分支,可编程逻辑器件 PLD(ProGrammable Logic Device)于 20 世纪 70 年代出现,20 世纪 80 年代后得到了迅速发展,它是一种用户可以配置的器件。设计人员可以根据自己的设计需要,利用 EDA 软件进行设计,最后把设计结果下载到 PLD 芯片上,完成一个数字电路或数字系统集成的设计,而不必由芯片制造厂商设计制作专用集成电路芯片。

专用的逻辑集成电路可分为：可编程逻辑器件 PLD、门阵列逻辑电路 GAL、现场可编程门阵列逻辑电路 FPGA、标准单元逻辑电路 SCL 等。

8.3.1 PLD 的基本结构

图 8.18 所示是 PLD 的基本结构示意图。其主体是由与门和或门构成的与阵列和或阵列。为了适应各种输入情况，与阵列的输入端（包括内部反馈信号的输入端）都设置有输入缓冲电路，从而使输入信号有足够的驱动能力，并产生互补的原变量和反变量。PLD 可以由或门阵列直接输出（组合方式），也可以通过寄存器输出（时序方式）。输出可以是高电平有效，也可以是低电平有效。输出端一般都采用三态电路，而且设置有内部通路，可把输出信号反馈到与阵列的输入端。

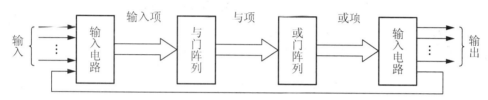

图 8.18　PLD 的基本结构示意图

在绘制中大规模集成电路时，为方便起见，常用图 8.19 所示的简化画法。图 8.19(a) 所示是输入缓冲器的画法。图 8.19(b) 所示是一个多输入端与门，竖线为一组输入信号，用与横线相交叉的点的状态表示相应输入信号是否接到了该门的输入端上。交叉点上画小圆点 "·" 者表示连上了并且为硬连接，不能通过编程改变；交叉点上画叉 "×" 者表示编程连接，可以通过编程将其断开；既无小圆点也无叉者表示断开。图 8.19(c) 是多输入端或门，交叉点状态的约定与多输入端与门相同。

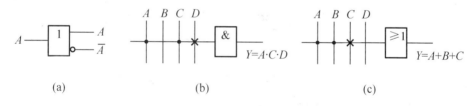

图 8.19　门电路的简化画法
(a)缓冲器画法　(b)与门画法　(c)或门画法

因为任何组合逻辑函数都可变为与或表达式，可用由与门和或门构成的二级电路实现，而任何时序逻辑电路都是由组合电路和触发器构成的，所以，利用 PLD 可以构成任何组合电路和时序电路。

8.3.2 PLD 的分类

PLD 内部通常只有一部分或某些部分是可编程的，根据可编程情况可分为 4 类：可编程只读存储器 PROM、可编程逻辑阵列 PLA(Programmable Logic Array)、可编程阵列逻辑 PAL(Programmable Array Logic) 和通用阵列逻辑 GAL(Generic Array Logic)，见表 8-2。按可编程和改写方法分为：第一代 PLD，采用一次性掩膜编程方式；第二代

PLD，采用紫外线照射擦除方式；第三代 PLD，采用一种电擦除的可编程器件；第四代 PLD，是一种在系统可编程器件。

表 8-2 PLD 分类

分 类	与 阵 列	或 阵 列	输 出 电 路
RROM	固定	可编程	固定
PLA	可编程	可编程	固定
PAL	可编程	固定	固定
GAL	可编程	固定	可组态

PROM 的电路组成和工作原理前面已介绍过。PROM 的或阵列是可编程的，而与阵列是固定的，其阵列结构如图 8.20 所示。用 PROM 只能实现函数的标准与或式，不管所要实现的函数真正需要多少最小项，其与阵列必须产生全部 N 个变量的 2^N 个最小项，故利用率很低。所以，PROM 除了用来制作函数表电路和显示译码电路外，一般只作存储器用，ASIC 很少使用。

PLA 的与阵列和或阵列都是可编程的，其阵列结构如图 8.21 所示。PLA 可以实现函数的最简与或式，利用率比 PROM 高得多。但由于缺少高质量的支持软件和编程工具，价格较贵，门的利用率也不够高，使用仍不广泛。

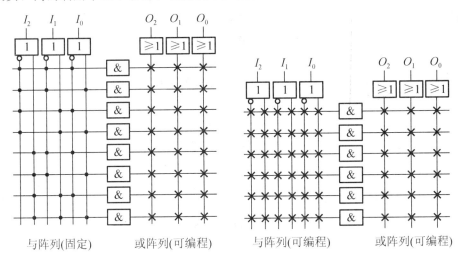

图 8.20　PROM 的阵列结构　　图 8.21　PLA 的阵列结构

PAL 的或阵列固定，与阵列可编程。PAL 速度高、价格低，其输出电路结构有好几种形式，可以借助编程器进行现场编程，很受用户欢迎。但其输出方式固定而不能重新组态，编程是一次性的，因此它的使用仍有较大的局限性。

GAL 的阵列结构与 PAL 相同，但其输出电路采用了逻辑宏单元结构，用户可根据需要对输出方式自行组态，因此功能更强，使用更灵活，应用更广泛。

在四类 PLD 中，PROM 和 PLA 属于组合逻辑电路，PAL 既有组合电路又有时序电路，GAL 则为时序电路，当然也可用 GAL 实现组合函数。

8.3.3 PLD 的应用

PLD 的应用主要是用来实现时序逻辑函数。用 PROM 实现逻辑函数是基于公式 $Y = \sum M_i$。因为任何一个逻辑函数都可以化简为最简与或表达式 $Y = \sum P_i$，所以在用与阵列和或阵列实现逻辑函数时，与阵列并不需要产生全部最小项，与阵列可进行简化，从而或阵列也可简化，这就是 PLA 的基本设计思想。

用 PLA 实现逻辑函数时，首先需将逻辑函数化为最简与或式，然后画出 PLA 的阵列图。

【应用实例 8.3】

用 PLA 实现下列函数。

$Y_1 = A \oplus B \oplus C = \overline{A}\,\overline{B}C + \overline{A}B\overline{C} + A\overline{B}\,\overline{C} + ABC$

$Y_2 = AB + AC + BC$

$Y_3 = AB\overline{D} + BCD + \overline{B}C\overline{D}$

$Y_4 = \overline{AC} + B\overline{C} + \overline{B}D + A\overline{B}C$

解：因为各个函数都是最简与或式，由此可画出 PLA 的阵列图，如图 8.22 所示。

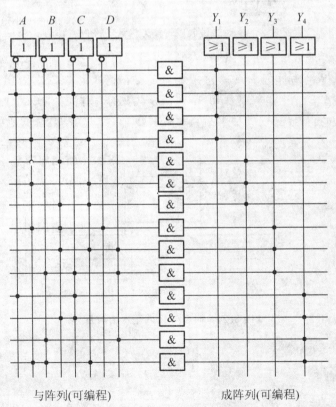

图 8.22 用 PLA 实现组合逻辑函数

【应用实例 8.4】

用 PLA 实现应用实例 8.1 要求的 4 位二进制码到 Gray 码的转换。

解：根据表 8-1 所给出的码组转换真值表，将多输出函数化简后得到最简式

$$D_3 = A_3, \quad D_2 = A_3\overline{A_2} + \overline{A_3}A_2, \quad D_1 = A_2\overline{A_1} + \overline{A_2}A_1, \quad D_0 = A_1\overline{A_0} + \overline{A_1}A_0$$

化简后的多输出函数共有 7 个不同的乘积项和 4 个输出项，因此编程后的 PLA 阵列图如图 8.23 所示。

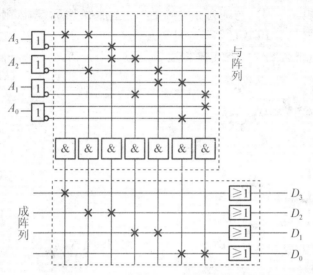

图 8.23 4 位二进制码转换为格雷码的 PLA 阵列

从上面两个实例不难看出，PROM 的容量是 16K×4 位，而 PLA 需要的容量只有 7K×4 位。PLA 中的与阵列和或阵列只能构成组合逻辑电路，若在 PLA 中加入触发器便可构成时序型 PLA，其结构如图 8.24 所示。此时与阵列的输入包括两部分：外输入 $X_1, \cdots, X_n$ 和由触发器反馈回来的内部状态 $Q_1, \cdots, Q_k$。或阵列则产生两组输出：外输出 $Z_1, \cdots, Z_m$ 和触发器的激励 $W_1, \cdots, W_j$。它是完整的同步时序系统。

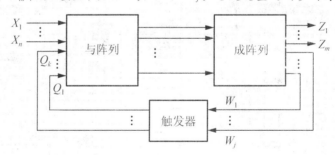

图 8.24 时序型 PLA 基本结构图

【应用实例 8.5】

试用 PLA 和 JK 触发器实现两位二进制可逆计数器。当 $X=0$ 时，进行加法计数；当 $X=1$ 时，进行减法计数。

解：由题意可画出两位二进制可逆计数器的状态图如图 8.25(a)所示。
根据状态图可求得激励方程和输出方程

$$J_1 = K_1 = 1$$
$$J_2 = K_2 = X\overline{Q}_1 + \overline{X}Q_1 \tag{8.1}$$
$$Y = X\overline{Q}_2\,\overline{Q}_1 + \overline{X}Q_2Q_1$$

由式(8.1)可画出时序 PLA 的阵列图如图 8.25(b)所示。

由于 PLA 的两个阵列可编程,所以使设计工作变得比较容易。尤其是当输出函数很相似,可充分利用共享的乘积项时,采用 PLA 特别有利。但 PLA 有两个缺点:一是制造工艺和编程比较复杂;二是缺乏好的开发软件,因而它没有像 PAL 和 GAL 那样得到广泛应用。

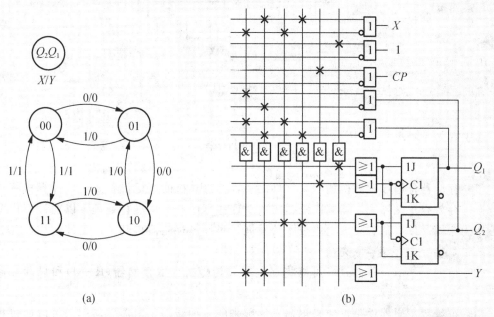

图 8.25 两位二进制可逆计数器的状态图和阵列图
(a)状态图　(b)阵列图

再通过一个例子说明 PAL 在实现组合逻辑函数中的应用。

【应用实例 8.6】

试用 PAL 实现逻辑函数

$$Y_1(A, B, C) = \sum m(2, 3, 4, 6)$$
$$Y_2(A, B, C) = \sum m(1, 2, 3, 4, 5, 6) \tag{8.2}$$

解:首先对式(8.2)进行化简得到其最简与或式

$$Y_1 = \overline{A}B + A\overline{C}$$
$$Y_2 = A\overline{B} + B\overline{C} + C\overline{A} \tag{8.3}$$

根据输入变量的个数,以及每个逻辑函数所包含的乘积项的个数来选择合适的 PAL 器件。实现式(8.3)的 PAL 阵列图如图 8.26 所示。

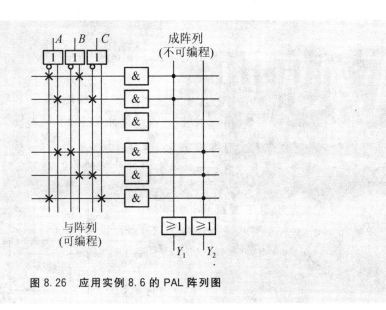

图 8.26 应用实例 8.6 的 PAL 阵列图

课题小结

(1) 存储器是组成计算机的五大部件之一,是计算机的记忆设备。现代计算机将程序和数据都存放在存储器中,运算中根据需要对这些程序和数据进行处理。以前计算机多用磁芯作为存储元件,随着集成电路技术的发展,半导体存储器得到了广泛的应用,在计算机系统中,半导体存储器已完全取代了磁芯存储器。

(2) 按照不同的工作方式,可以将存储器分为随机存取存储器(RAM)和只读存储器(ROM)。

(3) 可编程逻辑器件是近年来迅速发展起来的一种新型逻辑器件,用户可以通过相应的编程器和软件对这种芯片灵活地编写所需的逻辑程序。有的芯片具有可重复擦写、可重复编程以及可加密的功能,而且体积小、可靠性高、功耗低、可测试,它的灵活性和通用性使其成为研制和设计数字系统的最理想器件。

思考与练习

8.1 什么叫存储器的存储容量?

8.2 简述存储器的电路组成和原理。

8.3 存储器的容量扩展方法是什么?

8.4 如何实现 RAM 的字扩展与位扩展?

8.5 PLD 可以分为哪几类?

8.6 试比较 ROM、PROM、EPROM、EEPROM 的区别。

8.7 ROM 256×8 位的存储器有多少根地址线、字线、位线?

8.8 利用 PLA 实现下列逻辑函数,并画出编程阵列图。

(1) $F_1 = \sum m(3,4,6,7,12,14,15)$

(2) $F_2 = \sum m(0, 2, 3, 4, 7, 8, 9, 12)$

(3) $F_3 = \sum m(1, 3, 7, 8, 9, 11)$

8.9 试比较 GAL 器件与 PAL 器件的差别。

8.10 将容量为 256×4 位的 ROM 74187 按下列要求扩展，画出电路连接图。

(1) 1024×4 位 ROM。

(2) 1024×8 位 ROM。

8.11 试用 4 片 2114(1024×4 位的 RAM)和 74LS138 译码器组成 4096×4 位的 RAM。

8.12 利用 ROM 实现下列码型变换，列出 ROM 的存储信息表，并画出电路图。

(1) 四位 8421 BCD 码转换为余 3 码。

(2) 四位 8421 BCD 码转换为格雷码。

附　录

常用数字集成电路

1. 常用 TTL 数字集成电路简介(74 系列)

74LS00	TTL	2 输入端 4 与非门
74LS01	TTL	集电极开路 2 输入端 4 与非门
74LS02	TTL	2 输入端 4 或非门
74LS03	TTL	集电极开路 2 输入端 4 与非门
74LS04	TTL	6 反相器
74LS05	TTL	集电极开路 6 反相器
74LS06	TTL	集电极开路 6 反相高压驱动器
74LS07	TTL	集电极开路 6 正相高压驱动器
74LS08	TTL	2 输入端 4 与门
74LS09	TTL	集电极开路 2 输入端 4 与门
74LS10	TTL	3 输入端 3 与非门
74LS107	TTL	带清除主从双 JK 触发器
74LS109	TTL	带预置清除正触发双 JK 触发器
74LS11	TTL	3 输入端 3 与门
74LS112	TTL	带预置清除负触发双 JK 触发器
74LS12	TTL	开路输出 3 输入端 3 与非门
74LS121	TTL	单稳态多谐振荡器
74LS122	TTL	可再触发单稳态多谐振荡器
74LS123	TTL	双可再触发单稳态多谐振荡器
74LS125	TTL	三态输出高有效 4 总线缓冲门
74LS126	TTL	三态输出低有效 4 总线缓冲门
74LS13	TTL	4 输入端双与非施密特触发器
74LS132	TTL	2 输入端 4 与非施密特触发器
74LS133	TTL	13 输入端与非门
74LS136	TTL	4 异或门

型号	类型	描述
74LS138	TTL	3线-8线译码器/复工器
74LS139	TTL	双2线-4线译码器/复工器
74LS14	TTL	6反相施密特触发器
74LS145	TTL	BCD-十进制译码/驱动器
74LS15	TTL	开路输出3输入端3与门
74LS150	TTL	16选1数据选择/多路开关
74LS151	TTL	8选1数据选择器
74LS153	TTL	双4选1数据选择器
74LS154	TTL	4线-16线译码器
74LS155	TTL	图腾柱输出译码器/分配器
74LS156	TTL	开路输出译码器/分配器
74LS157	TTL	同相输出四2选1数据选择器
74LS158	TTL	反相输出四2选1数据选择器
74LS16	TTL	开路输出6反相缓冲/驱动器
74LS160	TTL	可预置BCD异步清除计数器
74LS161	TTL	可预置4位二进制异步清除计数器
74LS162	TTL	可预置BCD同步清除计数器
74LS163	TTL	可预置4位二进制同步清除计数器
74LS164	TTL	8位串行入/并行输出移位寄存器
74LS165	TTL	8位并行入/串行输出移位寄存器
74LS166	TTL	8位并入/串出移位寄存器
74LS169	TTL	二进制四位加/减同步计数器
74LS17	TTL	开路输出6同相缓冲/驱动器
74LS170	TTL	开路输出4×4寄存器堆
74LS173	TTL	三态输出4位D型寄存器
74LS174	TTL	带公共时钟和复位6D触发器
74LS175	TTL	带公共时钟和复位4D触发器
74LS180	TTL	9位奇数/偶数发生器/校验器
74LS181	TTL	算术逻辑单元/函数发生器
74LS185	TTL	二进制-BCD代码转换器
74LS190	TTL	BCD同步加/减计数器
74LS191	TTL	二进制同步可逆计数器
74LS192	TTL	可预置BCD双时钟可逆计数器
74LS193	TTL	可预置4位二进制双时钟可逆计数器
74LS194	TTL	4位双向通用移位寄存器
74LS195	TTL	4位并行通道移位寄存器
74LS196	TTL	十进制/二-十进制可预置计数锁存器
74LS197	TTL	二进制可预置锁存器/计数器
74LS20	TTL	4输入端双与非门

74LS21	TTL	4输入端双与门
74LS22	TTL	开路输出4输入端双与非门
74LS221	TTL	双/单稳态多谐振荡器
74LS240	TTL	8反相三态缓冲器/线驱动器
74LS241	TTL	8同相三态缓冲器/线驱动器
74LS243	TTL	4同相三态总线收发器
74LS244	TTL	8同相三态缓冲器/线驱动器
74LS245	TTL	8同相三态总线收发器
74LS247	TTL	BCD-7段15V输出译码/驱动器
74LS248	TTL	BCD-7段译码/升压输出驱动器
74LS249	TTL	BCD-7段译码/开路输出驱动器
74LS251	TTL	三态输出8选1数据选择器/复工器
74LS253	TTL	三态输出双4选1数据选择器/复工器
74LS256	TTL	双四位可寻址锁存器
74LS257	TTL	三态原码四2选1数据选择器/复工器
74LS258	TTL	三态反码四2选1数据选择器/复工器
74LS259	TTL	8位可寻址锁存器/3线-8线译码器
74LS26	TTL	2输入端高压接口4与非门
74LS260	TTL	5输入端双或非门
74LS266	TTL	2输入端4异或非门
74LS27	TTL	3输入端3或非门
74LS273	TTL	带公共时钟复位8D触发器
74LS279	TTL	4图腾柱输出S-R锁存器
74LS28	TTL	2输入端4或非门缓冲器
74LS283	TTL	4位二进制全加器
74LS290	TTL	二/五分频十进制计数器
74LS293	TTL	二/八分频4位二进制计数器
74LS295	TTL	4位双向通用移位寄存器
74LS298	TTL	四2输入多路带存储开关
74LS299	TTL	三态输出8位通用移位寄存器
74LS30	TTL	8输入端与非门
74LS32	TTL	2输入端4或门
74LS322	TTL	带符号扩展端8位移位寄存器
74LS323	TTL	三态输出8位双向移位/存储寄存器
74LS33	TTL	开路输出2输入端4或非缓冲器
74LS347	TTL	BCD-7段译码器/驱动器
74LS352	TTL	双4选1数据选择器/复工器
74LS353	TTL	三态输出双4选1数据选择器/复工器
74LS365	TTL	门使能输入三态输出6同相线驱动器

74LS365	TTL	门使能输入三态输出6同相线驱动器
74LS366	TTL	门使能输入三态输出6反相线驱动器
74LS367	TTL	4/2线使能输入三态6同相线驱动器
74LS368	TTL	4/2线使能输入三态6反相线驱动器
74LS37	TTL	开路输出2输入端4与非缓冲器
74LS373	TTL	三态同相8D锁存器
74LS374	TTL	三态反相8D锁存器
74LS375	TTL	4位双稳态锁存器
74LS377	TTL	单边输出公共使能8D锁存器
74LS378	TTL	单边输出公共使能6D锁存器
74LS379	TTL	双边输出公共使能4D锁存器
74LS38	TTL	开路输出2输入端4与非缓冲器
74LS380	TTL	多功能八进制寄存器
74LS39	TTL	开路输出2输入端4与非缓冲器
74LS390	TTL	双十进制计数器
74LS393	TTL	双四位二进制计数器
74LS40	TTL	4输入端双与非缓冲器
74LS42	TTL	BCD-十进制代码转换器
74LS447	TTL	BCD-7段译码器/驱动器
74LS45	TTL	BCD-十进制代码转换/驱动器
74LS450	TTL	16:1多路转接复用器多工器
74LS451	TTL	双8:1多路转接复用器多工器
74LS453	TTL	四4:1多路转接复用器多工器
74LS46	TTL	BCD-7段低有效译码/驱动器
74LS460	TTL	十位比较器
74LS461	TTL	八进制计数器
74LS465	TTL	三态同相2与使能端8总线缓冲器
74LS466	TTL	三态反相2与使能8总线缓冲器
74LS467	TTL	三态同相2使能端8总线缓冲器
74LS468	TTL	三态反相2使能端8总线缓冲器
74LS469	TTL	8位双向计数器
74LS47	TTL	BCD-7段高有效译码/驱动器
74LS48	TTL	BCD-7段译码器/内部上拉输出驱动
74LS490	TTL	双十进制计数器
74LS491	TTL	十位计数器
74LS498	TTL	八进制移位寄存器
74LS50	TTL	2-3/2-2输入端双与或非门
74LS502	TTL	8位逐次逼近寄存器
74LS503	TTL	8位逐次逼近寄存器

74LS51	TTL	2-3/2-2输入端双与或非门
74LS533	TTL	三态反相 8D 锁存器
74LS534	TTL	三态反相 8D 锁存器
74LS54	TTL	4 路输入与或非门
74LS540	TTL	8 位三态反相输出总线缓冲器
74LS55	TTL	4 输入端二路输入与或非门
74LS563	TTL	8 位三态反相输出触发器
74LS564	TTL	8 位三态反相输出 D 触发器
74LS573	TTL	8 位三态输出触发器
74LS574	TTL	8 位三态输出 D 触发器
74LS645	TTL	三态输出 8 同相总线传送接收器
74LS670	TTL	三态输出 4×4 寄存器堆
74LS73	TTL	带清除负触发双 JK 触发器
74LS74	TTL	带置位复位正触发双 D 触发器
74LS76	TTL	带预置清除双 JK 触发器
74LS83	TTL	4 位二进制快速进位全加器
74LS85	TTL	4 位数字比较器
74LS86	TTL	2 输入端 4 异或门
74LS90	TTL	可二/五分频十进制计数器
74LS93	TTL	可二/八分频二进制计数器
74LS95	TTL	4 位并行输入/输出移位寄存器
74LS97	TTL	6 位同步二进制乘法器

2. 常用 CD4000 系列数字集成电路简介

CD4000	双 3 输入端或非门＋单非门
CD4001	四 2 输入端或非门
CD4002	双 4 输入端或非门
CD4006	18 位串入/串出移位寄存器
CD4007	双互补对加反相器
CD4008	4 位超前进位全加器
CD4009	6 反相缓冲/变换器
CD4010	6 同相缓冲/变换器
CD4011	四 2 输入端与非门
CD4012	双 4 输入端与非门
CD4013	双主-从 D 型触发器
CD4014	8 位串入/并入-串出移位寄存器
CD4015	双 4 位串入/并出移位寄存器
CD4016	4 传输门
CD4017	十进制计数/分配器
CD4018	可预制 1/N 计数器

CD4019	4 与或选择器
CD4020	14 级串行二进制计数/分频器
CD4021	08 位串入/并入-串出移位寄存器
CD4022	八进制计数/分配器
CD4023	三 3 输入端与非门
CD4024	7 级二进制串行计数/分频器
CD4025	三 3 输入端或非门
CD4026	十进制计数/7 段译码器
CD4027	双 JK 触发器
CD4028	BCD 码十进制译码器
CD4029	可预置可逆计数器
CD4030	4 异或门
CD4031	64 位串入/串出移位存储器
CD4032	3 串行加法器
CD4033	十进制计数/7 段译码器
CD4034	8 位通用总线寄存器
CD4035	4 位并入/串入-并出/串出移位寄存
CD4038	3 串行加法器
CD4040	12 级二进制串行计数/分频器
CD4041	4 同相/反相缓冲器
CD4042	4 锁存 D 型触发器
CD4043	4 三态 R-S 锁存触发器（"1"触发）
CD4044	4 三态 R-S 锁存触发器（"0"触发）
CD4046	锁相环
CD4047	无稳态/单稳态多谐振荡器
CD4048	4 输入端可扩展多功能门
CD4049	6 反相缓冲/变换器
CD4050	6 同相缓冲/变换器
CD4051	8 选 1 模拟开关
CD4052	双 4 选 1 模拟开关
CD4053	三组二路模拟开关
CD4054	液晶显示驱动器
CD4055	BCD-7 段译码/液晶驱动器
CD4056	液晶显示驱动器
CD4059	"N" 分频计数器
CD4060	14 级二进制串行计数/分频器
CD4063	4 位数字比较器
CD4066	4 传输门
CD4067	16 选 1 模拟开关

CD4068	8输入端与非门/与门
CD4069	6反相器
CD4070	4异或门
CD4071	四2输入端或门
CD4072	双4输入端或门
CD4073	三3输入端与门
CD4075	三3输入端或门
CD4076	4D 寄存器
CD4077	四2输入端异或非门
CD4078	8输入端或非门/或门
CD4081	四2输入端与门
CD4082	双4输入端与门
CD4085	双2路2输入端与或非门
CD4086	四2输入端可扩展与或非门
CD4089	二进制比例乘法器
CD4093	四2输入端施密特触发器
CD4094	8位移位存储总线寄存器
CD4095	3输入端JK触发器
CD4096	3输入端JK触发器
CD4097	双路八选一模拟开关
CD4098	双单稳态触发器
CD4099	8位可寻址锁存器
CD40100	32位左/右移位寄存器
CD40101	9位奇偶较验器
CD40102	8位可预置同步BCD减法计数器
CD40103	8位可预置同步二进制减法计数器
CD40104	4位双向移位寄存器
CD40105	先入先出 FI-FD 寄存器
CD40106	6施密特触发器
CD40107	双2输入端与非缓冲/驱动器
CD40108	4字×4位多通道寄存器
CD40109	4低-高电平位移器
CD40110	十进制加/减,计数,锁存,译码驱动
CD40147	10线-4线编码器
CD40160	可预置BCD加计数器
CD40161	可预置4位二进制加计数器
CD40162	BCD加法计数器
CD40163	4位二进制同步计数器
CD40174	6锁存D型触发器

CD40175	4D 型触发器
CD40181	4 位算术逻辑单元/函数发生器
CD40182	超前位发生器
CD40192	可预置 BCD 加/减计数器（双时钟）
CD40193	可预置 4 位二进制加/减计数器
CD40194	4 位并入/串入-并出/串出移位寄存
CD40195	4 位并入/串入-并出/串出移位寄存
CD40208	4×4 多端口寄存器

参 考 文 献

[1] 康华光. 电子技术基础（数字部分）[M]. 4版. 北京：高等教育出版社，2000.
[2] 周良权，方向乔. 数字电子技术基础[M]. 北京：高等教育出版社，2002.
[3] 郭培源. 电子电路与电子器件[M]. 北京：高等教育出版社，2000.
[4] 张惠荣等. 数字电子技术[M]. 北京：机械工业出版社，2010.
[5] 孙津平. 数字电子技术[M]. 2版. 西安：西安电子科技大学出版社，2005.
[6] 何其贵. 数字电子技术基础[M]. 北京：北京航空航天大学出版社，2005.
[7] 曾晓宏. 数字电子技术[M]. 北京：机械工业出版社，2007.
[8] 张建国. 数字电子技术[M]. 北京：北京理工大学出版社，2007.
[9] 王尔乾. 数字逻辑及数字集成电路[M]. 北京：清华大学出版社，2001.
[10] 罗中华. 数字电路与逻辑设计教程[M]. 北京：电子工业出版社，2006.
[11] 卢庆林. 数字电子技术基础实验与综合训练[M]. 北京：高等教育出版社，2004.
[12] 徐晓光. 数字逻辑与数字电路[M]. 北京：机械工业出版社，2008.

北京大学出版社高职高专机电系列规划教材

序号	书号	书名	编著者	定价	出版日期
1	978-7-301-10371-9	液压传动与气动技术	曹建东	28.00	2006.1
2	978-7-5038-4868-1	AutoCAD 机械绘图基础教程与实训	欧阳全会	28.00	2007.8
3	978-7-5038-4866-7	数控技术应用基础	宋建武	22.00	2007.8
4	978-7-5038-4937-4	数控机床	黄应勇	26.00	2007.8
5	978-7-301-13258-6	塑模设计与制造	晏志华	38.00	2007.8
6	978-7-301-12181-8	自动控制原理与应用	梁南丁	23.00	2007.8
7	978-7-5038-4861-2	公差配合与测量技术	南秀蓉	23.00	2007.9
8	978-7-5038-4865-0	CAD/CAM 数控编程与实训(CAXA 版)	刘玉春	27.00	2007.9
9	978-7-5038-4869-8	设备状态监测与故障诊断技术	林英志	22.00	2007.9
10	978-7-301-13260-9	机械制图	徐 萍	32.00	2008.1
11	978-7-301-13263-0	机械制图习题集	吴景淑	40.00	2008.1
12	978-7-301-13264-7	工程材料与成型工艺	杨红玉	35.00	2008.1
13	978-7-301-13262-3	实用数控编程与操作	钱东东	32.00	2008.1
14	978-7-301-13261-6	微机原理及接口技术(数控专业)	程 艳	32.00	2008.1
15	978-7-301-13383-5	机械专业英语图解教程	朱派龙	22.00	2008.3
16	978-7-301-13574-7	机械制造基础	徐从清	32.00	2008.7
17	978-7-301-13573-0	机械设计基础	朱凤芹	32.00	2008.8
18	978-7-301-13582-2	液压与气压传动技术	袁 广	24.00	2008.8
19	978-7-301-13662-1	机械制造技术	宁广庆	42.00	2008.8
20	978-7-301-13653-9	工程力学	武昭晖	25.00	2008.8
21	978-7-301-13652-2	金工实训	柴增田	22.00	2009.1
22	978-7-301-14470-1	数控编程与操作	刘瑞已	29.00	2009.3
23	978-7-301-13651-5	金属工艺学	柴增田	27.00	2009.6
24	978-7-301-12389-8	电机与拖动	梁南丁	32.00	2009.7
25	978-7-301-13659-1	CAD/CAM 实体造型教程与实训(Pro/ENGINEER 版)	诸小丽	38.00	2009.7
26	978-7-301-13656-0	机械设计基础	时忠明	25.00	2009.8
27	978-7-301-15692-6	机械制图	吴百中	26.00	2009.9
28	978-7-301-15676-6	机械制图习题集	吴百中	26.00	2009.9
29	978-7-301-17122-6	AutoCAD 机械绘图项目教程	张海鹏	36.00	2010.5
30	978-7-301-17148-6	普通机床零件加工	杨雪青	26.00	2010.6
31	978-7-301-17398-5	数控加工技术项目教程	李东君	48.00	2010.8
32	978-7-301-17573-6	AutoCAD 机械绘图基础教程	王长忠	32.00	2010.8
33	978-7-301-17557-6	CAD/CAM 数控编程项目教程(UG 版)	慕 灿	45.00	2010.8
34	978-7-301-17609-2	液压传动	龚肖新	22.00	2010.8
35	978-7-301-17679-5	机械零件数控加工	李 文	38.00	2010.8
36	978-7-301-17608-5	机械加工工艺编制	于爱武	45.00	2010.8
37	978-7-301-17707-5	零件加工信息分析	谢 蕾	46.00	2010.8
38	978-7-301-18357-1	机械制图	徐连孝	27.00	2011.1
39	978-7-301-18143-0	机械制图习题集	徐连孝	20.00	2011.1
40	978-7-301-18470-7	传感器检测技术及应用	王晓敏	35.00	2011.1
41	978-7-301-18471-4	冲压工艺与模具设计	张 芳	39.00	2011.3
42	978-7-301-18630-5	电机与电力拖动	孙英伟	33.00	2011.3
43	978-7-301-18852-1	机电专业英语	戴正阳	28.00	2011.5
44	978-7-301-19272-6	电气控制与 PLC 程序设计（松下系列）	姜秀玲	36.00	2011.8
45	978-7-301-19297-9	机械制造工艺及夹具设计	徐 勇	28.00	2011.8
46	978-7-301-19319-8	电力系统自动装置	王 伟	24.00	2011.8
47	978-7-301-19374-7	公差配合与技术测量	庄佃霞	26.00	2011.8
48	978-7-301-19436-2	公差与测量技术	余 键	25.00	2011.9

北京大学出版社高职高专电子信息系列规划教材

序号	书号	书名	编著者	定价	出版日期
1	978-7-301-11566-4	电路分析与仿真教程与实训	刘辉珞	20.00	2007.2
2	978-7-301-12182-5	电工电子技术	李艳新	29.00	2007.8
3	978-7-301-12181-8	自动控制原理与应用	梁南丁	23.00	2007.8
4	978-7-301-12180-1	单片机开发应用技术	李国兴	21.00	2007.8
5	978-7-301-09529-5	电路电工基础与实训	李春彪	31.00	2007.8
6	978-7-301-12392-8	电工与电子技术基础	卢菊洪	28.00	2007.9
7	978-7-301-12386-7	高频电子线路	李福勤	20.00	2008.1
8	978-7-301-12384-3	电路分析基础	徐锋	22.00	2008.5
9	978-7-301-13572-3	模拟电子技术及应用	刁修睦	28.00	2008.6
10	978-7-301-13575-4	数字电子技术及应用	何首贤	28.00	2008.6
11	978-7-301-14453-4	EDA 技术与 VHDL	宋振辉	28.00	2009.2
12	978-7-301-14469-5	可编程控制器原理及应用(三菱机型)	张玉华	24.00	2009.3
13	978-7-301-12385-0	微机原理及接口技术	王用伦	29.00	2009.4
14	978-7-301-12390-4	电力电子技术	梁南丁	29.00	2009.4
15	978-7-301-12383-6	电气控制与 PLC(西门子系列)	李伟	26.00	2009.6
16	978-7-301-12391-1	数字电子技术	房永刚	24.00	2009.7
17	978-7-301-12387-4	电子线路 CAD	殷庆纵	28.00	2009.8
18	978-7-301-12382-9	电气控制及 PLC 应用(三菱系列)	华满香	24.00	2009.9
19	978-7-301-16898-1	单片机设计应用与仿真	陆旭明	26.00	2010.2
20	978-7-301-16830-1	维修电工技能与实训	陈学平	37.00	2010.7
21	978-7-301-17324-4	电机控制与应用	魏润仙	34.00	2010.8
22	978-7-301-17569-9	电工电子技术项目教程	杨德明	32.00	2010.8
23	978-7-301-17696-2	模拟电子技术	蒋然	35.00	2010.8
24	978-7-301-17712-9	电子技术应用项目式教程	王志伟	32.00	2010.8
25	978-7-301-17730-3	电力电子技术	崔红	23.00	2010.9
26	978-7-301-17877-5	电子信息专业英语	高金玉	26.00	2010.10
27	978-7-301-17958-1	单片机开发入门及应用实例	熊华波	30.00	2011.1
28	978-7-301-18188-1	可编程控制器应用技术项目教程(西门子)	崔维群	38.00	2011.1
29	978-7-301-18322-9	电子 EDA 技术(Multisim)	刘训非	30.00	2011.1
30	978-7-301-18144-7	数字电子技术项目教程	冯泽虎	28.00	2011.1
31	978-7-301-18470-7	传感器检测技术及应用	王晓敏	35.00	2011.1
32	978-7-301-18630-5	电机与电力拖动	孙英伟	33.00	2011.3
33	978-7-301-18519-3	电工技术应用	孙建领	26.00	2011.3
34	978-7-301-18770-8	电机应用技术	郭宝宁	33.00	2011.5
35	978-7-301-18520-9	电子线路分析与应用	梁玉国	34.00	2011.7
36	978-7-301-18622-0	PLC 与变频器控制系统设计与调试	姜永华	34.00	2011.6
37	978-7-301-19310-5	PCB 板的设计与制作	夏淑丽	33.00	2011.8
38	978-7-301-19326-6	综合电子设计与实践	钱卫钧	25.00	2011.8
39	978-7-301-19302-0	基于汇编语言的单片机仿真教程与实训	张秀国	32.00	2011.8
40	978-7-301-19153-8	数字电子技术与应用	宋雪臣	33.00	2011.9

请登录 www.pup6.cn 免费下载本系列教材的电子书(PDF 版)、电子课件和相关教学资源。

欢迎免费索取样书,并欢迎向北京大学出版社来出版您的大作,可在 www.pup6.cn 在线申请样书和进行选题登记,也可下载相关表格填写后发到我们的邮箱,我们将及时与您取得联系并做好全方位的服务。

联系方式:010-62750667,laiqingbeida@126.com,linzhangbo@126.com,欢迎来电来信。